柱花草植株高大突变株与对照

柱花草匍匐突变株

无芒雀麦叶片变宽单株

太空搭载后冰草矮化突变株和正常植株

红豆草大叶突变株

红豆草矮化浓绿突变株

茎粗、叶宽变异单株

航天诱变后代多分蘖品系

新麦草株丛高大丛幅宽突变株

鹅观草早熟变异株系

鹅观草晚熟变异株系

航天搭载育苗

早熟禾航天选择的优异品系

鹅观草早熟品系

柱花草航天育种基地

新麦草航天诱变品系

张蕴薇 主编 邓波 杨富裕 副主编

航天育种工程

——草类植物航天诱变效应及育种技术

化学工业出版社

·北京·

本书是第一部关于草类植物航天育种研究的专著。在较为全面地综合归纳整理了国内外相同领域的研究进展和成果的基础上，作者又融入了多年来草类植物育种工作基础及近十年的航天诱变育种工作经验，汇集了"十一五"科技支撑"牧草多因素诱变育种及聚合选育技术研究"、"黄河三角洲地区耐盐能源草筛选及新品种培育"及"生物固碳潜力评估与挖掘技术研究"等课题的最新研究成果。书中较全面地介绍了植物航天诱变育种的发展现状、诱变机制以及地面模拟技术的研究进展，结合实例从不同研究角度对植物航天诱变效应进行分析，重点介绍紫花苜蓿等主要草种航天诱变育种的相关研究内容和成果。力求将草类植物航天诱变育种的综合理论、最新进展及前沿动态呈现给读者。

本书可作为国内高等农林院校的农学及草业科学学科的本科生、研究生学习参考书，也可供植物育种、农学及草业科学工作者参考查阅。

图书在版编目（CIP）数据

航天育种工程——草类植物航天诱变效应及育种技术/张蕴薇主编 . —北京：化学工业出版社，2012.5
ISBN 978-7-122-13708-1

Ⅰ. 航… Ⅱ. 张… Ⅲ. 航天-技术-应用-牧草-种子-诱变育种 Ⅳ. S540.352

中国版本图书馆 CIP 数据核字（2012）第 034963 号

责任编辑：赵玉清 　　　　　　　　文字编辑：张春娥
责任校对：王素芹 　　　　　　　　装帧设计：刘丽华

出版发行：化学工业出版社（北京市东城区青年湖南街 13 号　邮政编码 100011）
印　　刷：北京永鑫印刷有限责任公司
装　　订：三河市万龙印装有限公司
720mm×1000mm　1/16　印张 13¼　彩插 4　字数 247 千字　2012 年 8 月北京第 1 版第 1 次印刷

购书咨询：010-64518888(传真：010-64519686)　　售后服务：010-64518899
网　　址：http://www.cip.com.cn
凡购买本书，如有缺损质量问题，本社销售中心负责调换。

定　　价：65.00 元

本书编写人员名单

主　　编　　张蕴薇
副主编　　邓　波　杨富裕
编写人员　　（按姓名汉语拼音排序）
　　　　　　白昌军　邓　波　高翠萍　郭　宁
　　　　　　李洪超　李丽群　刘斯佳　潘多峰
　　　　　　申忠宝　沈紫微　王建丽　王　乐
　　　　　　魏小兰　杨富裕　于晓丹　张蕴薇

序

　　宇宙空间具有高能离子辐射、微重力、超真空等特点，和平开发和利用外太空、开展植物航天诱变遗传育种研究以及探询空间环境对植物遗传发育的影响，为人类造福是空间生物学研究的一个重要目标。

　　植物航天诱变育种开始于20世纪50年代，美国和前苏联在返回式航天器中搭载了植物种子，其研究的重点在于观察不同物种在空间生长和繁育的变化，他们的目标致力于解决生物学基本问题，为保障宇航员的安全和健康提供必要的科学数据，同时探索开发在空间站可以生长栽培的植物以及为宇航员提供新鲜食物的可行性。我国的相关研究开始于1987年，在第9颗返回式卫星首次搭载了植物种子。1987～1995年可以看做是我国航天育种的准备阶段，在"863计划"中还设置了与航天育种相关的课题。1996年我国召开了第一次航天育种交流会，此后到2005年是我国航天育种的立项阶段。2006年，"实践八号"育种卫星发射成功标志着我国航天育种进入了全面发展阶段。我国的航天育种实践与美国和前苏联的不同在于，我们的重点在于搭载植物材料返地后开展新品种选育。中国是个农业大国，但是农作物新品种的选育进展缓慢，满足不了日益增长的生产需要。结合我国航天技术的优势，以产生大量的优良变异，进而筛选出新品种，是我国育种技术的一个突破性举措。据不完全统计，自1987年以来，我国陆续搭载了60多个种、500多个品种的植物材料。"实践八号"卫星搭载的材料中，目前已培育出新品种（品系）50多个，表现出有可利用趋势正在培育的品种有200多种。

　　中国农业大学草地所从2003年开始草类植物航天诱变的研究，并进行了首批草种材料的搭载，同时建有航天育种选育基地，已选育出新麦草、红豆草、野牛草、二色胡枝子草种的优良株系近十个，并有望进一步选育出新品种。为了配合国家航天诱变育种的重大行动，解决草种航天诱变的关键技术，为科研实践提供支撑，2008年，由国家科技部立项、农业部组织实施的"牧草育种技术研究及产业化开发"项目中，设立了"牧草多因素诱变育种及聚合选育技术研究"的课题。该课题由中国农业大学联合中国农业科学院北京畜牧兽医研究所、中国热带农业科学院热带作物品种资源研究所和黑龙江省农科院草业研究所及相关单位共同承担，聚集了全国草种航天诱变育种的大部分专家和研究力量。草类植物航天育种是该课题、也是该书的主体内容。

本书还融合了"黄河三角洲地区耐盐能源草筛选及新品种培育"及"生物固碳潜力评估与挖掘技术研究"的相关研究结果。草种航天诱变育种理论与技术的研究非常年轻，缺少方法和技术的参考，已有的研究成果少之又少，没有一本专著可供参考。其他农作物在航天诱变育种理论与技术方面虽有一些报道，但也处于研究的初级阶段，加之草种的遗传特性和利用特点与一年生农作物的差别很大，借鉴作用也有限。因此，我们结合课题的开展，深入分析整理国内外的相关文献资源，并将我们在研究工作中摸索和创新的最新成果一并呈献给读者。特别是在"主要草种的航天诱变育种研究进展"一章，按草种分节介绍，我们力邀了对该草种研究最多及最权威的专家和科研人员亲自撰写，为读者提供了最专业的分析和解读。

这本书是作者们多年来草种航天诱变育种工作的结晶，我们全体科研人员和撰写人员为这部书的诞生感到非常欣慰。同时，由于航天诱变育种属于新兴的技术和研究，可参考的资料不多，我们也是边摸索边前进，加之编者的认识和能力有限，书中难免有疏漏和不足之处，敬请读者批评指正。

感谢所有为本书付出努力的作者和编辑的辛勤工作。张蕴薇、邓波和杨富裕负责对全书的编写、统稿和校稿等方面进行组织和沟通。多位专家和研究生参与了本书的编写和校对。

当年是尊敬的洪绂曾教授引领我们开启了草种航天诱变育种的工作，他生前也一直关心着研究进展，谨以此书向他老人家致敬。

编者
2012 年 2 月于北京

目 录

第三章　植物航天诱变效应　　45

第四章　草种航天诱变育种技术　　70

第五章　主要草种的航天诱变育种研究进展　　94

第一章
植物航天诱变育种技术
的历史与发展现状

第一节
航天诱变育种的概念和特点

一、概念

"航天诱变育种"就是指利用各种返回式空间飞行器（返回式地球卫星、航天飞机、宇宙飞船）等搭载生物种质材料进入空间环境，在空间特殊的物理诱变因素作用下，搭载的生物材料发生变异，返回地面后经过精心地选择和培育，最终获得新品种的一种高新育种技术。

二、特点

1. 航天诱变的广泛性

航天诱变处理的植物后代具有多向性突变和多样性突变，有可遗传和不遗传变异的特点，多数突变性状能在后代中遗传重现，部分有利突变表现为超亲遗传。大量研究表明，空间搭载后，对植物的整个生育期产生影响，变异幅度大，出现广泛分离。空间搭载对植物种子活力影响很大，出苗后，影响植物的株高，叶片形状、颜色，花色，种子颜色，抗性方面等，例如，航天搭载后，高粱的主要性状，如颖壳色、粒色、出苗到开花天数、株高和抗病性等发生变异。

2. 航天诱变的特异性

航天诱变育种与地面的理化诱变相比较主要优势体现在：空间诱变的因素多，加之各种因素的复合作用，变异种类多、幅度大，可产生地面得不到的变异。另外，太空飞行中辐射剂量小，时间长，处理后死亡率低，诱发的各种突变都可能表现出来。1987 年中国科学院遗传研究所与黑龙江省农业科学院协作，用卫星搭载甜椒，SP3 代中出现了 600g 以上的大果。1994 年江西省广昌白莲研究所搭载白莲种子，SP1 代出现一个藕节长出 2 片立叶、现蕾更早的后代，是一般常规育种未曾有过的明显变异。徐云远等经卫星搭载红豆草，获得耐盐变异株系。徐建龙等搭载水稻品种"丙 95-503"获得了多蘖矮秆突变体 R955。蒲志刚等通过"神舟三号"航天飞船搭载水稻 H9808 纯合种子，在 SP3 代中出现颖壳、茎秆和叶片的主脉为金黄色的突变体。洪彦彬等通过搭载原本对稻瘟病无抗性的"丽江新团黑谷"品种，在 SP1 代中发现了对抗稻瘟病的变异株系。"卫紫香糯"是经空间诱变而获得的一个特殊突变体，其谷壳紫色，茎秆中缘紫色，米粒紫色，是优质的晚季紫色香糯。这些研究都可以说明，航天诱变育种可以得到地面上很难获得的特殊变异。

3. 航天诱变的高频性

太空诱变因素复杂多样，致使经太空飞行后的植物获得诱变突变体的频率较一般常规诱变方法更高。李源祥等对 12 个水稻品种亲本后代的性状表现及遗传情况进行统计，变异频率高达 $1.14\%\sim12.35\%$，平均为 4.66%。王丰等通过搭载培矮 64S，在 SP2 代中，单株变异频率为 9.7%。

4. 航天诱变缩短育种周期

太空特殊的环境能诱发作物种子产生遗传变异，大多数变异性状稳定，有利于加速育种进程。空间诱变所产生的有益突变体，一经稳定就可以遗传下去。一般常规育种稳定的时间需要 6 个世代以上，而空间育种的部分亲本变异性状在 SP4 代，比常规杂交育种可提早 2~3 个世代以上，这是农作物育种史上的一个新的突破。

第二节
航天诱变机理

人造地球卫星、空间探测器和载人航天器在太空飞行中，有独特的诱导环境，即在太空环境作用下，航天器某些系统工作时所产生的环境。它主要有以下几种：

（1）极端温度环境 航天器在太空真空中飞行，由于没有空气传热和散热，受阳光直接照射的一面，可产生高达 100℃以上的高温。而背阴的一面，温度则可低至-200～-100℃。

（2）高温、强振动和超重环境 航天器在起飞和返回时，运载火箭和反推火箭等点火和熄火时，会产生剧烈的振动。航天器重返大气层时，以高速在稠密大气层中穿行，与空气分子剧烈摩擦，使航天器表面温度高达 1000℃左右。航天器加速上升和减速返回时，正、负加速度会使航天器上的一切物体产生巨大的超重。超重以地球重力平均加速度的倍数来表示。载人航天器上升时的最大超重达 8g，返回时达 10g。

（3）失重和微重力环境 航天器在太空轨道上作惯性运动时，地球或其他天体对它的引力（重力）正好被它的离心力所抵消，在它的质心处重力为零，即零重力，那里为失重环境。而质心以外的航天器上的环境，则是微重力环境，那里的重力非常低微。

失重和微重力环境是航天器上最为宝贵的独特环境。在失重和微重力环境中，气体和液体中的对流现象消失，浮力消失，不同密度引起的组分分离和沉浮现象消失，流体的静压力消失，液体仅由表面张力约束，以及润湿和毛细现象加剧等。

空间诱变的机理是复杂的，但要进行机理分析，就要系统地从不同水平上进行研究，综合众多的研究结果，人们比较认同的有 3 个方面的机理，即微重力、零磁空间及重粒子辐射导致了植物的诱变。

一、微重力

千百万年来，由于地球本身具有强大的重力场，生物在长期的生长、发育和进化过程中形成了特殊的对重力感受和反应的机制。借助于这种机制，生物才能调节自身体内的生理生化和遗传活动以响应地球重力作用。然而在宇宙空间，重力为 $10^{-6}\sim10^{-3}g$，仅为地球的百万分之一到十万分之一，植物进入空间环境，重力极大地降低，失去了在静止状态下（地球重力 1g）的向重性生长反应，导致其对重力的感受、转换、传输、反应发生变化，产生直接效应和间接效应。多数高等植物具有特殊的重力敏感器官，能够识别重力矢量的改变并启动系统的响应，发出信号引起广泛的生理反应，表现出微重力的直接效应。而间接效应是植物响应微重力条件所引起的局部环境的变化。因此，重力场缺失是影响植物生长发育的重要因素之一，也是产生变异的重要原因之一。

微重力能够使细胞分裂紊乱、染色体畸变、核小体数目发生变化，从而影响植物的生长发育和信号传递等生理生化过程。Kiss 等研究了微重力对拟南芥（*Arabidopsis thaliana*）幼苗生长发育的影响，他们发现其种子的发芽率不受微重力的影响，但是幼苗生长却受到抑制，株形比对照矮小。Tripathy 等 1992 年也发现微重力对小麦幼苗的生长有负面影响。

微重力能够干扰 DNA 的损伤修复系统，阻碍或抑制 DNA 损伤的修复，增加植物对其他诱变因素的敏感性，与辐射可以产生协同作用，加剧生物变异，提高变异率。Anikeeva 等报道微重力能够干扰 DNA 的损伤修复系统，抑制 DNA 损伤的修复，增加植物对其他诱变因素的敏感性而使染色体损伤增加。Horneck 研究认为微重力可能干扰 DNA 损伤修复系统的正常运行，即阻碍或抑制 DNA 断链的修复。但是也有一些研究表明，微重力对 DNA 复制、修复及突变频率几乎没有影响。这些矛盾性的结果可能与复杂的太空环境和实验材料有关，相关理论机制还有待于进一步的研究。

植物感受和转换微重力信号是通过质膜调节细胞内 Ca^{2+} 水平或改变磷脂/蛋白质排列顺序等，引起 ATP 酶、蛋白质激酶、DNA 氧化还原酶及光系统中许多酶类的变化，从而影响植物的诸多生理生化过程。例如，顾瑞琦等研究指出微重力对植物的向性、生理代谢、激素分布、Ca^{2+} 含量分布和细胞结构等均有明显影响，能观察到植物在微重力条件下细胞核畸变、分裂紊乱、浓缩的染色体增加，以及核小体数目减少等现象，从而影响植物的生长发育和信号传递等生理生化过程。

关于微重力对植物影响的研究还有很多，例如，Levine 等发现微重力本身对细胞壁二聚体合成及微纤维的沉积没有影响；Monje 等研究表明，微重力不能改变温和光照条件下小麦的气体交换和饱和 CO_2 浓度。

二、零磁空间

地球是一个大磁体，在其周围形成地磁场，球表面的磁场是不均匀的，赤道附近的磁场强度在 $2.9 \times 10^{-5} \sim 4.0 \times 10^{-5} T$ 之间，两极处的强度略大，地磁北极约 $6.1 \times 10^{-5} T$、南极约 $6.8 \times 10^{-5} T$，平均地磁场强度约 $5.0 \times 10^{-5} T$。地球植物除了受重力作用外，永久性的磁场是它们的生活环境。这种磁场能对地球的生命提供保护，以降低宇宙射线的伤害。磁生物学表明，植物具有自己的磁场，植物体内有电位和电流。

实验证明，零磁空间会影响植物的生长发育，可能因为植物体内水分子在电场和磁场的作用下会发生改变。例如，弱磁空间处理会明显抑制小麦种子萌发和幼苗生长，表现出与传统 γ 射线处理完全不同的生物效应，而且还可以丰富小麦花培后代的变异类型，提高小麦花培育种选择的效率；虞秋成等模拟零磁空间处理水稻种子后发现，根尖细胞染色体畸变率明显高于对照，指出零磁空间处理引起染色体桥和微核多的现象可能是由于长期处于诱变环境下，染色体片段不能及时修复的缘故。

虽然弱磁场影响植物的生理生化活动，如呼吸强度增高、酶含量提高、细胞有丝分裂指数增加、侧根和不定根形成受到刺激等，但是零磁场空间处理有助于促进高质量愈伤组织及其绿苗的获得率，还有可能增加花培后代变异类型，为育种选择提供丰富的遗传基础。例如，零磁场空间诱变处理水稻干种子后，对其苗期生长不存在明显的生物损伤效应，相反其种子的发芽率、成苗率、苗高均比对照略高，根长比对照长，但其子一代出现了丰富的变异类型，包括早熟、穗型等类型的变异，尤其是早熟和育性变异。

三、重离子辐射

太空辐射的主要来源包括各种质子、电子、离子、α粒子、高能重离子（HZE）、X射线、γ射线、地球磁场捕获高能粒子产生的俘获带辐射、太阳外突发性事件产生银河宇宙射线（GCR）及太阳爆发产生的太阳粒子事件（SPE），俘获带主要由质子（内区）及电子（外层带）组成，GCR中98%是质子及更重的离子，只有2%是电子和正电子，在重的部分中，质子占87%，氦离子占12%，其他重离子占1%。

这些粒子和射线能穿透飞行器外壁，作用于飞行器内的植物种子或植物组织器官，对种子有很高的生物学效应，是有效的诱变源。大量研究表明，空间的辐射都对搭载材料有诱变作用，其中以高能量的重粒子（HZE粒子）射线诱变效应最强。空间重粒子一般是指原子序数大于或等于3的粒子，具有很高的能量，比X射线和γ射线具有更强的相对生物学效应，单个高能粒子穿过生物体时，生物体内形成了大量的能量沉积，引起被打击体的有效损伤，如果能量停留在生物体内，则受到的损伤更大，可能产生遗传的变异。高能重粒子具有强烈的诱变效应，可以导致细胞的死亡和突变。

1. 重离子特性

重离了是指原了序数大丁或等丁2的原子被剥掉或部分剥掉外围电子后的带正电荷的原子核。重离子的参数多样，有利于拓宽突变谱。采用不同种类、不同能量和不同剂量的重离子束，对生物体系（例如作物种子、微生物等）做不同方式的处理，可能获得人类需求的多种类型突变体（例如丰产、优质、抗病、矮秆、耐旱、耐寒、耐热、早熟、不易退化等）。由于重离子特有的物理学特性以及在物质中特殊的能量沉积方式，使重离子在各学科领域展现出极大的应用前景。

高能重离子（HZE）是指宇宙线中被剥去了外层电子的重元素核（原子序数$Z>2$）受银河系天体力场加速后，具备了极高的能量射到地球上来，地球的磁场不能约束和俘获它们，但大气层能减弱其作用，所以在地面上较难检测到这些离子。即使在近地空间，HZE 离子的通量也是很小的，在宇宙线中所占比例大约只有 2%。核径迹探测器复合制成的方法，可精细地区分空间环境中失重因素和 HZE 离子击中的作用。HZE 离子贯穿种子后，会有显著的生物学效应，即使受照的藿香和莨菪种子经 3 个月的储存，其当年栽培的植株发育速度也显著增快。

高能重离子（HZE）辐射生物学研究表明，它比低能（LET）辐射更能有效地引起细胞内遗传物质 DNA 分子的双链断裂，其中非重接性断裂所占比例更高。比较研究重离子束和 ^{60}Co-γ 射线处理干种子后的生理损伤及遗传变异效应，发现高能氩离子、铁离子对当代生理损失及后代性状变异的诱导能力均高于 γ 射线，对处理第一代和第二代植物的结实率及花粉母细胞的染色体畸变分析发现重离子辐射，特别是较高剂量的铁离子处理后，M1 代植物结实率下降，M2 代明显回升，而花粉母细胞染色体畸变率仍维持在较高水平。高剂量的 γ 射线处理后第 2 代植株的结实率仍较低，但其花粉母细胞染色体畸变率明显低于 M1 代，说明重离子辐射在生殖细胞引起的遗传物质损伤较难修复。对已稳定的突变株系及原始品种进行 RFLP 分析，发现存在多个酶切位点多态性。因此说明 DNA 存在较大片段的结构变异。国外早期的实验表明，在飞行器的发射及着陆过程中，引起的振动和压力变化也能增加染色体的畸变频率。如图 1-1 所示为低能（LET）辐射和高能重离子（HZE）辐射在同一模型中的能量辐射对比。

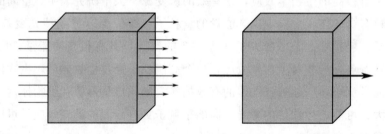

图 1-1　低能（LET）辐射（左）和高能重离子（HZE）辐射（右）在同一模型中能量辐射对比

与 X 射线、γ 射线等各种其他太空射线以及电子束等相比，重离子具有以下特征：

（1）具有高的传能线密度　传能线密度（linear energy transfer，LET）是描述射线与物质相互作用能力大小的重要物理量。重离子在穿过介质过程中，将其能量沉积在粒子径迹上，所以具有高的 LET 值；而对于 X 射线、γ 射线等，其能量沉积均匀分布于靶体积内，因而具有低的 LET。重离子的 LET 值是沿着行进路程变化而变化的，对于多电荷重离子射入介质后，根据 Bethe-Bloch 公式（Bethe 等，1930；Bloch 等，1933a，1933b），一方面，随着能量不断损失而速度逐渐减小；另一方面，在离子路程上因获得电子而使其电荷数变小。因此在开始一段路程上，能量损失值几乎保持不变。随着离子向前行进，速度越来越小，而有效电荷数不再变化，直到离子能量耗尽时，整个射程骤然停止，截止前产生一个尖锐的能量损失峰，即 Bragg 峰，此时 LET 值在很长一段行进路程上相对较小，到最终骤然增大，这种能量沉积空间分辨率高的特性，就会使生物体受到严重影响的部位是局部的，而其他部位影响较小。

（2）具有高的相对生物学效应　相对生物学效应（relative biological effectiveness）是比较不同的射线产生的生物学效应的一个直观指标，即 RBE。通常以 250keV 的 X 射线为标准，现在也有以^{60}Coγ 射线作为标准的。

重离子束具有高的 LET，能引起高密度的电离事件，造成细胞核中 DNA 分子的损伤显著增加，表现出比较严重的局部损伤程度，所以具有高的 RBE。实验证明，在相同剂量辐照情况下，能产生致密电离（denselyionizing）的重离子有着比稀疏电离（如 X 射线、γ 射线）高得多的 RBE。因此，将重离子束辐照应用于诱变育种工作中将获得更多突变体，从而提高突变频率。

（3）具有特殊的 Bragg 峰　重离子在通过物质时，能量是沿着它的径迹损失的，特别在射程末端形成了一个高能量损失区（Bragg 峰区）。利用这种高能量损失区的空间分辨好的特性，可以进行一些创新研究，如定点定位离子注入研究。还可以把这种特性与 RBE 高的特点结合起来用于植物诱变中，以小剂量取胜，在整体存活率高的情况下，获得较高的突变率，因而可更好地使其应用于农业生产中。

（4）具有多样性的参数　重离子参数多样，有质量数、电荷态、能量、剂量和计量率等，采用不同的参数的组合，便于得到较多的突变类型和进行多种机理性研究。例如，通过离子注入来达到分子改造；通过电荷交换影响细胞膜的跨膜电位或 DNA 分子的电性；通过离子注入可使细胞膜发生溅射和减薄，改变它的通透性，甚至造成离子通道，这给外基因的导入带来了方便。此外，由于重离子与植物材料会发生核反应，产生次级碎片，且较重的离子产生的碎片种类多，因此充分发挥各种离子的作用，可更好地增加其诱变率。

重离子束在辐照生物体系时，受体细胞表面受损和穿孔，从而引起细胞膜透性和跨膜电场改变，有利于带负电荷的外源 DNA 主动进入细胞。另一方面，重离子束辐照导致受体 DNA 损伤，激活受体细胞的修复机制，有利于外源 DNA 与受体细胞 DNA 的重组和整合。这两点有可能提高外源基因导入率、克服转基因沉默并延长表达时间。重离子束介导外源基因不必通过与载体重组这一中间环节，而且可以转导大片段 DNA 甚至全 DNA；另外，鉴于重离子的独特特点，使其在通过生物物质时的电离径迹极为复杂，局部剂量较大，高能粒子可更有效地导致细胞内遗传物质——DNA 分子的双键断裂，且其中非重接性断裂所占的比例较高，从而有更强的诱发突变能力。因此，简化步骤，可以缩短周期、降低成本，且对重离子辐射诱发的 DNA 双链断裂进行物理化学机理及其所致生物效应的研究具有重要的理论与实际意义。

2. 重离子辐射诱变的机理

当植物种子或植物组织在空间运行时，被宇宙射线中的高能重离子（HZE）击中后，种子或组织中的染色体发生畸变，变异率增加。高能重离子 HZE 击中的部位不同，其畸变的情况也不同，其中根尖分生组织和胚性分化细胞被击中后的变异率最高。目前，高能重离子辐射诱变的主要机理为：通过高能电子或带电粒子把能量传递给靶物质——DNA，射线能量沉积在物质上，引起物质的原子和分子的激发与电离，这个物理过程约 $10^{-14} \sim 10^{-13}$ s。局部能量沉积可以造成一些新的化学物质的生成。电离过程随后形成自由基，自由基和物质的相互作用可以改变分子的结构，导致生物体合成被抑制，引起 DNA 多种类型的损伤，包括碱基变化（如脱氨基）、碱基脱落、两键间氢键的断裂、单键断裂、双键断裂、螺旋内的交联、与其他 DNA 分子的交联以及与蛋白质的交联等。辐射对 DNA 键断裂可以造成染色体结构的变化，从而导致生物体通过损伤修复而产生遗传性变异。

Pickert、Horneck 等研究认为，HZE 可导致高等植物细胞产生损伤和可遗传的突变，如突变、肿瘤形成、染色体畸变、细胞失活、发育异常等。在细胞水平上，染色体畸变是植物辐射损伤的典型表现特征。当细胞受到一定剂量的射线照射时，细胞核内遗传物质的载体——染色体可能会被打断，出现染色体片段的重复、缺失、易位、倒位等，引起基因的重新排列、组合，从而产生遗传性的变异。当辐射处理材料的有丝分裂和减数分裂细胞中都观察到染色体畸变（畸变类型、畸变行为及其遗传效应），辐射可诱发染色体数量、结构和行为畸变，染色体数量的变化往往导致单倍体及非整倍体类型的出现，金鱼草、月见草属（月见草、美丽月见草）等经辐射诱发了单倍体的产生、染色体断裂、结构重排，此外对鸭跖草辐射引起染色体行为变异，如染色体桥的出现、染色体落后等。Makismova、Nevzgodina 等利用核径迹探测片观察到莴苣 *Lactuca sativa* 种子在卫星搭载飞行中被 HZE 击中后其染色体畸变率大大增加。Mei 等通过对重离子辐射诱导水稻（*Oryza sativa*）花粉母细胞染色体畸变的研究，证明重离子辐射在生殖细胞内引起的遗传物质损伤难以修复。

在射线的强烈作用下，构成基因的化学物质发生离子化，如果离子化过程足以引起基因上的某个部分，如一个或者两个含单氮碱基的化学组成发生变化，那就会引起基因发生变化，由一个基因变成另一个等位基因，进一步研究辐射引起生物变异的机制，发现射线可以引起 DNA 分子中联结 A—T、C—G 之间的氢键断裂；使一个或两个 DNA 链中糖与磷酸基之间发生断裂；在同一 DNA 链上使相邻的两个胸腺嘧啶之间聚合而形成二聚物；还可以在 DNA 螺旋链的单线或双线间，或在线与染色体相结合的组蛋白之间进行交换。DNA分子中化学组成上的所有这些变化，都可能引起生物发生遗传性的变异。某些基因突变后，能引起植物出现有益的变异，而这正是进行植物育种工作的宝贵材料。

重离子对细胞、分子水平的微观作用经过植物生长发育，最终表现出个体生物学效应。重离子辐照对植物生命活动的影响具有双重效应，低剂量常表现为刺激效应，而高剂量则带来抑制效应。重离子辐照会引起种子胚活力、幼苗和根生长、育性及愈伤组织不定根生长发育等改变；还会引起光合系统、自由基代谢及膜脂过氧化等生理生化的变化；并且也可能引起植物荧光特性、发光光谱等物理学特性的改变。有些改变可能仅仅是植物对重离子辐照损伤的应答，不一定表现为遗传；有些变化则可能传递给下一代，经过若干代分离形成稳定的生物学性状。对于已分化的分生组织，辐照后经常会发育形成突变细胞组织和正常细胞组织构成的嵌合体。重离子对植物品质和农艺性状的改变将加快新品种的选育，对产量、株高的改变都将有助于短期内获得高产品种。但是重离子对植物生长发育过程的促进作用还有待于进一步研究。

四、其他

1. 空间动力因素的影响

空间飞行的动力学因素包括起飞和返回时的机械振动和超重、失重等。已有的研究表明，这些动力学因素可能导致搭载材料的细胞结构发生改变，分生组织细胞出现损伤，提高细胞染色体畸变率，从而提高生物体对其他空间诱变因素的敏感性。

2. 高真空

高真空就是指返回式卫星或高空气球搭载植物种子或植株飞行于近地空间，在缺氧情况下进行各种植物飞行搭载处理，受到空间各种因素影响，使植物在高空和缺氧的特殊环境条件下产生突变，然后返回地面种植，选育特异优良种质或培育新品种。

3. 转座子理论

随着基因组研究的深入和发展，中国科学院遗传研究所的专家发现了新的诱变机制——转座子说。研究发现，太空环境使潜伏的转座子激活，活化的转座子通过移位、插入和丢失，可以导致基因的变异和染色体的畸变。当活化的转座子插入某个位点便会发生插入突变，例如，转座子插入位于某操纵子的前半部分，就可能造成极性突变，导致后半部分基因表达失活。当复制性转变发生在宿主DNA原点附近时，往往导致转座子两个拷贝之间的同源重组，若同源重组发生在两个正向重复转座子之间，就导致宿主染色体 DNA 的缺失；若重组发生在两个反向重复转座区之间则引起染色体 DNA 的倒位。基因组序列测定证明，在植物中存在大量转座子序列和逆转座子序列，太空环境激活了这些转座子，致使搭载生物发生变异。这一新的发现为植物空间诱变育种的机理研究又增加了新的内容，加速了植物空间诱变育种机理的研究进程。

4. 空间飞行各种因素的复合作用

由于到目前为止，还没有一种机制能完全地解释航天诱变的产生，因此各因素的综合作用是比较严谨的说法。植物材料产生突变是飞行环境中诸多因素综合作用的结果。诸如大气结构、空气密度（超真空）、压力、离心力、地磁强度、气温、强烈震动等。这些因素加上微重力和空间辐射不仅单独对生物材料的诱变起作用，它们之间也有着一定的相互联系和协同作用。实际上，我们在地面观察到的各种突变正是空间飞行各种因素相互作用、相互平衡的结果，引起生物体内遗传物质的结构发生改变而产生变异。已有的研究指出，高能重离子能有效导致细胞中 DNA 双链断裂，而微重力可以阻延或抑制 DNA 链断裂的修复，因而认为空间条件对遗传变异起作用的主要因素是宇宙射线和微重力综合的作用。Planel 等认为空间飞行诱发的损伤主要是空间辐射和空间其他因子综合作用的结果，通过改变细胞对辐射的敏感性而加剧损伤。陈忠正等通过对空间诱变产生的 WS-3-1 的药壁组织、小孢子母细胞和药隔组织发育期间细胞学变化的观察发现，败育是中层异常引起，败育时期是二分体，这与现有报道的雄性不育原因大部分认为是绒毡层异常引起的、败育时期以单核花粉期为普遍完全不一样。据此认为，该材料是一份水稻雄性不育的新种质，推测因为高空辐射使得某个（些）在中层特异表达的基因发生异常，从细胞学水平证实了空间环境的诱变作用。

强辐射、微重力以及飞船飞行中的大气结构、空气密度、压力、离心力、地磁强度和气温等因素共同引起了生物体形态学水平、物候期、细胞水平、生理生化水平、分子水平的变异。关于空间诱变效应的机理还在不断探讨之中，尚没有定论，也正是科学家研究热点之一。

第三节
植物航天诱变育种发展现状

空间是当今世界竞争激烈的新领域。空间环境对人类和各种生物的影响，一直是科学家们关注的问题。航天技术的发展为研究空间生物学提供了有力的工具。随着载人飞行器的出现，空间生命科学，尤其是空间植物学的研究一直十分活跃。早在 20 世纪 60 年代初期，前苏联学者就研究和报道了空间飞行条件对植物种子的影响。此后，许多实验研究表明：当植物种子经空间搭载、回收、种植后，其形态、生理、遗传特性等均会发生不同程度的变化。这种变化有负向的，也有正向的，正向的可促进植物生长、发育、丰产、抗性增强等。植物的空间生物学试验不仅可以探索空间条件对生物影响的机理，在植物诱变育种方面也具有广阔的应用价值。

目前，主要有俄罗斯、美国和中国在航天育种方面进行相关研究试验。我国是世界上能发射返回式卫星和飞船的三个国家之一，并且已经成功地发射了多颗返地卫星和飞船，因此，具有空间诱变育种的优势。我国航天育种数量占世界航天育种总和的 1/4，育种水平处于国际先进水平，取得了丰硕的成果。我国自 1987 年发射的 FSW-0 返地卫星首次搭载植物种子以来，已成功地进行了 18 次农作物种子的搭载试验，共吸引全国 22 个省市的 100 多家单位参与种子搭载试验，搭载了大量的植物，从中筛选出许多优良的新品种，在生产上发挥了积极的作用。据不完全统计，在全国范围内通过空间诱变培育成的高产优质新品种的种植面积已达百万亩以上，产生了良好的经济效益和社会效益。因此，开展航天育种技术研究在我国受到了广泛重视。另外，开展航天育种也是航天技术服务于农业的一个体现，在和平利用空间资源方面具有重要意义。

中国在 1987 年 8 月 5 日发射的第 9 颗返回式卫星首次搭载了青椒、小麦、水稻等一批种子，开始了太空育种的有益尝试。到目前为止，中国利用返回式卫星先后进行了 16 次 70 多种农作物的空间搭载试验，其中 2006 年 9 月发射的"实践八号"育种卫星搭载数量和种类是中国自 1987 年开展航天育种研究以来规模最大的一次，育种卫星搭载物品以水稻、小麦、玉米、棉花、大豆和油菜等主要农作物种子为主，同时兼顾蔬菜作物、林果花卉作物、小杂粮作物、牧草和微生物菌种等，总重量为 200 余千克，约 2000 份物品，包括水稻 300 份、小麦 300 份、玉米 200 份、大豆 200 份、棉花 150 份、油料作物 200 份、蔬菜作物 250 份、林果花卉作物 100 份、微生物菌种 50 份，以及小杂粮和牧草、药材等其他作物物品 250 份，涉及 152 个物种，2020 份生物材料，以及 7 套空间探测仪器，全国 28 个省（市、自治区）138 个科研院所、大学及企业单位的 224 个课题组、1200 多名科技骨干参与了项目的实施。山东淄博市张店区的山东家祥蓖麻研究所，用"实践八号"育种卫星搭载回来的蓖麻种子，经过 5 代选育培育出的一个新品种，具有产量高、抗病性强的特点，预计产量将提高 30%，亩产达到 500kg。普通蓖麻的果穗长度为 30～40cm，而经过航天育种杂交培育出的蓖麻果穗长度达到了 1.3m，单棵果穗产量达到 1kg 以上。目前，山东家祥蓖麻研究所研发培育的杂交品种已经占全国蓖麻总种植面积的 30%，连续两年出口到印度、缅甸、越南、朝鲜等 8 个国家和地区，出口蓖麻杂交一代种子 40 多吨。"实践八号"育种卫星还搭载了武清区一个普通农民的 78 粒西瓜种，一共发芽 38 株瓜苗，收获 1 万多粒种子，从这些种子中"优中选优"，精心筛选出 2％的父本和母本进行培育。经过几代繁育，太空西瓜不仅皮薄肉厚、外观好看，而且因纤维含量少，含糖量、口感、抗病害能力等都远远好于普通西瓜的太空西瓜。

据不完全统计，全国航天育种协作组自 2006 年以来培育出通过省级以上品种审定委员会审定的水稻、小麦、棉花、油菜、青椒、苜蓿等作物新品种、新组合40 个，其中 7 个通过国家级品种审定，使我国航天诱变作物新品种的总数达到 66个，累计示范应用面积超过 2500 万亩，增产粮棉油 9.6 亿千克，创社会经济效益14 亿元。

一、粮食作物

1. 水稻

水稻是世界上最重要的粮食作物之一，水稻栽培面积占我国粮食作物种植面积的 1/3，水稻年产量占粮食总产量的近一半。中国航天育种研究始于 1987 年，目前太空诱变育种表现最好的是水稻。浩瀚的太空正在成为中国科学家的水稻育种基地。

近年来，我国通过航天诱变育种，已经获得了高产、优质、抗病的水稻新品种。广西、江西、广东、浙江、福建和重庆均有航天育种育出的常规或杂交水稻新品种通过省级审定并且大面积推广。例如，1994 年广西大学农学院通过航天育种选育出 3 个籼稻杂交组合，并通过省级品种审定。

1988 年，江西宜丰县农科所与中国科学院遗传研究所合作，将'农垦 58'水稻种子航天处理后，选育出优质稻新品系，1992 年经中国科学院成果鉴定，该品系成为我国航天育种研究的第一项成果；1998 年用卫星处理'包选 2 号'和'农垦 58'水稻品种，在第 2、3 代看到大量分离现象，并选出多个丰产、优质株系，其优良性状很快就能稳定。2000 年，江西省抚州地区农科所利用卫星搭载水稻干种子进行空间诱变，选育出'赣早籼 47'、'V5121'、'卫紫香糯'等水稻新品种，其中'赣早籼 47'通过江西省农作物品种审定委员会审定。该品种高抗稻瘟病，中抗白叶枯病，耐涝性较强。经农业部稻米质量检验测试中心分析，糙米率、精米率、粒长、碱消值等 4 项指标达部颁优质米 1 级标准，长宽比、胶稠度、直链淀粉含量等 3 项指标达 2 级标准。

2001 年，广东省农作物品种审定委员会审定了华南农业大学农学院由'特籼占 13'经过航天诱变选育的新品种'华航一号'，该品种属籼型常规水稻，在华南作早稻种植全生育期平均 122.8 天，比对照'粤香占'迟熟 1.7 天，比对照'汕优

63'早熟 3 天。其外观品质较好，适宜在海南、广西中南部、广东中南部、福建南部双季稻白叶枯病轻发区作早稻种植。2004 年，广东省农作物品种审定委员会审定了华南农业大学航天诱变新品种'培杂泰丰'，该品种属籼型两系杂交水稻。在华南作早稻种植全生育期平均 125.8 天，比对照'粤香占'迟熟 2.5 天。熟期适中，产量较高，米质较优。适宜在海南、广西中南部、广东中南部、福建南部的稻瘟病、白叶枯病轻发的双季稻区作早稻种植。2005 年'培杂泰丰'又通过国家品种审定委员会审定。张建国等从'特籼占 13'航天诱变后代中选出了恢复力强、恢复谱广、配合力好的新恢复系'航恢七号'，由其配制的两系杂交组合'培杂航七'2005 年通过广东省品种审定，并有一批两系及三系杂交组合参加广东省区试。'培杂航七'为感温型两系杂交稻组合，晚造全生育期与'培杂双七'相近，丰产性较好。

徐建龙利用航天诱变育种技术从特早熟'晚粳丙 95-503'的 M2 代中筛选出株高比对照高 10cm，穗型加大，平均每穗粒数 85.3 粒，比对照多 15.2 粒的突变体。在中熟晚粳加 59 后代中发现了多穗、大穗丰产突变体，这些丰产突变体有可能培育成新品种（系）。

福建农科院 2002～2003 年冬季试验试种时，利用航天技术培育的'特优航 1号'亩产达到 729kg，2003 年'特优航 1 号'通过了省农作物品种委员会审定，成为福建第一个利用航天技术育成的农作物新品种。'特优航 1 号'不仅产量高，而且米质优，经农业部稻米及制品质量监督检验测试中心检测，在部颁优质米 12 项指标中，有 6 项达 1 级标准、3 项达 2 级标准。

2. 麦类

20 世纪 90 年代以前，由于在小麦育种上过分重视产量而忽视了品质，致使小麦品质下降，销售市场萎缩，种麦及其加工的效益下滑。经过努力，小麦品质育种上已经取得了重大进展，选育推广了一批优质小麦新品种，基本解决了小麦品质低下的问题。但由于现在种植的小麦优质品种大多产量较低，尽管收购上实行了优质优价，但总体的经济收益仍然不高。因此，尽快选育推广高产优质的小麦品种是小麦育种的迫切任务。从 1992 年起，我国研究者利用返回式卫星搭载小麦种子，进行了空间诱变育种的研究，并取得了阶段性成果。全国各地相继释放出新品系、新品种。

在小麦航天诱变新品系选育方面，小麦研究人员选取地方上表现比较好的小麦品种，将其空间搭载处理后，获得产量高、生育期短、抗病强、优质的新品系。

高产是育种目标中最重要的一个指标，几乎所有的新品系都具有高产特性，'豫麦 2 号'航天诱变后，选育出高产品系'郑航一号'，增产 20.9%；'鲁麦 13

号'航天诱变后，选育出'烟航选2号'，较对照增产9.11%。

我国地域辽阔，地理环境复杂，山地、丘陵占全国三分之二的陆地面积，给土地利用带来很大不便，而沙漠、戈壁、冰川、永久积雪、裸露石地和高寒荒漠等难以利用的土地，总计占全国面积的22%。近年来，极端天气频繁出现。在这些条件下，培育抗逆性强的植物新品种成为重要的育种目标。航天诱变育种具有广泛、高频、特异的特点，成为选育高抗新品系的一种重要方法，已经得到广泛应用，并取得成果。例如，江西省农科院已选育出特早熟、品质优良的黑大麦及早熟优质抗病小麦新品系。王广金、闫文义、孙岩等将小麦纯系种子用硼酸溶液和水浸泡后进行航天诱变处理，选出了5个高产、抗病、优质的小麦新品系，其中97-5199已进入生产试验。

随着人民生活水平的提高，对食品品质方面的要求逐渐提高。品质日渐成为非常重要的育种目标。航天诱变可以提高作物品质，如将极早熟、抗病和强筋等优良性状聚合于一起的小麦新种质'SP8581'和'SP801'；航天诱变选育的'烟航选2号'突变品系，在SP3代中选出蛋白质含量为6.25%的方穗型突变品系，较对照蛋白质含量增加14.7%。

小麦航天诱变育种方面的研究已经取得了很大成就，很多新品种已经通过国家或者地区品种审定。除了上述提到的品种，还有如'龙辐麦15'、'龙辐麦17'、'航麦96'等。

3. 玉米

玉米育种目前主要以杂交为主，其他方法应用不多。玉米航天诱变育种数量与小麦、水稻相比较少，主要应用于不育系的创制研究方面。

四川农业大学研究所卫星搭载实验，在'川单9号'处理后代中获得了隐性单基因核雄性不育突变体，并通过直接杂交获得了不育系。该不育材料花粉败育彻底，不育性状表现稳定，呈现出由隐性单基因控制的核不育的遗传特点，对不育材料进行过氧化物酶同工酶比较表明，不育与可育之间在叶片及雄穗上均存在酶谱的差异，并且寻找到一条不育株特有的特征酶带（迁移率0.330）。刘福霞等以姊妹杂交后代的太空诱变玉米雄性不育材料的F1代群体为定位群体，利用SSR标记技术将不育基因定位在玉米3L染色体上，距分子标记bulg197约7cm。李式昭在前期研究基础上，通过扩大定位群体和利用玉米第3染色体上的SSR引物寻找更为紧密连锁的分子标记，并构建覆盖该基因的遗传连锁图，为应用分子标记辅助选择早期鉴定材料育性和图位克隆该基因创造了条件。

4. 谷子

谷子是我国的传统作物，有8000多年的栽培历史。谷子营养价值高，具有医疗保健作用，抗旱、耐瘠能力强，适应性广，是我国北方的一种重要农作物。我国利用常规育种技术，育成大批新品种，大幅度提高了谷子生产水平。但是，目前谷子育种仍然面临许多问题，利用常规育种手段很难实现产量突破。为了探索谷子育种新途径，创造新种质，丰富谷子种质资源，育种学家开始利用航天诱变技术选育谷子，期望太空条件能够使谷子产生突变，形成新种质。

关于谷子航天诱变的研究已有报道，李金国等（1999）将谷子经高空气球搭载后，选育出了高产、蛋白质和脂肪含量高的新品（系）种，这些新品种的性状变异在后代中能够表达，可以遗传。这两种差异表明，高空环境平流层的辐射能明显促进苗期和抽穗期以后叶片的生长，相应减缓了从拔节到抽穗期叶片的生长。经搭载的谷子的株高明显低于对照，可见平流层的辐射能够适当调节植株的生长的平衡和发育进程，有利于植株各生育阶段的协调生长。田伯红等利用返回式卫星搭载对 8 个谷子品种（系）的干种子进行空间诱变处理。经过选择获得一批综合农艺性状表现优异、抗病、抗旱的大粒谷子新种质。研究结果表明，空间诱变可诱发谷子产生丰富的遗传变异，不同基因型对空间诱变的响应存在差异。

5. 豆类

豆类既是世界上重要的粮食及经济作物，也是人类主要的植物蛋白质和脂肪来源。我国豆类生产水平较低，缺乏高产、优质的新品种，缺乏竞争力。据报道，我国大豆 70％依赖进口。因此，通过航天育种新技术选育新品种可以有效地提高豆类产量和品质，提高竞争力。

已有报道表明，豆类经过航天诱变后可以产生高产、抗病的优良新品系。在大豆方面，通过航天诱变育种培育的高产、抗病大豆新品系，产量比对照增加 11％以上。东北农业大学大豆研究所已经从卫星搭载处理的大豆中筛选出多分支优良变异体，有望获得高产新品种（系）。在红小豆方面，施巾帼等将‘雄县’红小豆种子搭载“940703”返回式卫星，从 SP3 中选出大粒突变体共 18 株，平均百粒重 20.19g，较对照 12.39g 增重 60.1％。种成株系后，其百粒重均明显超过对照，平均百粒重为 19.29g，较对照 11.59g 增重 66.1％。在绿豆方面，邱芳等（1998）报道绿豆种子经返回式卫星搭载后，经筛选得到基本稳定的长荚型突变系，该突变系荚长 16cm 左右，每荚种子粒数为 15～19 粒；该突变系具有荚长、粒多、粒大的特点，可望培育成为高产新品种，也可作为新种质用于高产育种，从而大幅度促进绿豆生产的发展。

6. 高粱

高粱在我国栽培较广，以东北各地为最多。谷粒多供食用、酿酒或制饴糖。高粱产量高，含淀粉 60％～70％，以及蛋白质、脂肪、钙、铁、维生素 B 和烟酸等。

很多高粱品种开始用于畜牧业发展。很多学者致力于高粱的研究，希望选育出高产、优质、单宁含量少的高粱新品种。

通过选用有特点的高粱种质，用返回式卫星进行搭载处理，经过选育，已获得了一批具有早熟、不育、矮秆、生育期短、抗病性强等优异性状的突变材料。

此后，利用返回式卫星搭载选定的高粱品种后，经过地面种植选育得到了品质高（亮氨酸和可溶性糖含量高，单宁含量低）的高粱突变株。例如，赵玉锦等（1997）利用返回式卫星搭载的纯系高粱品种'晋粮5号'地面播种后，通过对后代种子品质分析发现，种子中亮氨酸含量和可溶性糖含量明显提高，单宁含量显著降低，种子品质与对照相比有明显提高；王呈祥等利用第17次返回式卫星对高粱恢复系进行搭载处理，其后代获得大量变异系。经过几年筛选，已获得品质变化明显的优异新种质资源，氨基酸总量比对照增加14.10%，可溶性糖比对照增加25%，单宁降低30%，获得一批航天诱变新不育系。

随着科技的发展，人类对航天诱变育种的研究会更加深入、系统，将航天诱变的突变体在地面种植后通过分子生物学技术、细胞工程技术等手段予以培养，已经成为航天诱变育种的一个重要方法。龚振平等（2003年）对高粱'唐恢28'恢复系种子进行搭载处理后，对其变异后代进行了同工酶及RAPD分析：变异株系在酯酶同工酶和细胞色素氧化酶同工酶酶带种类及酶活性上存在着较大的遗传差异；RAPD分析结果显示，空间诱变株系在基因组水平上发生了明显的变化。

7. 芝麻

芝麻是我国四大食用油料作物的佼佼者，是我国主要油料作物之一。芝麻产品具有较高的应用价值，它的种子含油量高达61%。我国自古就有许多用芝麻和芝麻油制作的名特食品和美味佳肴，一直著称于世。

1996年油料所选送的芝麻搭载我国第17次返回式卫星上天，在太空、高真空、微重力、弱地磁以及强烈的高能粒子辐射等环境下，芝麻获得了在地球上难以得到的一些基因变异，经历6年田间培育后，集高产、高含油量、抗病、抗倒伏等多个优良性状于一体的突破性芝麻新品种——航天育成的'中芝11号'（航天芝麻1号），在全国芝麻品种区试的12个试验点全面增产，最高公顷产量达2283kg，平均产量1473kg，比对照品种'豫芝4号'增产12.7%，居"九五"攻关以来全国所有参加区试品种产量增幅首位。经农业部油料及制品质量监督检验测试中心检测，'中芝11号'的平均含油量为57.7%，最高达59.5%。该品种已于2003年通过湖北省农作物品种审定和全国芝麻品种鉴定委员会鉴定，目前正在全国示范推广。

二、蔬菜与园艺植物

1. 蔬菜

（1）黄瓜　中科院遗传所 1996 年利用返回式卫星搭载黄瓜种子，经过 5 年选育已获得产量高、口味好、果型大的新品系太空黄瓜‘96-1’，平均单果重 1000g 左右，单果平均长 40cm、重达 1kg，最大单果可达 52cm、重 1.5kg。太空黄瓜‘96-1’可以在极嫩时采摘，有一股特殊的清香味，口感比普通黄瓜更鲜脆，并且表现出抗霜霉病及植株高大、健壮等特性。同时，用太空黄瓜和密刺型黄瓜进行杂交，获得了重达 1kg、长达 40cm 的顶花带刺、具有较高商品价值的黄瓜新品系。中科院植物所用卫星处理的黄瓜后代中获得了雌花多的丰产突变体。余纪柱等利用卫星搭载黄瓜自交系材料，通过地面种植、观察、分离、纯化，获得特小型黄瓜自交系‘CHAO3-10-2-2’。该自交系瓜长 8cm 左右，表现稳定，可直接用于培育特小型黄瓜新品种。

‘航研 1 号’是杭州市农业科学研究院利用引进的航天诱变黄瓜材料‘HC-7’经系统选育而成的优质高产的华北型黄瓜，适合浙江等地区春秋大棚种植。2008 年 12 月通过浙江省非主要农作物认定委员会认定。‘航研 1 号’植株蔓生，生长势较强，单株一般可结 6 个商品瓜。单瓜重约 250g。

（2）青椒　青椒种子航天诱变后，经过地面种植选育，很容易得到高产、抗病、品质优良的新品系、新品种，1987 年黑龙江农科院搭载‘龙椒 2 号’甜椒原种，经 4 代培育出‘卫星 87-2’甜椒新品系，其果实特大、品质优良、高产、抗病，门椒及二荚椒平均单果重 250～400g，最大单果重达 750g，每公顷产量可达 60000～90000kg，比原品种增产 20％～25％，果实中维生素 C 及可溶性固形物含量分别比对照提高 20％～25％，2002 年 3 月通过黑龙江省农作物品种审定，定名为‘宇椒 1 号’。李金国、王培生、韩东等 1997 年利用高空气球搭载青椒干种子，青椒后代中选育了高产、抗病、果大、维生素 C 含量高的品系。刘敏等（1999）通过卫星搭载处理甜椒种子，育成甜椒‘87-2’，单果平均重 300g 左右，最大可达 500g 以上，其维生素 C 含量提高了 20％，可溶性固形物提高 25％左右，比地面对照龙椒 2 号增产 20％～30％，经过多年大面积栽培，高产、优质等优良性状保持稳定，已在生产上大面积试种。

分子分析方面，对航天诱变新品种‘宇椒 1 号’和原始品种进行基因多态性分析，用 84 个核苷酸随机引物共扩增到 359 个随机扩增多态性 DNA 标记（RAPD 标记），表现出稳定的多态性。

（3）辣椒　航天辣椒‘4 号’、‘5 号’、‘6 号’的选育集航天技术、分子生物学技术、农业技术于一体。在选育过程中，以中科院遗传与发育生物学研究所提供的国家发明专利"一种空间育种的方法"为基础，结合航天育种基地的实际情况，并且应用了太空诱变、RAPD 分子生物学技术、日光温室加代选育、病圃选择、杂种优势利用等技术。太空诱变可以创造出优异变异，为选育打下基础。RAPD 分子生物学技术从分子生物学层面检测变异情况和自交系的遗传稳定性。日光温室加代选育加快了育种进程，又提高了品种的适应性能。杂种优势利用提高了品种的生产性能。

3 个航天辣椒新品种选育始于 2001 年，从甘肃省产羊角椒、兰州羊角椒、甘农线椒等种田中，选择品质特性优良的植株，混合留种数克，搭载在神舟三号飞船上，遨游太空一周后返回地面，进行育种。2003 年，在中国西部航天育种基地——天水农业高新技术示范区进行日光温室加代新品种选育，于春茬、秋冬茬选育两代后，采用单株混合选育自交系，以航椒新品为父（母）本，经过数代培育，选育出优良新品系。鉴定结果表明，航天辣椒'4 号'为早熟鲜干融观赏性和实用性于一体的线形椒，其质地细嫩、强辣、深红色光泽，抗病性好，每亩产干椒 500kg 以上，干椒维生素 C 含量为 116mg/100g，品质较现有'甘谷'线椒提高 183.6%。航天辣椒'5 号'为早中熟长角形深绿色果，果面有皱，其质细味佳、抗病抗逆性好，为优质丰产果，对低温弱光的抗性强，适应性广，适宜保护地栽培，保护地秋冬茬栽培最好，亩产量 5000kg 以上，维生素 C 含量为 158mg/100g。航天辣椒'6 号'为早熟长羊角形绿色椒，果面微皱，味辣，其抗病丰产、适应性广，适宜保护地栽培，保护地早春茬栽培效果最好。亩产量 5000kg 以上，维生素 C 含量为 156mg/100g。品质与'七寸红'品种和当地同类辣椒比较，增产达到了 37.7% 和 24% 以上。

鉴定委员会经现场考察和会议讨论后一致认为，辣椒航天育种技术先进，育成的辣椒系列质地好，均表现出高产、适应性广、抗病性强、适宜栽培推广等优点。

（4）番茄 番茄是全世界普遍种植的农作物之一，由于其适应性广、产量高，富含维生素和糖类，在消费领域有广泛用途。随着物质生活水平的日益提高，番茄的品质、育种方向越来越受到关注。由中国航天育种上海试验基地进行的试种结果显示，在诸多太空蔬菜品种中，黄瓜、番茄、甜椒品质最优。

20 世纪 80 年代初，美国将番茄种子送上太空长达 6 年之久，在地面试验中获得了变异的番茄植株，果实质量好，可以食用。

1987 年、1994 年、1996 年卫星搭载处理的番茄种子经多年选育已获得增产 20% 以上，病毒病发病率降低 0.2%～20.8% 的抗病新品种，定名为'宇番 1 号'，其果形特大、品质优良，果实橘红色、味甜、肉厚、籽少，平均单果重 250g，最大单果重 800g，一般公顷产量 60000～75000kg，2000 年通过黑龙江省农作物品种审定。'航遗 2 号'是俄罗斯和平号空间站搭载的俄'MNP-1'番茄种子自 1991 年至 1997 年在和平号空间站停留 6 年久，之后，该品种于 2000～2004 年在北京航天城等育种基地田间自交系谱自交选育 7 代后获得的。这个新品种具有丰产、早熟、品质风味皆优等特点。

新品系方面，李金国等（2000）利用航天诱变的番茄种子，返地后经几代选育，获得优良新品系'TF873'，该品种番茄幼苗比对照强壮，后代植株高度比对照增加 44.74%，果穗增多 13.3%，病情减轻 56.8%，经空间处理的番茄的过氧化物酶、同工酶谱带比地面对照增多，增产幅度 42.0%～84.1%。

（5）茄子　王世恒等研究了航天搭载茄子种子 SP1 生物学特性。结果表明，航天搭载对茄子的生长发育有明显影响。其变异表现在株高、生育进程、叶片大小、果实大小、结果率等方面，但最显著的变异是生育进程，从中有望选育出优良的茄子种质材料或品种。过氧化物歧化酶（SOD）活性测定结果表明，变异株体内的 SOD 活性比非变异株或对照高出 1 倍多，说明航天搭载可增加某些基因产物的表达量，从而表现出形态性状的显著变异。

2. 园艺植物

利用航天育种技术，培育叶型、叶色、株型等变化多端、丰富多姿的具有全新观赏价值的新品种，可以提高园艺植物的园林观赏价值、艺术价值和商品价值。与粮食作物品种上天不同，花卉发生的变异，在多数情况下都可为人类所利用。植物航天工程中心十分看好花卉育种，认为花卉将成为航天育种的最大赢家。

中国林科院花卉研究与开发中心于 2001 年 1 月在"神舟二号"卫星上搭载了中国兰的春兰和蕙兰、草坪草早熟禾品种，以及月季组织培养苗等花卉种质，在花卉新品种培育中充分利用空间诱变不定向性的优势。

到目前为止，先后有 20 种花卉种子搭载卫星或飞船，其中一串红、三色堇、万寿菊、酢浆草、兰花、醉蝶、矮牵牛、菊花等草本花卉中都选出了优良变异性状的新品种。一串红获得了花朵大、花期长、分枝多、矮化性状明显的变化；三色堇花色变为浅黄色，花期更长；万寿菊花期明显增长，花期可达 9 个月；醉蝶变得植株高大，花期长达 8 个月；原本为纯红色的矮牵牛出现了花色相间、一株上长出不同颜色的花朵；八月菊、小丽菊、黑心菊也出现了花朵变大等可喜的变化。木本花卉月季、牡丹等也获得了航天育种的新品系。另外，经卫星搭载处理的石刁柏种子出现雌雄同株的抗盐碱突变；百合经卫星搭载后提前开花 2～7 天、耐霜性强、出现了当代鳞茎比对照大 1 倍的突变体等。西华师范大学利用搭载"神舟四号"飞船凤仙花种子，2003 年 5 月选育出一株形态变异的植株，具有很强的观赏性。

三、草类植物

作为两个年轻而又充满活力的产业结合的产物，草航天育种事业有着不可估量的发展潜力和辉煌前景，草航天育种完全可以在作物和园艺植物航天育种工作的基础上汲取宝贵经验，少走弯路，多出成果，走出一条有草特色的航天育种道路。

航天育种几十年里，先后搭载了近 30 种的各类草类植物，包括草坪草（草地早熟禾、高羊茅、野牛草等）和牧草类（冰草、新麦草、鸭茅、红豆草等）。搭载后均发现有不同程度、不同水平的变异，为进一步的草类品种改良和新品种选育提供了物质基础。

1. 草坪草

以草地早熟禾和多年生黑麦草为例，分别利用"神舟三号"、"神舟四号"飞船搭载草地早熟禾、黑麦草干种子以及以硼酸处理的种子，以未搭载的为对照，发现空间条件对草地早熟禾干种子发芽率没有明显影响，但是空间条件对硼酸处理的草地早熟禾和多年生黑麦草种子的发芽率有明显影响；空间条件处理对所有种子发育后的叶片数、叶片宽、分蘖、叶片颜色、生长速度有明显影响；在抗旱性方面，空间作用不明显且作用方向不一致；同工酶分析结果表明，空间作用后草坪草植株在酶带位置、数量及其深浅上发生了一定程度的变化，说明空间条件作用对草坪草植株产生了一定的影响。综合分析各生长指标的变化，可获得至少 2 种不同有益变异类型植株：①植株明显矮化，可有效减少生长季内刈割次数，降低管理养护成本；②生长速度快，分蘖增多，叶片数明显增加，可有效缩短成坪期。这些变异类型在生产应用和遗传育种方面均具有一定的价值，可用于实际生产和草坪草育种方面的研究中。

2. 牧草

我国牧草空间诱变方面的研究开始于 1994 年，1994 年利用卫星搭载了红豆草（*Onobrychis viciae folia*）、苜蓿（*Medicago sativa*）和沙打旺（*Aastragalus adsurgens*）3 种牧草；1996 年 10 月中国农科院畜牧所搭载两个沙打旺地方材料。2002 年中国空间技术研究院利用"神舟三号"宇宙飞船首次大规模搭载草种子，搭载重量为 1kg；同年，中科院遗传所也先后利用"神舟三号"和"神舟四号"宇宙飞船搭载了一批牧草种子。2003 年 10 月北京中种草业有限公司利用"神舟五号"搭载了 17 种 60g 牧草，这标志着我国草业企业也开始意识到空间搭载的巨大商机，并积极参与进来；2003 年 11 月 3 日，中国农业大学草地所和北京飞鹰公司合作利用我国发射的第十八颗卫星搭载了包括牧草和草坪草在内的 17 份材料，而这次搭载与以往的搭载不同之处在于：一是由我国最新研发的新一代返回式卫星承担的，飞行时间由以前的 15 天延长至 18 天，其他各种飞行环境都进行了改进；二是部分种子在搭载前进行了旨在增强诱变的水分预处理。

对于草种航天诱变研究主要集中在航天诱变效应方面，如航天飞行对诱变种子发芽特性、种苗活力，对诱变当代植株株高、分枝分蘖、光合等特性的研究。在株高、株型、叶色等方面出现变异趋势较多，如卫星搭载对白三叶种子的发芽势和发芽指数有影响，芽长显著高于对照，而根长、根芽比显著低于对照；对白三叶株高无显著影响，对叶片大小有一定的抑制作用，可促进白三叶的分枝。任卫波等认为空间搭载对作物幼苗生长的影响也因生长发育时期不同而异。新麦草二代的幼苗发育早期（发芽后 5 天）幼苗种芽生长受抑制而根长增加，芽长与芽根比显著降低；到发育后期（发芽后 14 天）芽长无显著差异，而根长显著增加。

空间诱变可以提高牧草的品质，与地面对照相比，空间搭载的红豆草和紫花苜蓿叶片总氨基酸含量有所增加。空间诱变后，胡枝子、红豆草、苜蓿、沙打旺的同工酶发生变化。初步研究发现，对红豆草同工酶、苜蓿叶片的淀粉酶、沙打旺幼花序的酯酶和二色胡枝子后代植株的过氧化物酶和超氧化物歧化酶同工酶电泳谱带分析发现有较大变异。空间诱变引起的染色体变异常见的是染色体桥、断片和微核，其次是超倍体、亚倍体等数目的变化。赵智同研究空间诱变对二色胡枝子的影响时发现，空间搭载对二色胡枝子根尖细胞有丝分裂产生促进作用，同时产生单微核、多微核等多种核畸变和染色体断片、游离、粘连等染色体畸变。空间搭载二色胡枝子的净光合速率（Pn）日变化为双峰曲线，两个峰值分别出现在上午 9:00 和 13:00 左右，且第二个峰值比第一个峰值有所降低，11:00～12:00 出现光合"午休"现象，但持续时间较短。白三叶当代植株叶片的叶绿素 a 和叶绿素总量显著下降；与对照相比，卫星搭载当代植株叶片叶绿体扭曲，淀粉粒多，且大小不一，甚至有的无序堆满整个叶绿体，嗜锇颗粒在叶绿体中分布不集中，有的叶绿体中分布得多，有的很少，线粒休有明显的溢裂现象。基粒片层减少，直径加大。在 13:00～15:00，卫星搭载白三叶的净光合速率（Pn）、气孔导度（Cond）、蒸腾速率（Tr）显著低于对照（$P<0.05$）。分子水平的变异是其他层次变异的基础，沈紫薇对航天搭载的红豆草种子后代进行了株高、每复叶小叶数、叶片大小、厚度、叶色等生物学性状测定和 ISSR（简单重复间序列）分子标记技术，对供试红豆草的航天诱变效应进行了分析，结果表明，航天搭载产生的诱变使材料间遗传差异变大，遗传多样性丰富，为红豆草品种选育、改良和种质资源评价提供了参考依据。

参 考 文 献

[1] 曹墨菊，荣廷昭，潘光堂. 首例航天诱变玉米雄性不育突变体的遗传分析 [J]. 遗传学报，

2003，30：817-822.

[2] 陈忠正，刘向东，陈志强，等 . 水稻空间诱变雄性不育新种质的细胞学研究 [J] . 中国水稻科学，2002，16（3）：199-205.

[3] 冯鹏 . 紫花苜蓿种子含水量对卫星搭载诱变效应的影响 [D]：[硕士学位论文] . 甘肃：甘肃农业大学，2007.

[4] 龚振平，刘自华，刘根齐，等 . 高粱空间诱变效应研究 [J] . 中国农学通报，2003，19（6）：16-19，24.

[5] 顾瑞琦，沈惠明 . 空间飞行对小麦种子的生长和细胞学特性的影响 . 植物生理学报，1989，15（4）：403-407.

[6] 韩蕾，孙振元，钱永强，等 ."神舟"三号飞船搭载对草地早熟禾生物学特性的影响 [J] . 草业科学，2004，21（5）：17-19.

[7] 洪彦彬，杨祁云，林佩珍，等 . 水稻空间诱变稻瘟病抗性变异研究及抗性变异基因的分子标记 [J] . 西北农林科技大学学报（自然科学版），2006，34（4）：96-100.

[8] 胡化广，刘建秀，郭海林，等 . 我国植物空间诱变育种及其在草类植物育种中的应用 [J] . 草业学报，2006，（1）：15-21.

[9] 蒋兴村 . 农作物空间诱变育种进展及其前景 [J] . 中国航天，1997，2：25-28.

[10] 蒋兴村 . 我国农作物空间育种研究概况 [J] . 现代化农业，1998，11：2-4.

[11] 李聪，王兆卿 . 空间诱变对沙打旺消化率的遗传改良效应研究 [A] . 中国国际草业发展大会暨中国草学会第六届代表大会论文集 [C]，2002：61-63.

[12] 李金国，姜国勇，王培生，等 . 谷子种子经高空气球搭载后的遗传变异研究 [J] . 航天医学与医学工程，1999，12（5）：346-350.

[13] 李金国，刘敏，王培生，等 . 空间条件对番茄诱变作用及遗传的影响 [J] . 航天医学与医学工程，2000，13：114-118.

[14] 李金国，刘敏，王培生，等 . 番茄种子宇宙飞行后的过氧化物同工酶及 RAPD 分析 [J] . 园艺学报，1999，26：33-36.

[15] 李金国，潘光堂，曹墨菊，等 . 卫星搭载玉米雄性不育突变系的遗传稳定性研究 [J] . 航天医学与医学工程，2002，15：51-54.

[16] 李金国，王培生，张键，等 . 中国农作物航空航天诱变育种的进展及其前景 [J] . 航天医学与医学工程，1999，12：464-468.

[17] 李晴，朱玉贤 . 植物衰老的研究进展及其在分子育种中的应用 [J] . 分子植物育种，2003，（3）：26-28.

[18] 李式昭，曹墨菊，荣廷昭，等 . 太空诱变玉米核不育基因的 SSR 作图 [J] . 高技术通讯，2007，17（6）：869-873.

[19] 李毓堂 . 草业——富国强民的新兴产业 [M] . 银川：宁夏人民出版社，1993.

[20] 李源祥，蒋兴村，李金国，等 . 水稻空间诱变性状变异及育种研究 [J] . 江西农业学报，2000，12.

[21] 李源祥，李金国，刘汉东，等 . 水稻空间技术育种的研究 [J] . 遗传，2002，24：

434-438.

[22] 刘福霞，曹墨菊，荣延昭，等．用微卫星标记定位太空诱变玉米核不育基因 [J]．遗传学报，2005，32 (7)：753-757.

[23] 刘录祥，韩微波，郭会君，等．高能混合粒子场诱变小麦的细胞学效应研究 [J]．核农学报，2005，19 (5)：327-331.

[24] 刘录祥，郑企成．空间诱变与作物改良 [R]．中国核科技报告，1997：1-10.

[25] 刘敏，李金国，王亚林，等．卫星搭载的甜椒 87-2 过氧化物同工酶检测和 RAPD 分子检测初报 [J]．核农学报，1999，13：291-294.

[26] 梅曼彤．空间诱变研究的进展 [J]．空间科学学报，1996，16 (增刊)：148-152.

[27] 密士军，郝再彬．航天诱变育种研究进展 [J]．黑龙江农业科学，2002，(4)：31-33.

[28] 蒲志刚，张志勇，郑家奎，等．水稻空间诱变的遗传变异及突变体的 AFLP 分子标记 [J]．核农学报，2006，20 (6)：486-489.

[29] 邱芳，李金国，翁曼丽，等．空间诱变绿豆长荚型突变系的分子生物学分析 [J]．中国农业科学，1998，31 (6)：38-43.

[30] 任卫波，韩建国，张蕴薇，等．卫星搭载对二色胡枝子生物学特性的影响 [J]．草地学报，2006，14 (2)：112-115.

[31] 任卫波，韩建国，张蕴薇，等．卫星搭载对新麦草二代种子活力的影响 [J]．草原与草坪，2007，12 (1)：42-45.

[32] 任卫波，韩建国，张蕴薇．几种牧草种子空间诱变效应研究 [J]．草业科学，2006，23 (3)：72-76.

[33] 沈紫薇．航天搭载红豆草诱变效应的生物学性状分析和 ISSR 分析 [D]：[硕士学位论文]．甘肃：甘肃农业大学，2010.

[34] 施巾帼，范庆霞．太空环境诱发红小豆大粒突变 [J]．核农学报，2000，14 (2)：93-98.

[35] 田伯红，王建广，李雅静，等．空间诱变对谷子农艺性状效应的研究 [J]．植物遗传资源学报，2008，9 (3)：340-345.

[36] 王彩莲．植物空间诱变效应的研究及其应用探讨．中国农学通报，1996，12 (5)：24-27.

[37] 王呈祥，白志良，王良群，等．航天育种——我国农业科技革命的新路 [J]．山西农业科学，2003，31 (3)：92-96.

[38] 王丰，李永辉，柳武革，等．水稻不育系培矮 64S 的空间诱变效应及后代的 SSR 分析 [J]．核农学报，2006，20 (6)：449-453.

[39] 王广金，阎文义，孙岩，等．航天诱变选育高产优质小麦新品系龙辐 02-0958 [J]．核农学报，2005，19 (5)：347-350.

[40] 王广金，阎文义，孙岩，等．空间诱变选育小麦新品系的研究 [J]．黑龙江农业科学，2004，(4)：1-4.

[41] 王慧，张建国，陈志强．航天育种优良水稻品种华航一号 [J]．中国稻米，2003，(6)：18.

[42] 王建. 白三叶卫星搭载诱变效应的研究 [D]:[硕士学位论文]. 甘肃:甘肃农业大学,2010.

[43] 王俊敏,魏力军,骆荣挺,等. 航天技术在水稻诱变育种中的应用研究 [J]. 核农学报,2004,18 (4):252-256.

[44] 王乃彦. 开展航天育种的科学研究工作,为我国农业科学技术的发展做贡献 [J]. 核农学报,2002,16 (5):257-260.

[45] 王世恒,祝水金,张雅,等. 航天搭载茄子种子对其 SP1 生物学特性和 SOD 活性的影响 [J]. 核农学报,2004,18 (4):307-310.

[46] 王雁,李潞滨,韩雷. 空间诱变技术及其在我国花卉育种上的应用 [J]. 林业科学研究,2002,(15):229-234.

[47] 徐建龙,李春寿,王俊敏,等. 空间环境诱发水稻多蘖矮秆突变体的筛选与鉴定 [J]. 核农学报,2003,17 (2):90-94.

[48] 徐建龙. 空间诱变因素对不同粳稻基因型的生物学效应研究 [J]. 核农学报,2000,14:56-60.

[49] 徐云远,王鸣刚,贾敬芬. 卫星搭载红豆草后代中耐盐细胞系的筛选及鉴定 [J]. 实验生物学报,2001,34 (1):11-15.

[50] 于晓丹. 新麦草种质耐旱性鉴定与筛选 [D]:[硕士学位论文]. 北京:中国农业大学,2010.

[51] 余纪柱,顾晓君,金海军,等. 空间诱变选育特小型黄瓜新种质 [J]. 核农学报,2007,21 (1):41-43.

[52] 虞秋成,刘录祥,徐国沾,等. 零磁空间处理水稻干种子诱变效应研究 [J]. 核农学报,2002,16 (3):139-143.

[53] 喻志军. 我国航天育种的进展 [J]. 中学生物教学,2003,(5):33-34.

[54] 张国民,孙野青,李明贤,等. 航天诱变水稻对叶瘟和穗瘟的抗性鉴定 [J]. 植物保护,2003,29:36-39.

[55] 张世成,林作揖,杨会民,等. 航天诱变条件下小麦若干性状的变异 [J]. 空间科学研究,1996,16 (增刊):103-107.

[56] 张世成,吴政卿,杨会民,等. 小麦高空诱变育种研究 [J]. 华北农学报,1997,12:7-10.

[57] 张蕴薇,任卫波,刘敏,等. 红豆草空间诱变突变体叶片同工酶及细胞超微结构分析 [J]. 草地学报,2004,12 (3):223-226.

[58] 张振环. 空间条件对草坪草生长及生理特性影响的研究 [D]:[硕士学位论文]. 北京:北京林业大学,2007.

[59] 赵玉锦,赵琦,白志良,等. 空间诱变高粱突变体的研究 [J]. 植物学通报,2001,18 (1):81-89.

[60] 赵智同. 二色胡枝子的空间诱变效应分析 [D]:[硕士学位论文]. 内蒙古民族大学,2010.

[61] 朱壬葆. 辐射生物学 [M] . 北京：科学出版社，1987.

[62] Anikeeva I D, Kostina L N, Vaulina E N. Experiments with air-dried seeds of *Arabidopsis thaliana* (L.) Heynh. And *Crepis capillaries* (L.) wallr. Aboard salyut 6. Adv Space Res, 1983, 3 (8): 129-133.

[63] Anikeeva I D, Vaulina E N, Kostina L N. The action of space flight factors on the radiation effects of additional gamma-irradiation of seeds [J] . Life Sciences and Space Research, 1979, 17: 133-137.

[64] Barlow P W. Living Plant systems: how robust are they in the absence of gravity [J] . Adv Space Res, 1975, 23 (12): 26-29.

[65] Halstead T W. Introduction: an overview of gravity scaning perveption and sign transduction in animaland plant [J] . Adv Space Res, 1994, 14: 315-316.

[66] Horneck G. Impact of space flight environment of radiation response of Tritiam aestium colepotiles under ixhilisms of low gravity [J] . Plant Cell Environ, 1995, 18: 53-60.

[67] Horneck G. Radiobiological experiments in space: a review [J] . Nuc. l Tracks Radiat Meas, 1992, 20: 185-205.

[68] Kiss J L, Brinck mann E, Brillcuet C. Development and growth of several strains of Arabidopsis seeding in microgravity [J] . International Journal of Plant Sciences, 2000, 161 (1): 55-62.

[69] Liu Lu-xiang. Space-induced mutation technique and its application in crop quality improvement in China [C] . Workshop on Methodology for Plant Mutation Breeding. Japan: Screening for Quality Regional Nuclear Cooperation in Asia, 2000: 71-80.

[70] Levinea L H, Heyengab A G, Levinea H G, et al. Cell-wall architecture and lignin composition of wheat developed in amicrogravity environment [J] . Phytochemistry, 2001, 57: 835-846.

[71] Mei M, Qiu Y, Sun Y. Morphological and molecular changes of maize plants after seeds been flown on recoverable satellite [J] . Adv Space Res, 1998, 22: 1691-1697.

[72] Monje O, Stutte G, Chapman D. Microgravity does not alter plant stand gas exchange of wheat at moderate light levels and saturating CO_2 concentration [J] . Planta, 2005, 222: 336-345.

[73] Nevzgodina L V, Maksimova Y N. Cytogenetic effects of heavy charges particles of galactic cosmic radiation in experiments aboard Cosmos-1129 biosatellite [J] . Space Biol Aerosp Med, 1982, 16 (4): 103-108.

[74] Niaksimova Y N. Effect on seeds of heavy charged particles of galactic cosmic radiation [J] . Space Biol Aexosn Med, 1985, 19 (3): 103-107.

[75] Ohnishi T, Takahashi A, Ohnishi K, et al. Alkylating agent (MNU) -induced mutation in space environment [J] . Adv Space Res, 2001, 28: 563-568.

[76] Pickert M, Gartenbach K, Kranz A. Heavy ion induced mutation in genetic effective cells of highplant [J] . Adv Space Res, 1992, 12: 69-75.

[77] Planel H，Ganbin Y，Pianezzi B，et al. Space environment factors affecting response to radiation at the cellular level [J] . Adv Space Res，1989，9 (10)：157-160.

[78] Takahashi A，Ohnishi K，Takahashi S，et al. The effects of microgravity on induced mutation in *Escherichia coli* and *Sac charomyces Cerevisia* [J] . Adv Space Res，2001，28：555-561.

[79] Vaulina E N，Kostina L N. Modifying effect of dynamic space flight factors on radiation damage of air-dry seeds of *Crepis capillaries* (L.) Wallr [J] . Life Sciences and Space Research，1975，13：167-172.

第二章

地面模拟航天诱变技术的发展与应用

由于空间实验投资大，技术要求高，实验机会也十分有限，因此，探索地面模拟空间环境因素的试验研究工作，对于空间诱变机理的揭示、空间育种研究及其产业的持续发展意义重大。虽然目前国内外还不能对空间环境的宇宙线粒子、微重力、弱地磁、高真空和超低温等协同因素做出综合模拟，但在单因素地面模拟航天诱变育种方面已取得进展。

目前，已经研制出模拟宇宙空间环境的设备——空间环境模拟器，用于试验航天器具有耐真空、太阳辐射、磁场和承受高能粒子辐射、太阳风和微流星体等的能力。空间环境模拟器技术复杂，研制费用巨大，但为了提高航天器的可靠性，自20世纪60年代以来各国已建造了数千台不同类型的空间环境模拟器。由于技术上的原因，一台空间环境模拟器只能模拟一种或数种环境。现代最大的空间环境模拟器直径达20m、高37m，可把整个"阿波罗"号飞船放进去试验。美国、日本、前苏联都建有类似的大型空间环境模拟器。中国于1964年建成第一批空间环境模拟器，1976年建成大型的KM-4空间环境模拟器，可供通信卫星、广播卫星、气象卫星等各种应用卫星进行空间环境模拟试验，主模拟室直径7m、高12m、总容积400m³，极限真空度优于5.3×10^{-3} mPa（4×10^{-8} mmHg），热沉温度低于95K，吸收系数大于0.92，配有辐照直径4m、由19个卡塞格林系统组合的太阳模拟器。

目前主要的空间环境模拟器有：热真空环境模拟器、空间动力学模拟器、空间组合环境模拟器等。

第一节
模拟微重力

我国利用卫星搭载进行微重力生物学研究的机会少，而且费用较高，环境条件较难控制。此外，卫星回收后，需经过一段时间才能回到实验室进行分析，微重力的效应可能消失。国外在空间生物效应和空间病机理研究方面，已有利用回转器在地面进行模拟微重力生物效应实验的许多报道。国内外大量的实验结果表明，采用回转器可以定性地模拟产生微重力条件下的生物效应。

一、回转器

回转器（clinostat）是一种能使受试验的生物样品围绕一个轴进行旋转的设备（Kessler，1992）。在重力（地球的引力）作用下，生物体内会有所反应，例如某些成分会发生位移，在这种初始反应之后，生物体会逐步表现出某种效应。从细胞层次来说，由于细胞内成分的差别，重力作用将引起细胞内某种物质发生超过热运动的位移。位移到一定程度，将触发细胞内部达到新的平衡，要使细胞内该物质得到最小的位移，或有能诱发细胞内反应的最小能量，而导致最后的效应，重力矢量需要在某一定的短时间内维持方向固定不变。也就是说，由感受到重力的作用，或感受到重力的改变，到表现出效应，需经过一定的时间。这个时间上的滞后，是表现重力效应的最小作用时间，我们把它简称为"最小响应时间"（MRT）。重力矢量在这样一个时间内保持方向不变，细胞才能感知重力。对于植物细胞，此时间在秒的数量级。在回转器上，生物体虽然仍处于重力场中，受到恒定的重力矢量的作用，但是生物体与重力的相对方向却在连续不断地变化。每当重力改变相对方向，其生物效应还未来得及表现出来时，方向又变了。由于重力矢量的方向不能在此最小时间内保持不变，重力的效果总是来不及表现，其结果就像没有受到重力的作用那样，与处在微重力条件下表现出类似的现象。于是就表现出了微重力条件下的生物效应。

若从一个固定在生物样品上的参考坐标系来看，重力矢量不是恒定不变的，而是一个大小不变、方向连续改变的矢量。当旋转一周时，矢量的和为零。从力学上来看，可以等效为零，认为不受重力的作用，或说重力被补偿掉了。这就是文献上常用的说法，或说相当于零重力条件。但是，在回转器上，物体始终是处在恒定的重力作用之下。严格地说，模拟的只是微重力的效应，并不能模拟微重力。而回转器上生物体的表现，在定量上并不能与空间飞行的微重力条件下完全相同，只是定性地相似。

1. 回转器的转动构型

在重力植物生理学研究中所用过的，根据回转器的转轴与生物体之间的相对方位，可将回转器分为以下 A、B、C、D 四种构型。

（1）A 类的回转轴与植物的长轴是重合的，而重力矢量与植物轴的相对方向分别是可变、垂直与平行，植物轴上的重力分量分别是在 0～1g 这个范围。

（2）B 类的回转轴与植物的长轴不重合，而是平行的，故重力分量是零。

（3）C 类的回转轴与植物的长轴不重合，重力矢量与植物长轴的相对方向连续变化。植物轴上的重力分力不为零，但其合力效果作用为零。无论以上三种类型回转器的回转轴的方向如何，它们的共同特征为单轴旋转，单轴旋转的缺点是一个方向的旋转会出现一些不期望的负面影响，如果旋转得不够快，就起不到模拟微重力效应的效果；如果旋转太快，离转轴较远的样品会受到离心力的影响。

（4）D 类的回转器有两个转轴，其中一个与植物轴重合。由于垂直旋转的作用，植物轴上的力可以从零开始，到很大的值。即可以同时绕水平和铅直轴旋转的回转器，这种构型也叫做 2π 回转器。

最近，在单轴回转器的基础上，人们又发明了一个模拟微重力的三维回转器，即随机定位机，或称为 3π 回转器。试验对象所经受的重力可以在三维空间内连续改变方向，频率大于 1Hz。试验对象放在一个框架上，由两个独立电机驱动。运动方式由软件控制，可以有四种基本的运行模式：（1）离心方式，绕铅垂轴转动；（2）与（3）两个回转方式，绕两个互相垂直的水平轴转动；（4）随机定位方式，由随机数发生器产生的随机数计算出的位置，形成路径。由实验设备上某一点在以机器转动中心为球心的球面上的投影，表示转动的位置，以其在球面上的移动速度，表示工作速度。速度一般设为定值。对产生的随机位置加上选择判据，机器可以避免其依次各点都落在同一空间区域内，以免破坏时间平均的微重力条件。同样，也可以使机器有较多的时间在指定的空间区域，就可以使平均的重力矢量为某些预定值。与慢、快的单轴回转器不同，3π 回转器模拟微重力效应性能要比它们优越，同时其对生物样品的大小以及在回转轴上位置的要求较宽松。

2. 回转器的特点

由于重力矢量的绝对大小不变，环境特征也没有变，这自然在回转器通过改变重力矢量对微重力效应模拟上产生了一定的影响，它不能全部、真实地模拟微重力效应。例如，回转器只能重复真实微重力引起的在细胞和亚细胞水平上的结构改变，这是因为回转器并不能消除重力的梯度影响，如静水压和表面张力。尽管在模拟微重力上有一些局限性，但由于回转器具有以下优点，其仍被广泛地用于变重力的研究。

① 结构简单，使用方便，便于操作，费用低廉。

② 随时可用，实验时间长短也没有限制。

③ 在地面实验室中，可以容易地控制温度、湿度、光照等各种环境条件，甚至可实现一定的辐射环境。

④ 排除在空间条件下的强辐射环境，排除在航天器发射和回收时的振动等严酷的力学环境。

在地面模拟空间实验中，人们大都利用回转器模拟微重力效应，而不是模拟产生微重力。最近，中国农科院空间技术育种中心与中国科学院力学所合作，开展了利用回转器和三维旋转仪模拟微重力效应的实验探索。试验表明，利用具有微重力效应的三维旋转仪处理小麦、绿豆、苜蓿、西葫芦、萝卜、樱桃萝卜和野狼草等植物种子，可显著促进种子萌发，特别是在幼苗生长的最初一周内，效果更为显著，种子处理后幼苗活力的提高可部分地归因于生理酶活性的增强和胚根及侧根生长的加速。关于模拟微重力效应能否直接诱发植物基因突变仍有待进一步深入研究。

二、模拟微重力对植物生理生化特性的影响

在模拟微重力下对草莓和香石竹幼苗的生长进行研究，赵琦等得出微重力条件对植物的光合作用有一定的影响。经过微重力处理的植株的株高和叶片数目都有所增加，叶片较大，叶色更深。草莓的叶绿素含量降低 47.5%，香石竹叶绿素含量增加 4.3%，回转后两种幼苗叶绿素的主要吸收峰位不变，而每个峰位吸收强度有所加强。说明模拟微重力环境对增加叶绿体的光合活性和生理活性都有一定的促进作用，但对叶绿体的正常光化学功能没有严重影响。

在模拟微重力条件下，发现了水稻幼苗胚芽鞘加速延长，细胞壁的力学特性发生明显的变化。赵炜和蔡伟明发现模拟微重力条件可以增加悬浮培养的人参愈伤组织细胞中人参皂苷含量。观察到烟草愈伤组织细胞在回转器模拟微重力环境下已显出生长、质膜透性、膜脂过氧化作用、核膜和内质网结构发生变化。模拟微重力可以提高豌豆老化种子的活力，老化豌豆种子在水平回旋器中处理 12h 后，发芽率从 41% 提高到 54%。R. Laurinavius 用水平回旋器研究了模拟微重力条件对烟草叶外植体的体细胞胚发生、器官发生以及植株再生的影响，经过 8～9 周的培养，研究结果表明，59% 回转和 64.3% 对照的外植体都能形成体细胞胚，每个外植体的体细胞胚数分别为 3.2±0.5 和 3.9±0.8，植株再生率分别为 22.2% 和 28.5%。这些实验结果与研究胡萝卜以及兰草体细胞胚发生的空间飞行实验结果一致，表明微重力对植物胚发育没有明显的不利影响。

　　植物愈伤组织细胞或幼苗在微重力环境下会出现膜脂过氧化作用的变化，薛淮等研究表明，模拟微重力条件下人参果、马铃薯和草莓的过氧化物同工酶活性明显增强，推测微重力改变过氧化物酶活性及其同工酶的原因可能有三方面：一是在微重力作用下，胞质中较高的 Ca^{2+} 浓度抑制了微管、微丝的聚合作用，使细胞骨架变得松散无力，而细胞骨架的变化使细胞内代谢反应的精确性发生变化。也可能是由于细胞骨架的变化而导致代谢反应削弱，作为补偿而增加酶的活性是细胞对生理状况变化的当然反应。另外，也可能是 Ca^{2+} 浓度的改变，使钙调蛋白的调节发生变化，通过开启或关闭某些酶基因，通过与某些酶结合或分离，使酶的活性与种类发生变化。二是由于微重力改变了激素分布，使细胞的生长状况发生变化，而生长变化是由于代谢反应引起的，植物细胞在应对这一变化时必然要调节代谢反应，使某些蛋白的表达发生变化，从而有可能使过氧化物酶活性和同工酶发生变化。三是由于微重力状态下磁场改变的原因。

　　微重力仪连续改变方向来获得模拟微重力条件，薛淮等对该模拟条件下马铃薯的组培苗进行了过氧化物酶同工酶谱及 RAPD 分子标记的实验。结果表明，微重力条件下马铃薯植株的过氧化物同工酶谱出现了新的谱带并且同工酶活性高于对照。RAPD 方法利用 10 碱基随机引物扩增基因组 DNA，结果说明其遗传物质没有发生变化。在微重力处理 1 周后检测，发现处理与对照之间的过氧化物同工酶谱基本趋于一致，RAPD 检测两者之间遗传物质一致。

　　在研究水平回转对水稻幼苗叶细胞的影响时，吴敦肃等发现细胞质膜上的 Ca^{2+}-ATP 酶的活性消失。在模拟微重力条件对胡萝卜愈伤组织细胞中酯酶活力的影响时，蔡伟明等发现在聚丙烯酰胺凝胶电泳图谱所显示的 8 种酯酶中，有两种酯酶（grEST1，grEST2）活力受回转处理的影响，这两种酯酶是和重力作用相关的酯酶。回转处理的胡萝卜愈伤组织细胞中的两种酯酶（grEST1，grEST2）活力的增加量低于对照。经回转处理的胡萝卜愈伤组织细胞在正常重力条件下处理 7 天后，grEST1、grEST2 的活力又恢复到原来的水平。

三、模拟微重力对植物的细胞效应

　　（1）细胞壁变薄并凹凸　高等植物细胞壁在微重力条件下变薄的程度随植物种类不同而异。吴敬肃等研究发现，在模拟微重力条件下水稻幼苗叶细胞的细胞骨架变得疏松，稻叶表皮细胞的形态变得极不规则，大小不等，细胞壁变薄且凹凸不平。此外，微重力会使细胞壁变得极度凹凸，其原因是胞质内较高的 Ca^{2+} 浓度抑制了微管、微丝的聚合作用，骨架变得稀疏，无力控制细胞器的固定与移动，因而使细胞器易位；高尔基装置、内质网的分泌小泡移向细胞表面，形成细胞壁物质，影响了细胞壁的生长，因而细胞壁变薄且凹凸，即细胞壁变凹凸是由于细胞壁薄化所造成，而细胞壁薄化是由于壁内纤维素和木质素量减少所致。

（2）细胞器及其结构变化　微重力条件下植物细胞的超微结构会发生变化，但不同植物叶绿体的解体程度有所不同。如模拟微重力条件下水稻幼苗叶细胞叶绿体的部分基粒出现破坏和解体，基粒数有所减少，叶绿体内缺乏淀粉粒或只含有非常小的淀粉粒。

（3）细胞有丝分裂和胞质分裂受阻　细胞分裂受到抑制，有丝分裂减少，有丝分裂不同阶段出现细胞歧化和反常的分裂数，染色单体断裂和出现染色体桥。甚至在小孢子发育中还可观察到多极有丝分裂。细胞分裂中期，成束的染色体不沿细胞板排列并且染色体不分离。

四、模拟微重力对植物钙水平及分布的影响

研究表明，细胞对微重力的感应不是通过直接激活重力受体分子，而是在细胞、组织或者器官结构中由于应力依赖性变化的结果使细胞直接感受的。钙是植物生长所必需的元素，细胞中游离的钙离子是偶联胞外信号和胞内生理生化反应的第二信使。根据双叉理论，重力感受实际上是一个信号接收与信号放大的过程。胞溶性 Ca^{2+} 水平改变可能是重力刺激转换成能引起一连串生物化学反应的化学信号，胞内钙离子的微小变化可以显著地改变细胞的生理生化活动。Ca^{2+} 作为微重力刺激的次级信号在组织和细胞内如何转导，又如何对细胞的生理生化过程起调节作用，以及其分子机理的研究，都是为使植物在太空中正常生长所需要弄清的问题。据一些早期的观察资料记载，在地球重力场中，水平放置的燕麦胚芽鞘和玉米根上下侧细胞中 Ca^{2+} 均匀分布与它们的向重性有关。因此，研究微重力对钙离子在细胞中分布的影响有助于弄清微重力引起细胞生理生化变化的机理，有助于植物在太空正常生长和繁殖后代。

重力作为一种胞外刺激信号能引起胞内游离 Ca^{2+} 浓度的变化。徐继等用焦磷酸钾沉淀法进行了组织和细胞中游离钙的化学定位，并用光学显微镜和透射电镜观察石刁柏幼苗在太空飞行后 Ca^{2+} 沉淀颗粒在根尖组织和细胞内的分布。

用水平回转器处理大豆幼苗 5 天后，发现根尖细胞 Ca^{2+} 水平增加，Ca^{2+}-ATPase 的活性也受到抑制。但加入钙离子通道阻断剂后，则可以避免微重力引起的 Ca^{2+} 浓度增加，同时 Ca^{2+}-ATPase 的活性也恢复正常。上述实验结果可以解释为在回转器中，由于重力矢量方向的不断改变，引起重力感受器淀粉粒位置的不断变化，同时引起钙离子不断从液泡的钙库中泵入细胞质中，最后导致细胞钙代谢的紊乱，膜上与 Ca^{2+} 偶联的酶如 Ca^{2+}-ATPase 的活性受到抑制。

总之，作为一种交变应力的微重力和模拟微重力，不仅对植物细胞的形态结构，而且对细胞的功能也产生重要影响。开展微重力和模拟微重力对植物生长发育

的影响研究，不仅在植物生理和生物力学等领域具有十分重要的理论意义，而一些有应用价值的研究结果也可以应用于农业生产实践和生物技术领域。今后的研究应着重于微重力刺激的信号转导及植物相关基因的差异表达方面，加强对微重力改善陈种萌发活力、次生代谢产物积累、原生质融合等方面的机理及应用模式研究。

第二节
模拟零磁空间

　　在某些科学实验中，如弱磁标准、测量仪器的研制和标定等都需要在没有磁场的空间进行，这个空间，一般称为零磁空间。要在地球上获得零磁环境有 3 种方式，一是采用高导磁材料如坡莫合金制成封闭的空间，利用高导磁材料的集束磁力线作用，将磁场屏蔽在封闭空间之外；二是使用赫尔姆霍兹线圈补偿法获得，利用通入直流电流的三组相互垂直的线圈产生的磁场抵消地磁场；三是将上述两种方法有效组合。赫尔姆霍兹线圈补偿法获得零磁空间的方法如下：地球磁场是由基本磁场分量及变化分量组成，并且可以分解为上下、磁东西和磁南北三个分量，当然每个分量也是由基本磁场分量及变化磁场分量所组成。

　　如图 2-1 所示，假定在一个空间内，在上下、东西、南北方面都装置一个矩形赫尔姆霍兹（Helmhoetz）线圈，并通过一个稳定电流以补偿地磁场基本分量，并用一个无线电追踪技术得到的随磁场变化而变化的电流分量：以补偿地磁日变部分，这样我们在矩形线圈内部特别是接近中心，可以得到一个接近零磁场的体积，目前国外已做到 0.5～0.2r 的水平，其体积可达 35cm 直径的一个球体。

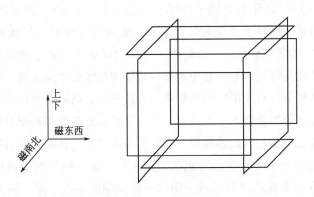

图 2-1　矩形赫尔姆霍兹（Helmhoetz）线圈

　　地球上的零磁空间环境均是根据研究或工作的需要人为制造的。另外，舰船的密闭舱室，特别是潜水艇内，地球磁场也被不同程度地屏蔽。在地球轨道上运行的空间站、航天飞机，虽然仍在地球磁场的影响范围之内，但强度已经很弱，并且随运行轨道的高度不同和太阳风的影响而波动。未来的载人星际探索活动，航天员将长期处于亚磁或零磁环境中，已知银河系内星际空间的磁场强度在 $0.1 \times 10^{-9} \sim 1 \times 10^{-9}$ T。月球是人类探索的地球以外的第一个星球，月球基地将是人类未来深空探测的中转站。月球磁场极弱，表面磁场小于 5.0×10^{-8} T，是地磁场的 $1/1000$ 以下。

目前全球已经建有 7 个大型的屏蔽地磁场的零磁空间实验室。我国于 1989 年在中国地震局地球物理研究所建立了第一个零磁空间实验室，主要用于精密仪器校正和消磁。1998 年中国农业科学院空间技术育种中心与中国地震局地球物理研究所合作，利用双层磁屏蔽结构和线圈补偿方式相结合又建造了大型 26 面体磁屏蔽装置模拟空间弱地磁效应。

一、模拟零磁空间在农作物上的应用

在地磁场屏蔽的零磁或亚磁［亚磁环境（hypomagnetic environment）通常指远小于地磁场的极弱的磁场环境，在某些研究文献中表述为极低磁场、近零磁场或零磁空间等］条件下，可加速某些植物（如黄瓜、小萝卜）的生长，也可能抑制某些植物（如大麦、谷类）的生长。亚磁条件两周后，许多植物形成较多的根和芽；亚磁环境处理松类的种子，可延长其休眠期，减低发芽率，减少氧的吸收，降低干物质含量。而长时间处于亚磁环境的洋葱种子发芽率则有所升高，而且胚根中分裂细胞的数目较多，有丝分裂周期的持续时间也发生改变。长期暴露于亚磁环境中的植物，显示出组织结构的干扰，如木质部环形导管的形成、侧根在中柱鞘内的发生等受到抑制。

例如，零磁空间处理小麦风干种子和小麦花药后，小麦种子在零磁空间处理 180 天以上会明显抑制种子萌发和幼苗生长，表现出与传统 γ 射线处理完全不同的生物效应，但抑制损伤不存在剂量效应，即抑制效应并不随着处理时间的增长而增强；在小麦花药愈伤组织诱导过程中附加一定周期的零磁空间处理，对小麦雄核发育和最终形成愈伤细胞团有一定的刺激作用，有助于促进高质量愈伤组织及其绿苗的获得率。经零磁空间处理后的大（小）麦种子发芽势及出苗率都高于对照，另外，零磁不同处理对穗长、总小穗数、穗粒数、千粒重等主要农艺性状影响有明显差异。

零磁空间处理水稻干种子，对当代苗期生长不存在明显的生物损伤，二代出现显著的分离，在小麦花药培养过程中附加一定周期的零磁处理，有助于促进高质量愈伤组织及其绿苗的获得率，并可有效提高小麦花培后代的变异类型和频率。

在亚磁场实验条件下，发现豌豆上胚轴的发育长度明显大于正常地磁场下豌豆的发育情况。观察在极低磁场环境下豌豆根分生组织细胞超微结构和钙平衡的变化，发现脂质显著堆积，空泡、细胞分解小体、有壁旁体结构发生和形成体植物铁蛋白减少；线粒体尺寸和体积增大，基质电子密度降低，线粒体嵴减少；使用焦磷酸盐法检测细胞内钙离子，显示细胞内钙超载。大量实验证实，不同植物种子发芽初期，根的生长被抑制；植物根部分生组织增殖和细胞分裂复制减弱；由于 G1 期延长导致细胞分裂周期延长；而在亚麻和小扁豆根分生组织细胞表现为 G2 期延长，而其他阶段基本稳定。

经过零磁场空间处理后，选育水稻不育系'玉-08A'，是经多年人工及试管离体授粉回交转育选育而成。生产试验结果表明：该不育系不育性稳定，不实率达 100%，比'珍汕 97A'产量增产 58.1%；制种产量增产 62.6%。'玉优一号'（江苏省农科院原子能研究所用不育系'玉-08A'与恢复系 97-66 配制而成的晚籼三系水稻新品种）比对照'汕优 63'增产 5%～8%，杂交稻米经农业部稻米及制品质量监督检验测试中心检验，12 项指标中，蛋白质、透明度等 9 项指标达优质米一级标准，综合评价为优质二级米标准。

二、模拟零磁空间在草类植物上的应用

黑龙江省农科院利用零磁空间条件育成了国内外首个经过零磁空间处理获得的紫花苜蓿品种'龙饲 0301'。该品种由紫花苜蓿品种'龙牧 803'风干种子在室温条件下经过零磁空间处理 6 个月，在田间通过系统选择，结合返青期、返青率、株高、干草产量、粗蛋白质含量、抗病性等指标的检测，选育出紫花苜蓿新品系'LS0301'。通过多实验区、多年田间比较试验，结果表明：'LS0301'比亲本返青早 1～3 天，返青率提高 1%～2%，株高提高 4.94%，干草产量提高 17.94%，粗蛋白质含量提高 5.01%，表现对苜蓿褐斑病、白粉病有一定的抗性。

2006 年'LS0301'通过黑龙江省农作物品种审定委员会的认定推广，定名为'农菁 1 号'。另外，将'龙牧 803'与'龙饲 0301'种子根尖经过冰处理、固定后进行染色体制片，得到结果是二者均为 32 条染色体，这表明零磁空间条件处理对苜蓿染色体数目没有影响。用 35 对 RAPD 引物对两个品种进行的多态性试验，结果表明：有 5 对引物在'龙牧 803'和'龙饲 0301'中表现良好的多态性，零磁空间条件处理有刺激营养体生长的作用，使植株高大繁茂，从而提高生物产量，同时还引起了苜蓿 DNA 水平上的变异。

紫花苜蓿是异花授粉植物，其育种多采用群体混交和系统选育等手段，育成一个品种需要 8～10 年甚至更长时间，且效率不高。较高剂量的辐射诱变育种可以诱发新的优良性状和基因变异，打破基因连锁。零磁空间条件处理表明，适当低剂量处理，虽然苜蓿的细胞学和表型性状变化不明显，但是在分子标记上有变化，同时可刺激植物生长、提高生物产量。这说明零磁空间处理在苜蓿育种上的应用效果是明显的。

地面模拟空间环境因素的试验研究对于开展作物诱变改良具有非常重要的实际意义。目前国内外还不能对空间环境的宇宙射线、粒子、微重力、弱地磁、高真空和超低温等协同因素做出综合模拟，但在单因素地面模拟方面已取得了进展。对于各种空间因子的单因素效应及协同效应能否直接诱发植物性状改变、基因突变都有待于做进一步的深入研究。

第三节
高能混合离子场

高能混合离子场是地面模拟空间诱变育种的方法之一。所谓高能混合离子场，就是通过模拟太空环境，利用地面加速器引出的高能电子束固定靶，产生具有广谱结构、能量在 200MeV～1.2GeV 之间的次级粒子，主要包括派介子、谬子、正/负电子、高能光子、质子等多种粒子的混合离子场。

高能混合离子场利用多种高能、高 LET（传能线密度）粒子组成的混合场相互配合产生累加或协同诱变效应。有的诱变因素可以减轻辐射损伤，对辐射具有保护效应，可获得更多的作物群体，充分发挥各种因素的特异性，增强诱变效果，使产生的变异有相应的累加和超累加作用，从而直接或间接提高诱变效率，拓宽突变谱，更有希望获得稳定的优良突变体，为育种实践提供更好的种质材料。

一、高能混合离子场在农作物上的应用

中国农业科学院航天育种中心与中国科学院高能物理所在 1999 年合作，率先利用北京正负电子对撞机模拟次级宇宙粒子，发明了包括派介子、谬子、正/负电子、光子和质子等多种高能粒子组成的混合离子场处理技术，目前主要应用于小麦、蔬菜等作物改良上，并已在部分冬小麦品种中得到了比 γ 射线处理更高的相对生物学和细胞学效应，是一种较新的辐射技术。

例如，以 185Gy 的剂量处理两个冬小麦品种 SP8724 和 D6-3，并与相同剂量的 γ 射线相比较，研究其生物诱变效应。结果表明：185Gy 高能混合离子场处理的两个小麦品种均呈现株高降低、穗长变短、穗粒数减少、结实率下降和穗粒重减少的生物效应，且这种损伤效应均明显高于相同剂量的 γ 射线处理效果。在高能混合离子场辐照处理 SP8724 小麦的 M1 代，还出现双穗变异现象。虽然双穗变异的频率不高，且多为生理性损伤所致，但这种现象在相同剂量的 γ 射线处理中并不多见；高能混合离子场辐照处理诱发了小麦 M1 代较宽的变异谱，出现了株高、生育期、穗型、粒色、芒性、育性和蜡质等多种性状的突变，其中以矮秆、早熟和穗型

等有益性状的突变频率较高，且每一种性状往往出现正负两个方向的突变，以 SP8724 小麦品种为例，对照株高为 75～80cm，高能混合离子场辐照处理 M1 代的株高变异幅度为 55～91cm；穗部性状的变异包括密穗、大穗、多小花和无芒等；高能混合离子场辐照虽然表现出与 γ 射线诱变较为相似的突变谱，但高能混合离子场辐照小麦的总突变频率显著高于 γ 射线。

选用冬小麦品种'中原 9 号'和'中优 9507'作为试验材料，以 ^{60}Coγ 射线做比较研究，分别以 3、109、145、195、284 和 560Gy（1kg 被照射物吸收电离辐射的能量为 1J 时称为 1Gy）几种剂量照射冬小麦干种子，研究了高能混合离子场诱变的生物学效应。研究发现，高能混合离子场对冬小麦 M1 代诱发了强烈的辐射生物学效应，抑制了种子的发芽势，降低了发芽率，并且 M1 代幼苗高度降低，幼根长度缩短，且随剂量增加所受的损伤也加强。研究还发现高能混合离子场的辐射生物学效应要大于相应剂量的 γ 射线对 M1 代的生物学效应。高能混合离子场诱发 M1 代的细胞学效应主要表现在明显的致畸效应，不但抑制根尖细胞的有丝分裂活动，而且引起根尖细胞染色体的畸变。分裂间期出现了微核，中期出现了染色体断片、环状染色体；后期出现了单桥、双桥、多桥、落后染色体、游离染色体等类型，并表现出与剂量的相关性，并且发现高能混合离子场诱发染色体畸变的种类和频率都高于 γ 射线。高能混合离子场和 γ 射线两种诱变源引起的突变类型相差不多，突变谱相当。中原 9 号和中优 9507 的 M2 代的突变谱略有差异，但高能混合离子场引起的总突变频率、有益突变频率都比 γ 射线要高。

高能混合离子场比 γ 射线引起的总突变频率、有益突变频率高，这可能是由于混合离子场不但具有单一高能离子诱发突变的特点，而且混合离子场包含的多种离子会存在协同诱发作用，从而诱发产生更多高频率的突变以及更高的相对生物学和细胞学效应。

二、高能混合离子场在草类植物上的应用

通过北京正负电子对撞机（BEPC）直线加速器 E2 束流打靶产生多种次级粒子束的混合粒子辐射场产生的高能混合离子场（109Gy、145Gy、195Gy、284Gy 和 560Gy）和 ^{60}Coγ 射线处理龙牧 803 紫花苜蓿干种子，比较同一剂量不同处理方法间和同一处理方法不同剂量间的生物学效应。结果表明，高能混合离子场处理过的植株在株高和产量上均高于同剂量 γ 射线处理的植株；而 γ 射线处理组的粗纤维含量普遍低于高能混合离子场处理组，粗蛋白含量普遍高于高能混合离子场处理组；粗脂肪含量在低剂量条件下（109Gy、145Gy 和 195Gy）γ 射线处理高于高能混合离子场处理，高剂量（284Gy，560Gy）条件下则低于高能混合离子场处理；高能混合离子场处理的种子发芽势和发芽率明显高于 γ 射线处理组，发芽势高于对

照，发芽率低于对照；微核率略低于 γ 射线处理组，两者均显著高于对照；γ 射线处理的株高和产量随着处理剂量的增高而降低，除 109Gy 外，均低于对照和高能混合离子场处理组，高能混合离子场处理对植株的损伤效应较小。

通过北京正负电子对撞机（BEPC）直线加速器 E2 束流打靶产生多种次级粒子束的混合粒子辐射场处理紫花苜蓿干种子，设有 5 种辐照剂量（109Gy，145Gy，195Gy，284Gy，560Gy），观测‘龙牧 803’苜蓿 M2 代在秋末冬初低温条件下叶片游离脯氨酸（Pro）含量、过氧化物歧化酶（SOD）活性、可溶性糖（LSSC）含量、叶绿素 a（Chla）含量和叶绿素 b（Chlb）含量。结果表明，高能粒子处理在秋末冬初低温条件下 M2 代的抗寒性指标显著高于对照（$P<0.05$）；随着辐照剂量的增大，M2 代叶片 Pro 含量、SOD 酶活性、LSSC 含量、Chl 含量明显递减。低剂量辐照下 M2 代获得的抗寒性强于高剂量辐照，由此确定苜蓿的最佳高能粒子辐照剂量为 145Gy，其次是 195Gy。

诱变机理研究是诱变遗传学的最根本问题，它的目的就是从细胞和分子水平上研究诱变因素与遗传物质相互作用的关系，阐明突变发生的机制，这是指导植物诱变育种的理论基础。因为 DNA 是主要的遗传物质，也是辐射生物学效应的主要靶分子。分子水平上的辐射诱变机制的研究主要是围绕 DNA 的损伤修复及其与突变形成的关系。辐射引起的 DNA 的损伤主要有 DNA 单链断裂、双链断裂、碱基等的损伤以及 DNA 和 DNA 的交联、DNA 和蛋白质的交联等。DNA 分子的单链和双链断裂均会导致 DNA 分子的解聚。植物 DNA 的损伤的研究主要集中在 DNA 单链断裂上。通过对高能混合离子场诱变小麦获得的突变材料进行分子水平的研究，不仅有助于对航天诱变育种机理进行系统研究，而且可能获得可用于分子标记辅助育种和图谱制作的分子标记，实现突变基因的定位、克隆及转化，从而更好地运用航天变异进行作物育种。

以混合离子场模拟航天环境中的粒子诱变因素，不但发挥了单个粒子诱变的特点，而且混合离子场包含的多种粒子会产生协同诱发作用，从而诱发产生更多突变。混合离子场比单个粒子在 M1 代的辐射生物学效应强烈，在 M2 代诱发了多种类、高频率的性状突变，有益突变频率高。混合离子场辐照处理有可能成为一种新的诱变源，在遗传育种中发挥作用。

第四节
其他重离子

国内对重离子辐射效应的研究主要侧重于对农作物和微生物等诱发的效应的研究方面。如，中国科学院等离子体研究所将离子注入机产生的能量为 30～50keV

的低能氮离子束注入水稻种子中，据余增亮等报道，发现此类离子对当代有一定的生理损伤，并能诱导后代产生株高、抽穗期、叶绿素缺失等性状突变。

在 Ar$^+$ 辐照的烟草种子中观察到了先于 DNA 大量复制之前的一个 DNA 合成峰，即 DNA 非按期合成。能否进行 DNA 的非按期合成（修复合成），是细胞损伤修复能力的一个重要体现。DNA 非按期合成峰的出现，说明了重离子辐照不仅损伤了 DNA，而且能诱发 DNA 的修复合成，因此重离子辐射可用于植物的诱变育种。

在 N$^+$ 辐照的拟南芥中，得到了当代可遗传的变异条带；同时将分析 DNA 变异频率的计算方法统一后，发现与空间飞行或卫星搭载的植物相比，N$^+$ 注入的拟南芥 DNA 条带变异率最高，认为与空间微重力、高真空的环境相比，重离子是更为有效的诱变手段，具有突变频率高的特点。基因组 DNA 突变率与重离子注入剂量相关，剂量愈大，突变程度愈高。李玉峰等采用更为详细的剂量梯度，研究了 N$^+$ 注入对紫花苜蓿的生物学效应，结果表明低剂量的 N$^+$ 注入对紫花苜蓿种子存在当代刺激效应，随 N$^+$ 剂量增加呈现出"降、升、降"的"马鞍形"剂量效应曲线。N$^+$ 注入甘草种子也发现了这种效应趋势。"马鞍形"曲线可能是重离子辐照诱导的新的修复机制作用的结果，同时它表明了离子注入生物体内的自由基产生和清除是一个动态反应过程。

此外，安徽农业大学生物工程系使用 30keV 的低能 N$^+$ 和 Ar$^+$ 对离体质粒 DNA 进行了辐照，并利用琼脂糖凝胶电泳技术定量检测了 DNA 的单双链断裂，分析了不同离子对 DNA 单链断裂及转化活性的影响。结果表明，N$^+$ 和 Ar$^+$ 辐照均可引起质粒 DNA 单双链断裂和转化活性的变化，且随辐照剂量的增加，单双链断裂频率增加，转化活性下降。Ar$^+$ 对离体质粒 DNA 比 N$^+$ 具有更强的单双链断裂效应，且从 9×10^{15} Ar$^+$/cm^2 剂量开始，质粒可完全丧失转化活性。质粒转化活性的大小与 DNA 单双链断裂频率呈正相关。

采用 80MeV/u20Ne10$^+$ 离子束贯穿处理豆科与禾本科牧草种子，大田和根尖细胞观测的结果表明，随着贯穿剂量的增加，幼苗生长明显减弱，呈负相关性。而染色体畸变率和微核率随剂量的增加而显著增加，呈正相关性。同时，从大田长势来看，禾本科牧草比豆科牧草对重离子辐射敏感性强，禾本科牧草适宜剂量为 0～30Gy，豆科牧草为 150Gy。

重离子辐射诱导玉米突变体 I478 的特性研究指出，突变体 I478 植物的形态较自交系发生了明显的变化，其株高、穗高都有显著增加，气生根颜色发生改变；突变体 I478 的果穗性状总体变好，果穗长度、行粒数、穗粒数、穗粒重等性状极显著优于自交系 478，但其果穗穗行数显著少于自交系 478；I478 的主要生育时期如抽雄期、开花期、成熟期显著迟于自交系 478；突变体 I478 在苗期、拔节期、抽雄期、灌浆期丙二醛的含量极显著低于自交系 478，尤以拔节期丙二醛的含量下降幅度最为明显；自交系 478 与突变体 I478 从苗期至拔节期、抽雄期和灌浆期叶绿素含量一直在增加。两自交系在苗期、抽雄期和灌浆期，叶绿素含量接近，拔节期I478 叶绿素含量增加；自交系 478 配制组合的穗行数、穗粗、出籽率的平均值大于突变体 I478 配制组合的相应性状的平均值，突变体 I478 配制组合的单穗重、穗长、行粒数、百粒重、秃顶长度大于自交系 478 配制组合的相应性状的平均值。突变体 I478 一般配合力好，组合 I478×N172 单穗重量极显著高于临奥 1 号，单穗重量比临奥 1 号增加 9.6%，表明突变体 I478 具有株高适中、株型紧凑、综合农艺性状优良、一般配合力好、特殊配合力高等突出特点。

在 $^{12}C^{6+}$ 辐照苜蓿方面，刘青芳等采用初始能量为 100MeV/u 的重离子束 $^{12}C^{6+}$ 对紫花苜蓿下胚轴及子叶外植体进行辐照处理，研究重离子辐照对愈伤组织诱导状态及诱导率、愈伤组织相对生长率、体细胞胚诱导率及植株再生的影响。结果表明，重离子辐照对下胚轴及子叶愈伤组织的诱导具有抑制作用，且出愈率随着辐照剂量的增大而降低；在继代培养过程中，其愈伤组织相对生长率均高于对照组，外植体本身对重离子辐照所造成的损伤具有恢复能力；辐照处理对体细胞胚诱导也有影响，30Gy 时，下胚轴诱导的体细胞胚发生较对照组早，数量多，较早地得到再生植株；而 50Gy 时，所得到的体细胞胚未能发育成再生植株。同时应用随机扩增多态性 DNA（random amplified polymorphic DNA，RAPD）技术对重离子辐照处理下胚轴所得再生植株进行检测分析，结果表明，所采用的 20 条随机引物中有 11 条在对照及处理组所得再生植株之间扩增出差异性多态条带，表明了重离子辐照引起苜蓿再生植株基因组 DNA 发生变异。

在 $^{12}C^{6+}$ 辐照油菜、胡麻等方面，孙兰弟等以能量为 80MeV/u 的 $^{12}C^{6+}$ 为诱变源辐照油菜、胡麻、大葱和兵豆的干种子后，研究了不同剂量处理对 4 种农作物 M1 代和 M2 代种子出苗率及幼苗生长的影响。实验结果表明，重离子所导致的 M1 代生物学效应因不同的物种而表现出一定的差异，适当剂量 $^{12}C^{6+}$ 辐照促进了油菜和胡麻 M1 代出苗率和幼苗的生长；而不同剂量的 $^{12}C^{6+}$ 辐照抑制了大葱的出苗率和幼苗的生长；兵豆 3 个剂量下的出苗率和对照相差很小，但 90Gy 辐照有利于其生长。到了 M2 代，4 种作物辐照组的发芽率都低于各自的对照组；30Gy 剂量下的油菜、胡麻和兵豆长势最好；大葱依然是对照的长势最好。

$^{12}C^{6+}$ 辐照后，沙打旺种子的发芽势、发芽率以及多种抗氧化酶活性都随剂量增加先升高后降低。重离子对植物生长发育过程的促进作用还有待于进一步研究。

参 考 文 献

[1] 柴明良，钮友民，等. 经辐射的"猎狗"苇状羊茅种子播种、萌发试验及试验培养研究 [J].
草业科学，1997，(6)：66-69.

[2] 蔡伟明，管培珠，赵炜，等．胡萝卜愈伤组织细胞中与重力相关酯酶（grEST1 和 grEST2）的鉴别 [J]．植物生理学报，1998，24（4）：392-398．

[3] 陈灿．^{60}Co-γ 处理对冷季型草坪用草生物学性状的影响 [D]．湖南农业大学，2003：3-5．

[4] 陈成斌，赖群珍，李道远，等．普通野生稻辐射后 M1 代数量性状变异探讨 [J]．广西农学报，1996，（2）：1-7．

[5] 陈秀兰，包建忠，刘春贵，等．观赏荷花辐射诱变育种初报 [J]．核农学报，2004，18（3）：201-203．

[6] 程备久．不同离子辐照对离体质粒 DNA 损伤与转化活性的影响．激光生物学报，2001，10（1）：40-43．

[7] 付彦荣，韩益，孙振元，等．CO 辐射对五叶地锦种子发芽和 M1 性状的影响 [J]．中国农学通报，2004，（6）：73-76．

[8] 迟海洋．模拟微重力效应反应器的研制及对螺旋藻培养的研究：[硕士论文]．贵州大学，2008．

[9] 冯岩等．不同 LET 的重离子辐射对 DSB 诱导的影响．激光生物学报，2002，11（1）：19-22．

[10] 郭爱桂，刘建秀，郭海林，等．辐射技术在国产狗牙根育种中的初步应用．草业科学，2000，17（1）：45-47．

[11] 韩微波，刘录祥，郭会君，等．高能混合离子场辐照小麦 M1 代变异的 SSR 分析 [J]．核农学报，2006，20（3）：165-168．

[12] 韩微波．混合离子场诱变小麦的生物效应与机理研究：[硕士研究论文]．陕西：西北农林科技大学，2005．

[13] 黄建昌，肖艳，赵春香，等．少核沙田柚的辐射选育研究 [J]．核农学报，2003，17（3）：171-174．

[14] 江丕栋．空间生物学．青岛：青岛出版社，2000：262-266．

[15] 江丕栋，傅世密，郑克，等．在地面进行微重力生物学实验模拟用的回转器 [J]．生物化学与生物物理进展，1990，17（2）：141．

[16] 颉红梅，郝冀方，卫增泉．重离子束对牧草的改良辐射研究与辐射．工艺学报，2004，22（1）：61-64．

[17] 李文建．重离子与 X 射线沿水介质入射深度诱导癌细胞失活的比较．核技术，2001，24（4）：305-308．

[18] 李红，罗新义．高产高蛋白质高抗性苜蓿品种选育．草地学报，2002，10（1）：28-32．

[19] 刘灿辉．重离子辐射诱导玉米突变体 I478 的特性研究 [D]．湖南：湖南农业大学，2009．

[20] 刘建香，苏旭．重离子辐射生物效应的研究进展 [J]．中华放射医学与防护杂志，2003，23（1）：65-67．

[21] 刘录祥，程俊源．植物诱变育种新技术研究进展．核农学报，2002，16（3）：187-192．

[22] 刘录祥，韩微波，郭会君，等．高能混合离子场诱变小麦的细胞学效应研究 [J]．核农学

报，2005，19（5）：327-331.

[23] 刘录祥，王晶，赵林姝，等．作物空间诱变效应及其地面模拟研究进展．核农学报，2004，
18（4）：247-251.

[24] 刘录祥，王晶，赵世荣，等．零磁空间诱变小麦的生物效应研究 [J]．核农学报，2002，
16（1）：2-7.

[25] 刘录祥，赵林姝，郭会君，等．高能混合离子场辐照冬小麦生物效应研究 [J]．科学技术
与工程，2005，21（5）：1642-1645.

[26] 刘录祥，郑企成．空间诱变与作物改良 [M]．北京：原子能出版社，1997.

[27] 刘敏，李金国，王亚林，等．卫星搭载的甜椒87-2过氧化酶同工酶检测和RAPD分子检测
初报．核农学报，1999，13（5）：291-294.

[28] 刘敏，王哑林，薛淮，等．模拟微重力条件下植物细胞亚显微结构的研究 [J]．航天医学
与医学工程，1999，12（5）：360-363.

[29] 刘敏，薛淮，潘毅，等．地球外空间环境引起植物变异的研究进展．细胞生物学杂志，
2003，25（3）：160-163.

[30] 刘青芳，李文建，周利斌．重离子束辐照对苜蓿外植体离体培养的影响及下胚轴再生体的
RAPD分析．辐射研究与辐射工艺学报，2008，26（4）：229-231.

[31] 陆长旬，黄善武，梁励，等．辐射亚洲百合鳞茎（M1）染色体畸变研究．核农学报，
2002，16（3）：148-151.

[32] 靳文奎．空间环境不同因素对小麦的生物学效应研究：[硕士学位论文]．北京：中国农业
科学院，2008.

[33] 马建中，鱼红斌，伊虎英．关于牧草辐射育种几个问题的探讨 [J]．核农学报．2000，14
（3）：167-173.

[34] 马建中，鱼红斌，伊虎英．我国北方主要牧草辐射敏感性及适宜剂量的研究 [J]．中国草
地，1995，2：37-41.

[35] 马建中，鱼红斌，伊虎英．中国北方主要牧草品种的辐射敏感性与辐射育种适宜剂量的探
讨 [J]．核农通报，1997，15（3）：101-105.

[36] 梅曼彤，刘振声，丘泉发，等．加速重离子及射线辐射对水稻干种子的当代生物学效应．
辐射研究与辐射工艺学报，1991，9（8）：139-143.

[37] 潘毅，薛淮，鹿金颖，等．空间环境与模拟微重力环境对高等植物试管苗的影响．科技导
报（北京），2007，25（19）：36-41.

[38] 裘志新，陆登义．小麦 M1 在云南元谋变异情况简报 [J]．宁夏农林科技，1994，（1）：11-14.

[39] 隋丽．重离子致DNA双链断裂的AFM观测和机理研究：[硕士学位论文]．北京：中国
原子能科学研究院，2003.

[40] 尚晨，韩贵清，陈积山，等．高能混合离子场处理种子对龙牧803苜蓿 M2 代的抗寒性影
响．草业学报，2009，12：164-168.

[41] 尚晨，张月学，李集临，等．射线和高能混合离子场辐照紫花苜蓿品质变异的比较分析．
核农学报，2008，22（2）：175-178.

[42] 商澎. 亚磁环境生物学效应的研究进展. 航天医学与医学工程，2009，22（4）：308-312.

[43] 石轶松，王贵学. 微重力和模拟微重力对植物生长发育的影响. 重庆大学学报，2003，26（4）：100-103.

[44] 王菊芳. 不同 LET 碳离子对 v79 细胞辐射敏感性的影响. 辐射研究与辐射工艺学报，2001，19（1）：36-39.

[45] 王文恩. ^{60}Co-γ 射线对 3 种暖季型草坪草的辐射效应及狗牙根变异植株的分析［硕士论文］. 华中农业大学，2006.

[46] 卫增泉，颉红梅，梁剑平，等. 重离子束在诱变育种和分子改造中的应用. 原子核物理评论，2003，20（1）：38-41.

[47] 卫增泉，周光明，颉红梅，等. 重离子束介导基因诱变育种. 兰州：甘肃省核学会 2001 年学术交流会，2001：112.

[48] 吴敦肃，高小彦，陈一新，等. 水平回转对水稻幼苗叶细胞的影响［J］. 植物学报，1994，36（5）：264-369.

[49] 虞秋成，刘录祥，徐国沾，等. 零磁空间处理水稻干种子诱变效应研究. 核农学报，2002，16（3）：139-143.

[50] 薛淮，蔡伟明，刘敏，等. 模拟微重力环境因子对人参细胞生长和人参皂苷含量的影响［J］. 植物生理学报，2000，26（2）：137-142.

[51] 薛淮，刘敏，王亚林，等. 模拟微重力条件下马铃薯的同工酶检测及 RAPD 产物分析［J］. 核农学报，2000，14（4）：218-224.

[52] 许鸿任，崔恒敬. γ 射线辐射种子对谷子 M1，MZ 株高变异的作用［J］. 河南农业科学，1994，（10）：18-19.

[53] 徐继，阎田，赵琦. 微重力对石刁柏根尖组织和细胞中钙水平及分布的影响［J］. 生物物理学报，1999，15（2）：381-386.

[54] 于林清，云锦凤. 中国牧草育种研究进展. 中国草地，2005，27（3）：61-64.

[55] 余增亮. 离子注入生物效应及育种研究进展. 安徽农学院学报，1991，18（4）：251-257.

[56] 赵琦，李京淑，徐继，等. 模拟微重力对芦笋植物 Ca^{2+} 分布的影响. 航天医学与医学工程，1998，11（1）：30-34.

[57] 赵琦，刘敏，蔡伟明. 模拟微重力条件对植物幼苗生长的影响. 植物生理学报，2000，26（3）：201-205.

[58] 赵炜，蔡伟明. 模拟微重力环境因子对人参细胞生长和人参皂苷含量的影响［J］. 植物生理学报，1998，24（2）：159-164.

[59] 张录卫. $^{12}C^{6+}$ 重离子辐照对小麦抗叶锈病影响及机理研究［D］. 甘肃农业大学，2008：10-13.

[60] 张彦芹，贾炜珑，杨丽莉，等. ^{60}Co 辐射高羊茅性状变异研究［J］. 草业学报，2005，（4）：65-71.

[61] 张月学，唐凤兰，韩微波，等. 零磁空间处理选育紫花苜蓿品种农菁 1 号［J］. 核农学报，2006，21（1）：34-37.

[62] Belyavskayana. Free and membrane-bound calcium in microgravity and microgravity effects at

membrane level [J] . Adv Space Res, 1996, 17 (1): 169-172.

[63] Belyavskayana. Ultrastructure and calcium balance in meristem cells of pea roots exposed to extremely lowmagnetic fields [J] . Adv Space Res, 2001, 28 (4): 645-650.

[64] Belyavskaya N A. Biological effects due to weak magnetic field on plants [J] . Adv Space Res, 2004, 34 (7): 1566-1574.

[65] Chatterjee, et al. Biochemical mechanisms and clusters of damage for high-LET radiation. Advances in Space Research, 1992, 12 (2): 33-43.

[66] Conger B V, Tomas J R, Mcdaniel J K, et al. Space flight reduces somatic embryogenesis in orchardgrass (poaceae) [J] . Plant Cell and Environ, 1998, 21 (3): 1197-1203.

[67] Pang D, et al. Investigation of neutron-induced damage in DNA by atomic force microscopy: experiment evidence of clustered. Radiat Res, 1998, 150: 612-618.

[68] Pang D, et al. Atomic force microscopy investigation of radiation-induced DNA double-strand breaks. Scanning Microscopy, 1996, 10 (4): 1105-1110.

[69] Eleanor A B, Amy K. Heavy 2 ion radiobiology: new approaches to delineate mechanisms underlying enhanced biological effectiveness. Radiat Res, 1998, 150 (Suppl): S1262S145.

[70] Ingber D. How cells (might) sense microgravity [J] . FASEB J, 1999, 13 (Suppl): 3-15.

[71] Heimarm J, et al. Analysis of native cellular DNA after heavy ion irradiation: DNA double strand breaks in CHO-KI cells. Battelle Press, 1994: 215-221.

[72] Kiefer, et al. Mutation induction in yeast by very heavy ions. Adv Space Res, 1994, 14 (10): 331-338.

[73] Kiss L, Brinckmann E, Brilcuet C. Development and growth of several strains of Arabidopsis seeding in microgravity. International Journal of Plant Scienses, 2000, 161 (1): 55-62.

[74] Krikoriana D, Dutcher F R, Quinnetal C E, et al. Growth and development of cultured carrot cells and embryos under space flight conditions [J] . Adv Space Res, 1981, 8 (1): 117-127.

[75] Liu C X, Wang J Y, Tang Z C. Adaptative Response of tobacco callus cells to simulated microgravity by compensation [J] . Microgravity, 1997, 3 (1): 17-21.

[76] Masuda Y, Kamisaka S, Yamamotor, et al. Changes in the rheological properties of the cell wall of plant seedlings under simulated microgravity conditions [J] . Biorheology, 1994, 31 (2): 171-177.

[77] Negishi Y, Hashimoto A, Tsushima M, et al. Growth of peaepycotyl in low magnetic field implication for space research [J] . Adv Space Res, 1999, 23 (12): 2029-2032.

[78] Ninela, Belyavskaya A, Nina P. Calcium balance in pea root statocytes under both clinorotation and Ca^{2+} channel blockers' influence [J] . Adv Space Res, 1998, 21 (7): 1225-1228.

[79] Yang, et al. Neoplastic cell transformation by heavy charged particles. Radiat Res, 1985, 104: S-177-5187.

[80] Zhao H C, Zhu T, Wu J, et al. Effect of simulated microgravity on aged pea seed vigour and related physiological properties [J] . Colloids and Surfaces B: Biointerfaces, 2002, 20 (4): 219-224.

第三章

植物航天诱变效应

第一节
生物学效应

一、航天诱变对种子活力的影响

种子活力是种子发芽率和出苗率、幼苗生长的潜势、植株抗逆能力和生产潜力的总和，是种子品质的重要指标。种子活力主要决定于遗传性以及种子发育成熟程度与贮藏期间的环境因子。遗传性决定种子活力强度的可能性，发育程度决定活力程度表现的现实性，贮藏条件则决定种子活力下降的速度。试验表明，空间飞行对植物生命活动及生长具有多方面、重要的影响。经过空间飞行的种子虽然能够正常萌发，但种子活力会受到不同程度的影响。分析认为，不同材料对空间环境的敏感性不同，因此空间飞行后种子的发芽情况有所不同。而且，植物材料在空间飞行期间，其返回舱所处的条件如温度、湿度、高能重粒子密度等因素也不相同，因此研究结果也有所不同。

Legue、杨毅、顾瑞琦等研究空间搭载对植物种子活力的影响时，发现空间搭载对种子活力影响不大。例如，Legue 等发现微重力条件下根的长度与对照相似；杨毅等利用卫星搭载黄瓜干种子，经地面种植发现搭载对种子无损伤，发芽率基本无变化；顾瑞琦等的研究表明，空间搭载的小麦种子的萌发率和地面对照无差异。

众多植物空间诱变研究结果表明，空间诱变提高植物种子活力。阎文义等处理空间搭载小麦种子发现航天处理种子发芽势提高 10%～15%，发芽率提高 2%～6%，M1 代田间出苗率提高 8.5%，与对照相比达到显著水平；吴岳轩等指出空间飞行可提高番茄种子的活力和促进初期生长与其提高种子及幼苗体内活性氧防御酶系统的活性、增强种子抗氧化能力和延缓种子衰老有关；王瑞珍等用"神舟一号"搭载 3 个春大豆品种实验结果表明，与地面对照相比，搭载种子发芽势增加了 30%～40%；刘巧媛等研究了卫星搭载对非洲菊种子萌发的效应，结果表明种子经卫星搭载后会促进非洲菊种子的萌发，萌动时间提前 2～3d；王戌梅对"神舟四号"飞船搭载的梭梭太空种子经过近两年的栽培实验，与地面对照种子对比，太空搭载处理的梭梭表现出种子发芽快且生长整齐；单成钢利用"实践八号"育种卫星搭载丹参种子，返回地面后进行种子活力测定发现提高了种子的发芽率和出苗率，促进了幼苗的发育。

空间搭载后，植物种子活力发生变化，种子发芽率、活力均提高，产生这种变化的原因、机理是什么？王怡林等采用傅里叶变换红外光谱法（FT-IR）比较了航天诱变的番茄种子的蛋白质吸收带和碳水化合物吸收带的异同，结果表明，其主要成分和基本结构并未发生变化，但是经航天诱变后太空番茄种子中的碳水化合物的含量增加了，说明种子经过航天诱变后提前萌动了。

部分研究结果表明，由于高空的强辐射、高真空、微重力以及其他不明因素的特殊环境，空间搭载后，植物种子受到一定程度的生理伤，种子活力下降。例如，张义贤等对卫星搭载的番茄种子进行研究，发现空间搭载种子发芽率低于地面对照；徐建龙发现空间搭载的水稻种子发芽率、存苗率均低于对照；贺鹏在研究航天诱变后的烤烟材料时发现，航天诱变材料在发芽率和发芽势上低于其对照品种。

空间条件复杂特殊，经过空间飞行的种子虽然能够正常萌发，但种子活力会受到不同程度的影响。严欢等研究空间条件对牧草种子的诱变效应，发现经"实践八号"卫星搭载后的'长江 2 号'多花黑麦草和'宝兴'鸭茅种子的标准发芽率高于对照，但发芽势均略降低；郭亚华等发现卫星搭载的青椒 SP1 代发芽率有增有减，一次搭载的材料 SP1 代发芽率无变化或表现发芽率降低，重复搭载的材料发芽率表现为提高，但到了 SP2 代都基本恢复了原来的水平，他认为由空间条件引起的发芽率的变异属于生理变异，不能遗传；任卫波为了了解空间诱变环境对苜蓿种子萌发及其幼苗生长的影响，于 2006 年 9 月通过"实践八号"育种卫星进行空间搭载 3 个品系的苜蓿干种子，返地后对其标准发芽率、发芽速度、种苗生长、发芽指数、活力指数等指标进行测试，结果表明，卫星搭载对种子发芽率无显著影响，这说明空间诱变对搭载种子损伤轻，不易产生致死突变，搭载后绝大多数种子都能正常发芽，空间搭载对种苗生长有正负两种诱变效应：正效应表现为苗重（品系 1 和品系 4）或芽长的显著增加，负效应表现为平均苗重的显著减少（品系 2）以及根长的降低。

二、航天诱变对诱变当代和后代植株农艺性状的影响

航天诱变显现出变异谱宽、变异率高、有益变异多、稳定快的特点，使它在培育超高产品种、改良品质、提高抗性、缩短育种年限等方面有巨大的潜力和优势，可产生大量的不育株系，而且还出现了许多在生产实践和理论研究上有价值的新的农艺性状，在选育特殊类型材料、创造新的种质资源、探索空间生命科学等方面具有重大意义。

1. 航天诱变对诱变当代和后代营养生长的影响

通常将营养器官（根、茎、叶）的生长称为营养生长。根据育种目标，选择符合需要的变异植株，进行选育，育成符合实际需求的新品种。航天诱变的任务，是创造出符合育种目标的新的种植资源材料，为育种工作提供变异材料。

航天诱变可以产生株高变异。育种者根据育种目标，挑选适合的变异材料。矮化材料筛选方面，洪波等对卫星搭载的露地栽培菊四个品种进行研究发现：SP1 代株高除一个品种富丽外均不差异显著，SP2 和 SP3 代出现了矮化变异，还出现了 10cm 的超矮现象；刘永柱等针对籼稻品种'特华占'经高空气球搭载空间诱变后产生的稳定特异矮秆突变体 CHA-1，研究和考察了其主要的农艺性状的变异特性，结果表明，与原种'特华占'相比，突变体 CHA-1 在多个性状上同时发生了正向或负向变异，其中株高明显变矮。胡枝子空间诱变当代出现矮化不利的变异植株。株高双向变异方面，王瑞珍等对"神舟一号"飞船搭载的 3 个春大豆（*Glycine max*）品种（'赣豆 4 号'、'93-39'和'93-81'）进行了田间试验，发现与地面对照相比，SP1 代株高有所降低；SP2 代的株高变异较大。任卫波以不同时期株高为指标，对 3 个紫花苜蓿品种卫星搭载效应进行研究，结果发现，对于'中苜一号'，幼苗期卫星搭载株高显著低于地面对照，分枝期和初花期则相反，搭载后株高显著增加；对于龙牧 803，卫星搭载后幼苗期和分枝期的株高显著增加，初花期则表现为无显著差异；对于敖汉苜蓿，卫星搭载植株在 3 个时期的株高都显著高于对照；研究结果表明，卫星搭载的生物学效应因品种和时期而异，这可能是由不同紫花苜蓿品种间诱变敏感性的差异引起的。武晓军发现航天诱变处理过的棉花的苗高、株高的变异系数大于各自地面对照，说明航天诱变可以引起棉花广泛变异，SP2 代农艺性状与地面对照相比发生双向变化。此外，众多研究表明，航天诱变提高植物材料株高。任卫波等研究发现，空间搭载后紫花苜蓿和新麦草的当代植株株高增加。

植物材料空间搭载后，叶片发生各种变异。汤泽生等研究经过"神舟四号"卫星搭载后的 SP2 代凤仙花的形态变异时发现：子叶数目除有了两片的外，尚有三

片和四片的；子叶形态上出现连生子叶、杯状子叶和大小不等子叶；真叶的形态上出现线状披针形，茎的分枝上，有的不分枝，仅具主茎，有的分枝多达 40 枝以上。单成钢研究航天诱变对丹参种子影响时发现空间搭载抑制了叶片生长。武晓军研究航天诱变处理过的棉花时发现子叶面积、功能叶面积的变异系数大于各自地面对照。这些变化对研究和认识航天诱变育种有一定的理论和实际意义。

关于植物材料航天诱变后，分枝、分蘖的变异。张雄坚对空间诱变处理的甘薯杂交种子进行实生苗种植试验时发现空间诱变处理对甘薯成苗没有不利影响，但实生苗的分枝数有所增加。严欢等研究空间条件对牧草种子的诱变效应，发现与对照相比，'宝兴'鸭茅的分蘖数明显减少。说明空间搭载出现了变异植株，改良了牧草种质。张月学利用返回式卫星搭载 2 个不同基因型紫花苜蓿品种的干种子，在田间分枝数和鲜重产量指标上品种间变化不同。在田间分枝数和鲜重产量上'肇东'苜蓿的损伤程度高于对照，大于'龙牧 803'。扁穗冰草分蘖数增加，'三得利'紫花苜蓿初级分枝数减少，新麦草分蘖数却没有显著变化，但分蘖（分枝数）的变异度呈增加趋势，表现为极差和变异系数的增加。

植物材料经过空间搭载，地面种植后，农艺性状，包括株高、叶宽、叶长、颜色、分枝数、分蘖数等发生变异，大部分研究表明航天诱变的植株材料农艺性状的变异系数高于对照。严琳玲将卫星搭载的柱花草品种'热研 2 号'种子回收后，种植至 SP5 代选育出 85 个突变品系并进行其植物学性状的观察，研究结果表明，观察的 14 个指标均存在变异，且变异分为正向变异和逆向变异，其中不同品系间株高、千粒质量、叶片长宽的变异达到极显著水平。这说明空间搭载对株高和分蘖数总体影响因搭载物种的遗传背景而异，但都增加了变异度。朱海勇对棉花航天诱变农艺性状进行研究，结果表明航天诱变能引起棉花农艺性状的改变，不同特性的棉花品种对航天诱变存在不同的敏感性，海岛棉的生理损伤大，SP1 表现的明显变异较多，其中海岛棉中 A3023 明显变异率高达 1.655%。

其他方面，张雄坚等对在 2003～2005 年搭载我国第 18、20、22 颗返回式卫星进行空间诱变处理的甘薯杂交种子进行实生苗种植试验，结果表明空间诱变处理的材料容易出现深紫色甘薯材料，薯块品质改善；经空间诱变处理的甘薯种子实生苗系有较高的入选率，可筛选出较多的淀粉类型和紫色类型育种材料。朱海勇对棉花航天诱变农艺性状进行研究，发现航天 SP2 代出现芽黄突变材料，研究其农艺性状，发现不但新生真叶表现黄色，而且芽黄一直持续到开花结束，并且对株高、果枝数、大铃、小铃等的影响也都达显著水平，其中芽黄单株平均株高、果枝数、大铃、小铃均低于对照，表现早衰。胡枝子空间诱变当代出现了黄化、矮化等不利的变异植株。何娟娟分析茄子航天诱变后代的变异结果发现，航天诱变处理能显著影响茄子株高、株型、叶片等植物学性状且在二代（SP2）发生变异，多数变异性状可在三代（SP3）稳定遗传；不同基因型材料对航天诱变处理的敏感度不同，长茄05-18的敏感性最高，圆茄05-9较05-7敏感性高。对以硼酸溶液和水处理的小麦纯系种子进行航天诱变试验，发现航天处理对出苗和生长有明显的促进作用，第二代农艺性状具有广泛变异，而且正向变异较多，为后代选择提供了更多机遇。经一定的育种程序，选出了5个高产、抗病、优质的小麦新品系，其中'97-5199'已进入生产试验。

2. 航天诱变对诱变当代和后代生殖生长的影响

生殖生长是指繁殖器官（花、果实、种子）的生长。大量研究表明，航天搭载能够影响植物的花粉母细胞、花结构，果实形状、颜色、重量，种子形状、千粒重等。

植物种子航天诱变后，地面种植，花发生变异，主要表现在花粉母细胞减数分裂，花结构、花蕾数、花期、柱头发生变异。凤仙花航天诱变后的结构出现变异，花粉小孢子母细胞减数分裂不正常，小孢子不育。花的结构上出现花瓣增多和花的叶化现象。丹参种子航天搭载后，花苔长度和花蕾数增加，促进种子性状变异。甘蓝型油菜种子航天搭载后，发现早花有利变异株。航天诱变大豆SP1代单株结荚数发生变异，变异系数较大。水稻航天诱变后，出现柱头增大的变异株系，这对于改良水稻的异交结实率和提高制种产量具有重要意义。

航天诱变植物种子返回地面种植后，果实发生变异，主要表现在果实形状、熟性、重量、颜色等方面发生变异。甘蓝型油菜种子航天搭载后，发现长果、多果等有利变异株。航天诱变使番茄的熟性、果实形状、结果形状等数量性状以及从有限生长变成无限生长，果实从无绿果肩变成有绿果肩等遗传性状产生变异，并且变异性状可稳定遗传给后代。

航天诱变植物返回地面种植后，种子发生变异，主要表现在穗数、穗长、千粒重、谷粒长宽比、结实率、种子品质等发生变异。水稻航天诱变突变体CHA-1在多个性状上同时发生了正向或负向变异，其中单株穗重、穗长、第一枝梗数、实粒数、结实率、千粒重、谷粒宽和着粒密度明显发生了负向变异，但有效穗数明显增多，谷粒长宽比增大。航天诱变可以使水稻抽穗期不一致，有晚熟趋势。李源祥等研究发现，利用卫星搭载水稻干种子，SP1代除中后期植株整齐度不一，抽穗期不一致，有晚熟趋势，其他主要性状与对照比较接近，差异不明显。高粱航天诱变后，从其诱变突变体后代中获得了新的有实用价值的优良种，发现了大穗材料，与对照相比，穗长、穗粒增加，单宁降低，角质率提高，淀粉含量高的，抗丝黑穗病性强，符合当前生产和育种的需要。水稻航天诱变后，粒型和育性发生变异。高粱航天诱变后，SP3代种子亮氨酸含量提高。甘蓝型油菜种子航天搭载后，发现大粒有利变异株，还有一些芥酸、硫苷、含油率、蛋白质含量发生改变的变异群体，说明从航天后代中有可能选择出有利于育种目标的变异单株或群体。

3. 航天诱变对诱变当代和后代生育期的影响

生产上把从播种至成熟收割的天数称为全生育期，它包括营养生长期和生殖生长期。大量研究表明，航天诱变对于植物生育期有影响，与对照相比，缩短生育期和延长生育期的种质突变材料均有出现，根据实际情况，育种者可以利用这两个方向的变异，培育出需要的新品种，对种质改良和品种选育提供基础材料。

众多研究表明，航天搭载对植物的生长发育有明显影响。其变异表现在株高、生育进程、叶片大小、果实大小、结果率等方面，但最显著的变异是生育进程。"神舟一号"飞船搭载的 3 个春大豆（Glycine max）品种与地面对照相比，SP1 代全生育期缩短了 2～3 天，SP2 代的生育期变异较大；'赣豆 4 号'SP1 代比对照提前 1 天出苗，提前 2 天开花和成熟，'93-39'SP1 代比对照提前 2 天出苗，提前 3 天开花和成熟，'93-81'SP1 代比对照提前 2 天出苗，提前 2 天开花和成熟；SP1 代春大豆的全生育期比对照缩短了 2～3 天，3 个春大豆品种 SP2 代的生育期均出现了不同程度的变异，出苗期一般比对照提前或推迟 1 天，'赣豆 4 号'、'93-39'、'93-81'开花期最早的分别比对照提前 7 天、5 天、8 天，最迟的分别比对照推后 5 天、7 天、10 天，成熟期最早的分别比对照提前 6 天、3 天、9 天，最迟的分别推后 13 天、8 天、11 天，整个生育期的变化幅度以'93-81'为最大，前后相差 20 天。航天搭载对茄子的生长发育有最显著的影响，从中有望选育出优良的茄子种质材料或品种。卫星搭载丹参种子，返回地面后进行田间种植观测，发现空间搭载促进了开花期提前，丹参种子航天诱变的生物学效应可为丹参种质改良和品种选育提供参考。空间条件对多花黑麦草、'宝兴'鸭茅的诱变效应显著，搭载后'长江 2 号'多花黑麦草的生育天数稍微增加，'宝兴'鸭茅的生育天数有所减少，均无明显差异。搭载后'长江 2 号'多花黑麦草的后期生长速度比对照快，'宝兴'鸭茅生长上相对于对照表现为先快后慢。

第二节
生理生化效应

一、航天诱变对酶系统的影响

同工酶是植物基因表达较直接的产物，其变异与性状遗传有密切关系，每个品种的同工酶带的多少基本稳定。同工酶分析作为植物空间诱变效应变化的一种生化分析手段，不仅具有可靠性和可重复性，而且还可以与形态证据互相补充，为鉴别、预测、筛选空间诱变变异提供了便捷的手段。同工酶是指催化相同的化学反应，但其蛋白质分子结构、理化性质和免疫性能等方面都存在明显差异的一组酶。同工酶是基因表达的产物，其谱带的多少在很大程度上由结构基因控制，因而根据同工酶的表现型，可以直接地判断基因的存在与表达规律。同工酶分析是从分子水平上进行植物遗传多态性研究的重要手段，在生物群体的不同个体中，有时同一基因位点上的一个（对杂合子来说）或一对（对纯合子来说）基因也可发生遗传变异，从而产生变异的酶，出现群体中的遗传多态。许多研究表明，空间飞行处理后，植物同工酶发生了不同程度的变化。空间飞行诱变同工酶研究中，研究最多的是过氧化物酶同工酶（POD）、过氧化氢酶（CAT）、超氧化物歧化酶（SOD）和酯酶同工酶（EST）。过氧化物酶及其同工酶属氧化酶系统，主要参与木质素的聚合和酚类氧化为醛的作用，此外，过氧化物酶还是细胞内重要的内源活性氧的消除剂。在高等植物中，过氧化物酶广泛而大量地分布于植物的各器官组织中，与体内许多生理代谢过程有关；酯酶存在于植物各部位和不同发育时期的细胞中，主要分布在细胞质的球状颗粒内。由于它们能水解非生理存在的酯类化合物，包括一些药物，因此，认为可能对植物有去毒作用。酯酶同工酶多用于植物种质资源调查、病原菌致病力和生理分化鉴定等领域。空间诱变具有随机性和不确定性，使得诱变植物的同工酶谱带出现缺失或增加。因此利用同工酶对空间诱变的变异植株进行初筛，可减少分子生物学检测的盲目性和工作量，为快速、有效地分析诱变后代基因组 DNA 分子标记的检测结果奠定了良好基础。

一般情况下，空间搭载都能使植物后代幼苗的酯酶、超氧化物歧化酶、过氧化氢酶和过氧化物同工酶酶谱发生变化，数量上会有增减，活性方面也有所变化。经空间飞行处理的番茄，发现酯酶同工酶和过氧化物酶均增加了两条谱带，青椒的酯酶同工酶没有变化，而过氧化物同工酶则增加了两条谱带；微重力条件下人参果、马铃薯和草莓的过氧化物同工酶谱检测结果表明，3 种处理样品的过氧化物同工酶活性均强于对照样品过氧化物，并出现一条新酶带，而酶含量显著低于地面对照，这与微重力环境下植物不表现向重性有关；航天诱变的番茄突变体的两种酶活性检测结果表明，突变个体 M1 及其衍生后代的过氧化物同工酶的个别谱带的表达量有较大差异，酶活性显著低于对照；对航天诱变番茄突变体连续三代的观察，发现该突变体的无限生长习性稳定，可遗传给后代。空间搭载后的小麦种子酯酶、过氧化物酶同工酶谱带均比对照少；棉花航天诱变突变体后代不同突变体酶带不同，表现为酶带增加或减少，变化由大到小分别为 POD、CAT、SOD，POD 可以作为选择突变体的早期指标；经卫星搭载的高粱种子的变异后代的同工酶分析表明，变异选系在酯酶同工酶和细胞色素氧化酶同工酶酶带种类及酶活性上存在着较大的遗传差异；卫星搭载的棉花种子第一代和第二代植株的 POD 同工酶与对照相比在活性和酶带数目上都有变化；搭载后育成的'甜椒 87-2'与地面对照'龙椒二号'过氧化物同工酶检测结果表明，酶代谢与对照组相比有明显的变化；二色胡枝子搭载当代叶片同工酶谱带之间及与对照间均存在差异；经神舟四号飞船搭载的红豆草种子，当代出现匍匐型突变体，其叶片同工酶谱分析结果表明，匍匐型突变体、空间诱变直立型植株及对照之间过氧化物酶同工酶酶带数没有明显差异，其中匍匐型突变体酯酶同工酶酶带数与对照相同，空间诱变直立型植株酶带数多于对照；与地面对照相比，空间搭载二色胡枝子后代植株的过氧化物酶和超氧化物歧化酶同工酶电泳谱带发生显著变化，在酶带的位置、酶带活性的强度以及迁移率等方面作了分析，世代间的变化有一定的差异性，不同植株间也有明显差异。

航天诱变可以产生芽黄突变材料，这些芽黄突变材料引起植物生理生化机制发生显著变化，采用抗氧化酶系统和同工酶分析对芽黄突变材料对植物的影响。航天诱变棉花芽黄突变材料的抗氧化酶系统酶测定和同工酶分析表明芽黄突变材料引起棉花生理生化机制的显著变化，并且 SOD、POD、CAT 三者变化不一致，其中 SOD、CAT 和芽黄突变存在正相关，而 POD 和芽黄突变存在负相关，推测这可能是芽黄材料抗氧化作用的一种补偿机制，同工酶分析表明，芽黄材料 POD 同工酶在早期存在特异酶带，而 SOD 同工酶则没有特异酶带。

二、航天诱变对生理代谢水平的影响

植物代谢可以分为两大方面，一方面是合成代谢——将光合作用产生的比较简单的有机物通过一系列酶反应，组成更复杂的包括大分子的有机物如蛋白质、核酸、酶、纤维素等，构成植物身体的组成部分；或贮存物如淀粉、蔗糖、油脂，以供其生命活动中所需的能量。另一方面是分解代谢——把大分子的物质水解（或磷酸解）成为简单的糖磷酯，再经过糖酵解形成丙酮酸，同时产生少量的 ATP 和还原的辅酶（NADH 或 NADPH）。合成代谢和分解代谢是代谢过程的两个方面，二者同时进行。分解代谢生成的 ATP 可供合成代谢使用，合成代谢的构件分子也常来自分解代谢的中间产物。和分解代谢相反，合成代谢是从少数种类的构件出发，合成各式各样的生物大分子。植物种子经过空间飞行在太空环境通过高真空、微重力、强辐射、高能粒子辐射后，返地种植发现，其幼苗体内 SOD、POD、酯酶等酶会发生酶活性变化，体内一些生化物质如丙二醛、脯氨酸、可溶性糖等也会发生变化。正常情况下，细胞内活性氧的产生和清除处于动态平衡状态，活性氧水平很低，不会伤害细胞，空间飞行后，由于微重力、强辐射等的影响，活性氧积累变化，平衡被打破，SOD、POD 等酶活性也发生变化。丙二醛、脯氨酸、可溶性糖等都是渗透调节物质，植物通过渗透调节可以部分或完全维护由膨压直接控制的膜运输和细胞膜的电性质等，渗透调节在维护气孔开放和一定的光合速率及保持细胞继续生长等方面有重要意义。所以通过研究空间搭载植物的 SOD、POD、酯酶等生化物质，以及丙二醛、脯氨酸、可溶性糖等渗透调节物质，可以了解航天搭载对植物生理代谢水平的影响。

对于空间微重力对原生质再生的影响，Zabotina 等认为在原生质体再生过程中，微重力状态下与对照相比，纤维素合成速率较低而果胶酶合成速率较高，单糖合成多糖的过程中也有些轻微变化（主要是半纤维素），重力因素影响细胞壁的合成，并进而影响植株发育。Rasmusen 等对原生质体再生植株过程的研究发现，在微重力状态下，原生质体的细胞壁合成延缓，细胞聚集体中的细胞数量少。

以下为航天诱变搭载植物的 SOD、POD、酯酶以及多酚氧化酶等活性的变化研究。高文远等以红花种子为材料，经空间飞行后对同功酶活性进行分析，得到过氧化物酶活性高于地面对照组。吴岳轩等以美国国家航空航天局（NASA）提供的空间飞行处理种子（SES）和地面留存种子（EBS）为材料，测定了空间飞行处理后番茄种子活力变化及其与活性氧代谢的关系，结果表明飞行处理后，萌发 9 天幼苗体内 SOD、POD 和 GSH-Px 活性显著高于对照，而活性氧和丙二醛含量则显著低于对照，表明空间飞行处理提高番茄种子活力和促进初期生长与其提高种子及幼苗体内活性氧防御系统的活性、增强种子抗氧化能力以及延缓种子衰老有关。武晓军发现棉花航天诱变当代抗氧化系统酶（SOD、CAT、POD）活性发生显著变化，并且三者对空间环境的敏感性存在一定差异。贺鹏研究航天搭载烤烟时发现，在苗期变异株的 SOD、POD 和 CAT 活性都显著高于对照，某些变异株的 SOD、POD 和 CAT 活性极显著性高于对照，这一结果表明：航天诱变在一定程度上能提高烤烟苗期的活力和抗逆能力；在大田生育期，变异株都表现出相当高的 SOD、POD 和 CAT 活性，绝大部分情况下，其 SOD、POD 和 CAT 活性都极显著高于对照品种，烤烟生育期的 SOD、POD 和 CAT 活性的变化趋势为先升高，到旺长期达顶峰，之后逐渐下降，变异株在移栽后 60 天和 75 天，表现出很高的 SOD 和 CAT 活性，有少数变异株在移栽后 45 天就表现出相当高的 POD 活性。郭文杰等采用高空气球搭载不同品系满江红孢子果，发现搭载处理的 19 号满江红生长速率明显提高，且表现一定的耐阴性，进一步生化测定表明，经高空处理的 19H 品系其体内 PPO（多酚氧化酶）活性明显高于其他品系。

空间搭载对植物的丙二醛、脯氨酸、可溶性糖等生理生化物质产生影响，进而影响植物的生理代谢水平。李社荣等发现玉米种子经卫星搭载后，其单位叶重的叶绿体色素总量和叶绿素 a＋b 含量趋于降低，其中叶绿素 a 降低最多，导致叶绿素 a/b 值升高。赵玉锦等研究空间搭载对石刁柏种子的影响，发现经空间 8 天飞行后在地面生长 7 天后的幼苗呼吸强度高于地面对照 61%，并发现幼苗中脯氨酸的含量高于对照 33%。翁德宝等利用高空气球搭载鸡冠花团穗黄品种种子,发现空间搭载鸡冠花子一代植株内抗氧化活性物质维生素 C、黄酮类化合物含量显著增加。金静研究发现,空间条件下植物组织中的物质代谢会发生变化,如细胞内可溶性蛋白质浓度增加,亮氨酸和可溶性糖含量增加,单宁含量降低,幼苗乙烯释放量低。

航天飞行会影响植物代谢活动。Heyenga 等发现空间飞行会影响植物体内各种物质的含量、物质的分配等代谢活动。金静研究发现,空间试验中,液体流动在微重力条件下发生变化,而这些变化将对其他因素产生影响,如对植物的生理功能、水分运输、营养成分在体内的分配以及叶面的蒸腾等产生影响,甚至对细胞膜及亚细胞结构水平的运输产生影响。

钙、镁、铁、锌、锰、钼、钠、钾等是植物生长必需的营养元素,因为这些元素的离子直接参与植物的生长生理代谢过程,例如,钾离子是构成细胞渗透势的重要成分,在根部参与水分运输,并且对气孔开放有直接作用;镁是叶绿素的成分,又是 RuBP 羧化酶、5-磷酸核酮糖激酶等酶的活化剂,对光合作用有重要作用,另外,镁与碳水化合物的转化和降解以及氮代谢有关,参与核酸和蛋白质代谢;铁在呼吸电子传递链中起重要作用;锌是碳酸酐酶的成分,参与植物呼吸和光合作用;植物细胞质中存在多种与 Ca^{2+} 有特殊结合能力的钙结合蛋白,其中在细胞中分布最多的是钙调素。Ca^{2+} 与钙调素结合形成 Ca^{2+}-CaM 复合体,Ca^{2+} 在植物体内具有信使功能,通过它的浓度变化,能把胞外信号转变为胞内信号,用以启动、调整或制止胞内某些生理生化过程。几乎所有的胞外刺激信号(如光照、温度、重力、触摸等物理刺激和各种植物刺激、病原菌诱导因子等化学物质)都可能引起胞内游离钙离子浓度的变化,以致影响细胞的生理生化活动。郭西华 2008 年利用我国发射的神舟三号宇宙飞船搭载知母种子,回收后在地面筛选繁育,并对枝叶和产量等方面占优势的第 4 代太空组及地面组知母药用部分中多种元素含量用 X 射线荧光光谱(XRF)和粉末 X 射线衍射(PXRD)法测定并对比分析,结果表明太空知母元素种类无改变,但 Zn、Sr 元素含量比地面组知母分别提高到 2.7 倍和 1.7 倍,Al 元素含量降低 66.7%;并首次用 PXRD 技术在知母中鉴别出一水草酸钙晶体,太空知母中该晶体含量和晶粒尺寸比地面组明显减小,说明航天诱变第 4 代知母中一水草酸钙晶体的含量明显减少,微量元素指标明显优化,通过航天诱变育种可以筛选出品质优化的知母新品种。钙是植物生长所必需的元素,但近十余年来的研究表明:细胞中游离的钙离子还是偶联胞外信号和胞内生理生化反应的第二信使。胞内钙离子的微小变化可以显著地改变细胞的生理生化活动。在空间环境,主要是微重力的作用下,细胞对 Ca^{2+} 的吸收水平发生了变化。同时钙离子作为第二信使参与了微重力作用下引起的植物细胞的信号转导。俄罗斯科学家 Nechitailo 等观察到礼炮号轨道站上生长的豌豆和小麦植株中总钙量大量丢失。另有报道说石刁柏幼苗经空间飞行后，Ca^{2+} 在细胞中各细胞器之间重新分布，突出表现在液泡中的钙向液泡膜、质膜和细胞壁中流动。赵琦等在模拟微重力条件下，实验结果表明，钙离子主要分布和积累在芦笋根的表皮和叶表皮细胞中，他们指出钙离子的分布与重力作用有显著的相关性，重力作用对钙离子吸收、分布和运转均有重要影响。Sievers 等指出细胞质中 Ca^{2+} 浓度变化可反过来刺激质膜对 Ca^{2+} 的束缚力，甚至影响到质子泵，在微重力的刺激下，细胞中钙离子浓度及分布发生变化。细胞质中游离钙离子与钙调蛋白结合后，植物细胞中的某些酶类被激活，从而引发一系列的生理生化反应。由此可见，空间飞行后 Ca^{2+} 在植物组织中大量丢失，并在细胞内重新分布，从而引发代谢过程的变化，幼苗返回地面后的生理系列变化很可能与空间失重环境下钙的重新分布有关。

三、航天诱变对呼吸和光合作用的影响

呼吸作用是生物体在细胞内将有机物氧化分解并产生能量的化学过程，是所有的动物和植物都具有的一项生命活动。生物的呼吸作用包括有氧呼吸和无氧呼吸两种类型。有氧呼吸是高等植物进行呼吸作用的主要形式，因此，通常所说的呼吸作用就是指有氧呼吸。细胞进行有氧呼吸的主要场所是线粒体。呼吸作用能为生物体的生命活动提供能量。呼吸作用释放出来的能量，一部分转变为热能而散失，另一部分储存在 ATP 中。当 ATP 在酶的作用下分解时，就把储存的能量释放出来，用于生物体的各项生命活动，如细胞的分裂、植株的生长、矿质元素的吸收等。第二，呼吸过程能为体内其他化合物的合成提供原料。在呼吸过程中所产生的一些中间产物，可以成为合成体内一些重要化合物的原料。例如，葡萄糖分解时的中间产物丙酮酸是合成氨基酸的原料。

光合作用是植物利用叶绿素在可见光的照射下，将二氧化碳和水转化为有机物，并释放出氧气的生化过程，光合作用可分为光反应和暗反应（又叫碳反应）两个阶段。光反应发生在叶绿体的基粒片层（光合膜）。光反应从光合色素吸收光能激发开始，经过电子传递、水的光解，最后是光能转化成化学能，以 ATP 和 NADPH 的形式储存，该系统由多种色素组成，如叶绿素 a、叶绿素 b、类胡萝卜素等，既拓宽了光合作用的作用光谱，其他的色素也能吸收过度的强光而产生光保护作用。暗反应的实质是一系列的酶促反应。不同的植物，暗反应的过程不一样，而且叶片的解剖结构也不相同。这是植物对环境适应的结果。暗反应可分为 C_3、C_4 和 CAM 三种类型。三种类型是因二氧化碳的固定这一过程的不同而划分的。对于最常见的 C_3 的反应类型，植物通过气孔将 CO_2 由外界吸入细胞内，通过自由扩散进入叶绿体。叶绿体中含有 C_5，起到将 CO_2 固定成为 C_3 的作用。C_3 再与

NADPH 及 ATP 提供的能量反应，生成糖类（CH_2O）并还原出 C_5。被还原出的 C_5 继续参与暗反应。光合作用的实质是把 CO_2 和 H_2O 转变为有机物（物质变化）和把光能转变成 ATP 中活跃的化学能再转变成有机物中的稳定的化学能（能量变化）。呼吸作用和光合作用表面看起来是两个相反的过程，但这是两个不同的生理过程，在整个新陈代谢过程中的作用是不同的。在植物体内，这两个过程是互相联系、互相制约的。多项试验显示，空间飞行过程对色素的合成及色素与蛋白质的结合以及光能的转化也有影响。

航天诱变改变植物的叶绿素含量、光补偿点等，进而影响植物的光合作用。Tripahty 等研究了太空小麦光合反应，微重力条件下植株叶的光补偿点提高了约 33%，他们认为这可能是由于叶的暗呼吸速率提高造成的；小麦 SP3 代的叶片变厚、变窄、变短，叶色变深，这些性状有利于植株的光合作用，提高光合产量。储钟稀研究发现，经空间飞行的黄瓜种子 1 代、2 代植株叶片叶绿素含量高于地面对照，但叶绿素 a/b 比值以及 Hill 反应活性明显低于地面对照，说明空间条件可使叶绿体的可变荧光即光合作用光系统 Ⅱ 活性下降。徐继等研究石刁柏干种子的空间飞行试验结果表明，叶绿素 a 含量、叶绿素 a/b 比值降低，但叶绿体的吸收光谱无显著变化，说明空间飞行过程中光合特性的改变可能是植物在胁迫环境下对环境的适应性反应，而不是遗传性的改变。利用高空气球搭载谷子的干种子高空飘游 8h 后，SP4 代大穗株系在叶绿素含量和光合速率上表现出显著的差异，4 个大穗株系在生长前期和后期的叶绿素含量、光合速率显著高于对照，特别是旗叶的光合速率比对照高 27.9%。水稻品种 9311 种子经返回式卫星搭载诱变后，SP2 代的叶绿素出现缺失突变，空间处理诱发的叶绿素缺失突变频率较低，突变谱也较窄，仅观察到白化、黄化和浅绿 3 种类型，其中，除白化致死突变外，白化突变类型中还出现了完全白化和叶周缘白化 2 种转绿型可存活突变，黄化突变均为致死突变，浅绿突变均存活且全生育期稳定表达。Jiao 等研究空间飞行对芸薹属植物影响时发现空间环境对其叶绿体结构和光合作用蛋白复合体有显著影响，尤其是降低绿色荧光蛋白 PSI 复合物及其 30% 光化学活性，同时提高了叶绿素 a/b 比值（3.5～2.4）。韩蕾实验指出，太空环境对草地早熟禾的生理生化特性影响较大，与对照相比，太空环境处理后草地早熟禾各突变株系的近光饱和点、光补偿点和表观量子效率均不同程度地降低了，说明突变株系的光合能力均有不同程度的下降。叶绿素含量测定结果表明，空间诱变后代 PM2 株系叶绿素 a 含量和叶绿素 b 含量都显著增加，叶绿素 a 与叶绿素 b 的比值比对照显著降低；PM1 和 PM3 株系叶绿素 a 和叶绿素 b 及叶绿素 a 与叶绿素 b 的比值虽然略有增加或减少，但是差异不显著。由此推断太空环境处理后，三个变异株系叶片光合特性发生改变，从而影响了其对光能的利用效率和固定 CO_2 的能力。太空环境改变了其叶绿素的含量及种类的比例，从而影响了该变异株系对不同光质的利用效率。何道文对经过航天诱变的凤仙花 SP2 代光合特性进行了测定，测得了光合速率等 12 个指标，发现航天诱变组光合色素含量大增，特别是叶绿素 a 含量增加更显著，叶绿素 a 与叶绿素 b 的比值也增大，而其可溶性糖含量极大地减少，结果表明航天诱变能对凤仙花的光合特性和生理生化方面产生显著且可遗传的影响，能显著提高其光合能力。

第三节
细胞学效应

一、航天诱变对植株染色体行为的影响

宇宙辐射的主要成分是高能量的质子、氢离子和原子量更大的重离子。这些辐射中的高能带电粒子能更有效地导致细胞内遗传物质 DNA 分子发生多种类型的损伤，包括碱基变化、碱基脱落、两键间氢键的断裂、单键断裂、双链断裂、螺旋内的交联、与其他 DNA 分子的交联和与蛋白质的交联。辐射对 DNA 链断裂可以造成染色体结构的变化。当植物种子被宇宙射线中的高能重粒子（HZE）击中后，会出现更多的多重染色体畸变，其中非重接性断裂所占的比例较高，从而有更强的诱发突变能力，植株异常发育率增加，而且 HZE 击中的部位不同，畸变情况亦不同，其中根尖分生组织和胚轴细胞被击中时，畸变率最高。空间诱变不仅对植物形态学产生影响，还对植物细胞和染色体产生一定的影响。利用染色体工程，既可以创造新物种，又可以改造现有作物种，而空间诱变因子不仅能使细胞的超微结构发生改变，还能使染色体发生畸变，表现形式有染色体断裂、染色体桥、染色体粘连及染色体非整倍体等多种变化。许多研究结果表明，植物种子进行空间搭载飞行后会发生不同程度的遗传性损伤，它们和物质相互作用的机理在许多方面和地面上的辐射的生物效应的机理有很大的不同，在卫星近地面空间条件下，环境重力明显不同于地面，不及地面重力十分之一的微重力是影响飞行生物生长发育的重要因素之一，研究表明，飞行时间愈长，畸变率愈高。这说明微重力对种子亦具有诱变作用。已有的研究结果指出，微重力可能干扰 DNA 损伤修复系统的正常运行，即阻碍或抑制 DNA 断链的修复，通过增加植物对其他诱变因素的敏感性和干扰 DNA 损伤修复系统的正常运作，从而加剧生物变异，提高变异率。转座子假说认为，太空环境将潜伏的转座子激活，活化的转座子通过移位、插入和丢失，导致基因变异和染色体畸变。正是由于这个原因，太空诱变育种技术可以获得地面常规方法较难得到的罕见突变种质材料和资源。

大量研究已经表明，植物种子经卫星搭载飞行，其幼苗根尖细胞分裂会受到不

同程度的抑制，有丝分裂指数明显降低，染色体畸变类型和频率比地面对照有较大幅度的增加，且这种诱变作用在许多植物上具有普遍性。Nevzgodina 等和 Maksimova 利用核径迹探测片观察到莴苣种子在卫星搭载飞行中被 HZE 击中后其染色体畸变率大大增加。杨欣欣对经由"实践八号"返回式卫星搭载的稗属 4 个农家种（大散穗、粳稗、拉林小粒稗和谷稗）进行了根尖细胞学研究，以未经搭载的种子作为对照，结果表明经过太空诱变处理后 4 个农家种有丝分裂指数比对照均有所增加，根尖细胞中均出现了微核、落后染色体、游离染色体、染色体桥、染色体断片等畸变类型。小麦种子在轨道上飞行后，在地面生长的幼苗的细胞染色体畸变频率增高，但飞行前用 5mmol/L 半胱氨酸处理小麦种子，能促进小麦生长，减少畸变细胞数。空间飞行引起小麦根尖细胞染色体畸变率增加，其损伤随着取样时间的延长呈下降趋势，说明空间飞行所诱导的损伤可被部分修复。空间诱变水稻根尖细胞染色体具有一定的致畸作用，但是同时又较明显地促进了根尖细胞的有丝分裂活动。Pichert 等研究认为，HZE 可导致高等植物细胞产生损伤和可遗传的突变。单个高能重粒子穿过生物体时，生物体内蓄积大量的能量，并导致生物体的损伤，如果能量停留在生物体内，则受到的损伤更大。卫星搭载对苜蓿根尖细胞有丝分裂活动具有促进作用或抑制作用，这主要与搭载的品种对诱变条件的敏感性存在差异有关，例如，'龙牧 803'有丝分裂指数的辐射生物损伤增加的幅度最大，'草原 1 号'增加的幅度最小；同时，航天诱变诱发了苜蓿根尖细胞产生染色体断片、染色体粘连、游离染色体、落后染色体等畸变类型，染色体断片是主要畸变类型，'Pleven6'总畸变率最大，'肇东'苜蓿总畸变率最小，初步推断试验用的 8 个苜蓿品种中'Pleven6'对航天诱变的敏感性最高，'肇东'苜蓿的敏感性最低。观察卫星搭载 2 个不同基因型紫花苜蓿品种的干种子其细胞有丝分裂数和微核数与对照的差别，结果表明空间环境促进了苜蓿种子根尖细胞的有丝分裂活性，并有一定数量的微核产生。

关于空间搭载后植物根尖幼苗细胞染色体突变的研究报道较多，空间诱变导致花粉细胞变异的研究也有不少。陈忠正等对空间诱变产生的水稻雄性不育材料进行了深入系统的细胞学研究，观察 WS-3-1 发育期间的药壁组织、小孢子母细胞和药隔组织，发现该材料花粉发育异常，最早发生在早间期，败育是由中层异常引起的，败育时期是二分体。这与现有报道的雄性不育的不育机理完全不一样，现有研究对于不育的原因大部分认为是由于绒毡层异常引起的，败育时期也以单核花粉期最为普遍，所以该材料是一份水稻雄性不育的新种质。作者推测中层变异的原因是由于某个（些）在中层中特异表达的基因异常引起的，即在正常水稻中使中层正常降解的基因，因为高空辐射而发生变异，该研究从细胞学水平证明了空间环境因素的强烈诱变作用。李金国等发现空间环境同样会引起绿菜花的花粉母细胞染色体产生畸变。即空间搭载后，绿菜花花粉母细胞减数分裂的终变期的染色体数目不均等分离，如减少 $n=6$，7 或增加 $n=11$（地面对照的染色体数目 $n=9$），并出现倒位和易位染色体；在花粉母细胞减数分裂后期和末期出现落后的染色体。赵燕等对卫星搭载凤仙花与对照组的小孢子母细胞减数分裂以及四分孢子期内的小孢子数目、形状进行了对比研究，发现经过航天搭载的凤仙花种子在第一代（SP1）植物的小孢子母细胞减数分裂中出现了染色体桥、落后染色体和分散染色体；四分孢子时期易出现多分孢子及四分孢子不分离等现象。Abilov 报道在空间生长的豌豆叶细胞叶绿体基粒破坏严重，基粒包膜收缩。李金国等对空间飞行诱导绿菜花（green rape flower）的花粉母细胞染色体进行研究时发现，空间飞行可诱导花粉母细胞（PMC）畸变，而地面对照全部正常。SP1 绿菜花抽薹现蕾期的花粉母细胞在终变期的染色体产生明显分离，使染色体数和结构产生明显变异，对照染色体为 $n=9$，经空间飞行处理染色体有的为 $n=11$，有的为 $n=6$，有的出现断裂的染色体，或发生倒位而呈环状，还有的由于发生易位呈四体环和倒 8 字形环状结构。此外，空间飞行后使植株后代的四分体期细胞分裂时产生明显的不均等分裂，使染色体在细胞中出现分配紊乱。后期 I 的细胞向两极分离时，一边有 9 条染色体，一边有 8 条染色体，还有一条落后于赤道板处。空间搭载的一些植物 G1 期延长，有丝分裂指数减少，有丝分裂不同阶段出现细胞歧化和反常的分裂数，染色体在分裂中期不沿赤道板排列，后期不分离或不能均衡分向两极，甚至多极有丝分裂。染色体变异中常见的是染色体桥、断片和微核，其次是超倍体、亚倍体等数目的改变。

二、航天诱变对细胞器的影响

细胞器是细胞质中具有一定结构和功能的微结构。植物细胞中的细胞器主要有线粒体、内质网、中心体、叶绿体、高尔基体、核糖体等。它们组成了细胞的基本结构，使细胞能正常的工作、运转。空间辐射、微重力等条件使植物实际上是处于不正常生长的条件下，所呈现出的细胞壁和细胞器的变化是逆境条件下植物发生的变化。因为植物长期处于低辐射及重力条件下已形成了一系列生长发育规律，在强射线、微重力条件下则对植物起到了胁迫作用，细胞的各个结构在这种胁迫作用下呈现出不适应性，有些甚至出现了植物的亚细胞结构会发生变化，如叶绿体发生变形、叶绿体个数减少、细胞间隙发生变化、胞壁加厚、液泡变大、内质网增多、线粒体数目增加、细胞核变形、细胞器之间的相对位置发生变化以及细胞迅速衰老的变化等。

（1）航天诱变对细胞壁的影响 细胞壁及细胞器在重力条件下形成了一定模式，一旦失去了重力，细胞壁及细胞内含物的排列顺序也受到了干扰，呈现出无序的状态。空间飞行后，许多植物叶片细胞壁变薄且凹凸不平，其薄化程度因植物种类不同而异，一般表皮细胞的外壁减薄率最高。细胞大小不等，表面极不规则，使得细胞间接触减少，部分细胞退化消失，仅留残壁。细胞液泡化程度加强，将细胞器挤至四周。空间搭载过的玉米种子，对幼苗叶片细胞观察发现，卫星搭载导致细胞质壁分离、细胞壁薄厚凹凸不平、细胞大小不等、表面不规则、部分细胞退化消失、仅残留细胞壁、细胞壁加厚、扭曲等变化。马铃薯和香石竹在微重力条件下，细胞壁收缩，呈现多角形式、折皱形。空间诱变的红豆草叶片细胞壁出现不规则增厚。Levine 研究发现，小麦空间飞行 10 天发现空间飞行组的细胞壁结构和木质素的含量及组成与地面组相似，但空间环境对细胞壁生物聚合物的合成和纤维素微纤维的沉积具有一定的影响。

（2）航天诱变对叶绿体的影响　玉米航天诱变材料，叶绿体形状由凸透镜状变为长形、圆形和不规则形等形状；马铃薯和香石竹在微重力条件下，叶绿体片层结构扭曲、断裂、边缘模糊；棉花航天诱变材料 SP1 的叶绿体数量少；药用洋金花种子、桔梗、藿香等航天诱变材料叶绿体基粒片层、叶绿体中囊泡等都发生了不同程度的变化。在空间生长 29 天的豌豆叶细胞叶绿体基粒破坏严重，基粒包膜收缩，但在空间生长的豌豆延长 42～110 天，叶绿体基粒显示出更大的形态改变。空间环境处理的青椒和番茄植株叶片，细胞内叶绿体体积大，电子密度低，片层结构清晰。航天诱变芽黄突变材料新出叶叶绿体功能弱于对照，叶绿素含量远低于对照，而倒二叶叶绿体功能恢复，但叶绿素含量没有显著提高，在倒二叶叶绿体功能恢复的情况下，倒三叶叶绿素含量显著提高，说明芽黄突变首先造成叶绿体结构变异，导致叶绿素含量降低，从而表现芽黄性状。空间诱变的红豆草叶片细胞叶绿体变小，形状多不规则，叶绿体内淀粉粒细小、数量多，基粒片层直径小。

（3）航天诱变对线粒体的影响　空间搭载过的玉米种子，对幼苗叶片细胞观察发现，卫星搭载导致线粒体数目增加，嵴模糊不清；马铃薯和香石竹在微重力条件下，线粒体边缘模糊，内含物溢出以及嵴不明显；空间环境处理的青椒和番茄植株叶片，细胞内可见大量的线粒体和过氧化物酶体，线粒体嵴膜清晰，多呈杆状，基质中富含核糖体。

（4）航天诱变对细胞核的影响　空间搭载过的玉米种子，对幼苗叶片细胞观察发现，卫星搭载导致细胞核变形，部分核模糊不清或出现缺刻。但是药用洋金花种子、桔梗、藿香等航天诱变材料细胞核结构未发生变化。

（5）航天诱变对内质网的影响　空间搭载过的玉米种子，对幼苗叶片细胞观察发现，卫星搭载导致内质网数量增多和体积变大，并出现环状膜结构、同心膜和壁旁体。

（6）航天诱变对液泡的影响　空间搭载过的玉米种子，对幼苗叶片细胞观察发现，卫星搭载导致液泡增大、胞间连丝增多。

（7）航天诱变对叶肉细胞的影响 玉米、棉花航天诱变材料，叶肉细胞排列明显疏松，SP1 的栅栏细胞形状明显细长，叶绿体数量少，细胞间隙大，海绵组织细胞也明显比对照更不规则。

（8）航天诱变对淀粉粒的影响 Kuznetsov 发现大豆和马铃薯太空飞行 16 天后，块茎中小型淀粉粒的数量比地面对照组多，两种植物飞行组淀粉粒的直径比地面对照组平均小 20%～50%。

第四节
分子水平诱变效应

空间诱变育种以其变异幅度大、频率高、良性变异多（早熟、质优、抗病变异）、变异可很快稳定等优点，成为培育生物新品种的有效途径，特别是近年来我国航天事业的飞速发展，为人类开拓利用空间资源提供了有力的保障，使空间诱变育种具有更广阔的应用前景。将分子标记技术引入空间诱变领域，从分子水平上对变异材料的遗传物质进行变异检测，将有助于阐明空间条件对生物诱变的原因及作用机理，也为品系选育工作提供了分子生物学水平的指导。植物育种的关键是将基因型选择与表型选择相结合，从而提高选择的效率，而长期以来育种者是以表型选择为主，对于遗传基础比较复杂的数量性状的选择有效性很低，因此利用分子标记技术对空间诱变的物种进行变异检测，将找到的分子标记与所选育的优良性状有效地连锁起来，将基因型选择与表型选择相结合，有助于提高选择的效率。针对航天诱变后的植物材料在后代表型性状中产生的变异，利用分子生物学的方法，克隆到特异的基因，通过遗传工程的手段，将其转入到作物基因组中，以期目标性状得以表达。随着分子标记技术的不断发展以及各种生物基因组测序的完成，分子标记辅助选育应用于空间育种的条件将日益成熟，空间诱变育种的研究一定会取得突破性进展。以下对不同类的分子标记在航天诱变育种中的应用加以介绍。

首先介绍 RAPD 分析在植物航天诱变中的应用。王斌等对空间诱变绿豆的突变系进行 RAPD 分析，发现 3 个引物在突变系和原品系之间扩增出了多态性产物。邱芳等采用 RAPD 的方法对空间处理绿豆种子的突变体和原始对照品系之间进行了 DNA 水平上的检测工作，从 10 个随机引物中选到 3 个特异性的引物，并将其中一个特异扩增产物转换成了稳定的 SCAR 标记。邢金鹏、陈受宜等对卫星搭载得到的水稻农垦 58 大粒型突变系及对照进行 RAPD 分析，找出与大粒性状有关的特异片段 OPA18-3，Southern 杂交测定了拷贝数，克隆到 Puc18 中，将 OPA18-3 特异标记定位在水稻第 11 条染色体上，证明了突变系在 DNA 水平上发生了变异。刘敏等对卫星搭载后育成的甜椒'87-2'品种与对照进行 RAPD 分子检测，从 42

个随机引物中筛选出 4 个在扩增物上有差异，表明太空甜椒的遗传物质发生了变化。有研究对 3 个同工酶有差异的番茄突变体进行了 RAPD 分析，在 50 个引物中，有 5 个引物扩增出了多态性产物。他们将 DNA 突变程度定义为：空间飞行样品出现变异的带数/地面对照所扩增的总带数，3 个植株的突变程度分别为 4.5%、1.3%、3.2%。韩冬等对卫星搭载的番茄都进行了 RAPD 分子标记检测，发现空间诱变使 DNA 发生了变化。张健等采用 RAPD 对 5 个叶片性状有明显变异的菜豆空间突变体的群体及亲本材料分析结果表明：50 个扩增引物中，有 20 个扩增出了 DNA 带，其中三个引物的扩增产物与对照相比产生了明显差异，证明突变株与原始对照的确在 DNA 水平上发生了明显变异。鹿金颖等对"神舟三号"飞船搭载的'天水'羊角椒和'天水'牛角椒诱变处理分别得到的'021-7-1'和'024-3-1'2 个突变系、对照和其两者杂交育成的'航椒'6 号进行了 RAPD 分析，从 40 个引物中筛选出 S13 和 S18 两个有差异引物，'024-3-1'与'天水'牛角椒相比有 7 条差异条带，'021-7-1'与'天水'羊角椒相比产生 1 条差异条带，'航椒 6 号'有父母本共有带和特有带，并且保持航天诱变产生的变异带。王艳芳等通过对航天诱变所获得的番茄无限生长习性突变体进行分子水平的鉴定，为番茄生长习性分子标记选育提供了依据。用随机扩增多态性 DNA（RAPD）引物检测基因组序列多态性，对多态性片段回收克隆后转化成序列特征性扩增区域（SCAR）标记。2 个引物（S165 和 S168）扩增出稳定的重复性好的多态性条带，均表现为 M1 缺失条带。TRS1681500 标记转换成了稳定的 SCAR 标记，并可作为该突变体的特异遗传标记。因此，航天诱变可以从 DNA 水平对搭载材料进行诱变，通过航天诱变获得的番茄无限生长习性突变体，为研究番茄生长习性调控提供了宝贵的材料。

其次介绍 SSR 分析技术在植物航天诱变中的应用。周峰等选用 29 对微卫星引物，对卫星搭载后选育的 5 个水稻突变株进行的 DNA 多态性分析表明，扩增的 283 对引物中因组中是随机分布的变异植株，与原种之间均存在着不同程度的微卫星多态性，在有效扩增的 283 对引物中，引物多态性频率介于 0.35%～2.47%之间，且多态性位点在水稻基因组中是随机分布的。杨存以等随机选用 121 个分布于水稻 12 条染色体上的微卫星引物对卫星搭载秋光突变后代 7 个株系进行了分子检测，结果发现突变系与亲本秋光之间存在不同程度多态性，多态性位点的多少随突变系与原种间差异大小而变化，结果还表明空间诱变使植物 DNA 分子多个区段发生重复或缺失等结构性变异。周桂元等对空间诱变的 21 个突变花生植株进行了 SSR 多态性分析，5 对引物 PM 23、PM 41、PM 7 扩增的谱带中，部分株系比对照多 1 条带；引物 PM 53 扩增的谱带中，株系 1、2、8、9、11、21 与原种相比，缺失第一条谱带；引物 PM 127 扩增的谱带，株系 1～18 与对照相比，第一条主带位置低于对照，说明处理扩增片段长度较对照短，并推断株系 1～18 发生了碱基缺失变化。岳效飞以水稻航天诱变后的不同突变株系为研究对象，利用微卫星标记对空间辐射诱变的水稻突变体后代进行了 DNA 层面上的分析研究，初步分析性状变异的可能机理，探索水稻航天诱变后性状变异与基因变异的关系，为水稻航天诱变的分子机理提供了参考。朱海勇等（2008）对航天诱变芽黄突变材料进行 SSR 分析和遗传分析，结果表明，芽黄突变材料的 SSR 分子标记分析表明，芽黄突变和对照间存在多态性，芽黄突变是一种 DNA 水平上的变异，同时，芽黄突变和对照的正反交分析表明芽黄由核隐性基因控制。何娟娟等（2010）以"实践八号"育种卫星搭载的 3 个茄子高代自交系为材料，分析茄子航天诱变后代的 SSR 多态性。SSR 多态性检测结果显示，变异株系与其未经航天处理自交系间存在不同程度的多态性，说明航天诱变可以使茄子在分子水平上发生变异。王丰等（2006）对 10 个 SP3 水稻变异株进行 SSR 分析，结果表明扩增片段数目变化约占 55.21%，扩增片段分子量变化约占 44.79%，空间诱变引起的变异可能是以 DNA 缺失-重复为主。SSR 座位的变异频率平均为 23.33%，变异座位在水稻基因组中是随机分布的。范润钧等（2010）在筛选出航天搭载紫花苜蓿第 1 代突变单株的基础上，为后续世代的高品质选育工作提出建议和方法，利用分子标记技术结合生理生化手段，分析飞船搭载后种子的多代植株基因组的多态性，跟踪分析突变株系与前后代基因组多态性的关系，以了解基因组多态性在世代之间的遗传规律，探讨空间诱变的基因组变异特点。

王戊梅等对"神舟四号"飞船空间搭载的梭梭和地面对照进行简单重复序列（ISSR）分析，94 个 ISSR 引物中，80 个引物扩增的 DNA 带型一致，14 个引物扩增的 DNA 带型表现多态性。空间搭载的梭梭和地面对照相比，共发现 5 个特异位点，另外，地面对照组的多态位点比率（P）、Nei 基因多样度（h）和 Shannon 多样性指数（I）均低于空间搭载组，因此，空间环境可引起梭梭遗传物质 DNA 水平上的变异，从分子水平上也证实了空间搭载可引起梭梭种子后代的遗传物质发生变异。沈紫薇（2010）利用 ISSR 分子标记技术对航天搭载的红豆草种子后代的航天诱变效应进行了分析，结果表明航天搭载产生的诱变使材料间遗传差异变大，遗传多样性丰富，为红豆草品种选育、改良和种质资源评价提供了参考依据。魏小兰（2010）利用 ISSR（简单重复序列）分子标记技术对"实践八号"育种卫星搭载的野牛草种植材料的遗传多样性进行分析。利用筛选出的 7 条引物对 21 份太空诱变野牛草材料进行 PCR 扩增，共获得 44 个扩增位点，其中多态性位点 37 个，多态性比率为 84.09%。21 份材料间的遗传相似系数（GS 值）表明，这 21 份太空搭载野牛草材料间的 GS 值变化范围在 0.364～0.773 之间，遗传多样性很丰富。通过形态学坪用指标聚类分析和 ISSR 标记聚类分析比较，21 份太空诱变野牛草均可以分为 4 类，但是聚类结果稍有差异。

霍建泰等对搭载的'天水'羊角椒和'甘农'线椒诱变处理后分别获得的第 4 代自交系'021-1-5'、'022-2-2'及地面对照和两者的杂交种'航椒 3 号'做了 AFLP 分析，结果得出：在'021-1-5'和'天水'羊角椒原种之间，64 对引物中 11 对引物扩增的 DNA 带型有差异。在'022-2-2'和'甘农'线椒原种之间，64 对引物中 16 对引物扩增的 DNA 带型有差异，'航椒 3 号'则保持了父母本的变异。蒲志刚（2006）利用 AFLP 分子标记的方法，对航天诱变的水稻突变体进行基因组对比分析，通过聚丙烯酰胺电泳寻找突变体（黄金 1 号）多态性 DNA 片段，经过一系列引物筛选，找到了 5 条多态性 DNA 条带，对开展突变体基因功能研究和杂交水稻聚合育种有十分重要的意义。

单成刚等（2009）利用"实践八号"育种卫星搭载丹参种子，返回地面后利用 SRAP 标记技术分析了材料在 DNA 水平上的变化。结果表明：航天搭载造成了 DNA 水平上的变异。王维婷为探讨航天搭载丹参种子的诱变效应，利用 12 对引物对丹参航天材料进行分析，共产生 146 条多态性条带，丹参航天材料之间的遗传相似系数在 0.453～0.867 之间，平均为 0.648。发现航天处理能够使材料在分子水平上产生变异，其 SRAP 分析结果可为甄选突变材料提供更准确的证明，遗传距离的计算结果可以为突变材料在育种上的应用提供亲本选配依据。

武晓军等（2006）对棉花航天诱变突变体进行 SSR 和 PAPD 多态性分析时，发现不同突变体多态性引物数目不同。多态性表现形式分为两种：扩增带数目的增加或减少；扩增带迁移率的不同。初步从分子水平上证实航天诱变处理可以造成棉花遗传物质的变化，从航天诱变处理的分离群体中选择大的形态突变体是有效的。

参 考 文 献

[1] 陈忠正，刘向东，陈志强，等．水稻空间诱变雄性不育新种质的细胞学研究 [J]．中国水稻科学，2002，16（3）：199-205.

[2] 储钟稀．空间条件对黄瓜种子及其后代的影响 [C]：航天育种论文集．北京：中国航天工业总公司第 710 所，1995：156-163.

[3] 单成钢，倪大鹏，王维婷，等．丹参种子航天搭载的生物学效应 [J]．核农学报，2009，23（6）：947-950.

[4] 邓立平，蒋兴村．利用空间条件探讨番茄青椒的遗传变异初报 [J]．哈尔滨师范大学自然科学学报，1995，11（3）：85-89.

[5] 杜连莹，韩微波，张月学，等．"实践八号"搭载 8 个苜蓿品种细胞学效应研究 [J]．草业科学，2009，26（12）：46-49.

[6] 杜志钊，陈银华，周永康，等．空间诱变大麦的耐盐性筛选及大田鉴定 [J]．中国农学通报，2009，23：105-107.

[7] 范润钧，邓波，陈本建，等．航天搭载紫花苜蓿连续后代变异株系选育 [J]．山西农业科

学，2010，38（5）：7-9，64.

[8] 高文远，赵淑平，薛岚，等.空间条件对红花种子发芽的影响［J］.中国药学杂志，1997，32（3）：135-138.

[9] 高文远，赵淑平.桔梗卫星搭载后超微结构的变化［J］.中国中药杂志，1999，24（5）：267-268.

[10] 高文远，赵淑平.太空飞行对洋金花超微结构的影响［J］.中国中药杂志，1999，24（6）：332-334.

[11] 高文远，赵淑平.太空飞行对药用植物藿香叶绿体超微结构的影响［J］.中国医学科学院学报，1999，21（6）：478-482.

[12] 龚振平，刘自华，刘根齐.高粱空间诱变效应研究［J］.农业生物技术科学，2003，19（6）：16-20.

[13] 顾瑞琦，沈惠明.空间飞行对小麦种子的生长和细胞学特性的影响［J］.植物生理学报，1989，15（4）：403-407.

[14] 郭文杰，林勇.满江红孢子果空间诱变效应的研究——Ⅰ.高空条件对不同品系满江红孢子果生长发育的影响［J］.江西农业大学学报，2002，24（4）：489-492.

[15] 郭西华，关颖，杨腊虎，等.航天诱变育种第4代知母的XRF、PXRD分析［J］.药物分析杂志，2008，28（12）：2100-2102.

[16] 郭亚华，邓立平，蒋兴村，等.利用卫星搭载培育番茄新品系［C］.北京：航天育种论文集，1995：151-155.

[17] 韩东，李金国，梁红健，等.利用RAPD分子标记检测空间飞行诱导的番茄DNA突变［J］.航天医学与医学工程，1996，9（6）：412-416.

[18] 韩蕾，孙振元，巨光升，等.空间环境对草地早熟禾效应研究Ⅱ——光合特性和叶绿素含量［J］.核农学报，2005（b），19（6）：413-416.

[19] 韩蕾，孙振元，巨光升，等.空间环境对草地早熟禾效应研究Ⅰ——突变体叶片解剖结构变异观察［J］.核农学报，2005（a），19（6）：409-412.

[20] 韩蕾，孙振元，巨光升，等.太空环境诱导的草地早熟禾皱叶突变体蛋白质组学研究［J］.核农学报，2005（c），19（6）：417-420.

[21] 何道文.航天诱变凤仙花SP2代光合作用研究［J］.内江师范学院学报，2007，22（4）：74-77.

[22] 何娟娟，刘富中，陈钰辉，等.茄子航天诱变后代变异及其SSR标记多态性研究［J］.核农学报，2010，24（3）：460-465.

[23] 贺鹏.航天诱变烤烟品种的发芽特性及酶活性变化研究［D］：［硕士学位论文］.长沙：湖南农业大学，2008.

[24] 洪波，何淼.空间诱变对露地栽培菊矮化性状的影响［J］.木本植物研究，2000，20（2）：212-214.

[25] 霍建泰，张廷纲，包文生，等.利用太空诱变、AFLP技术及日光温室加代选育航椒3号辣椒一代杂种［J］.干旱地区研究，2007，25（5）：85-88.

[26] 金静. 植物对重力信号的感受、传递和反应机理的研究 [D]. 浙江大学硕士毕业论文. 浙江大学, 2004.

[27] 李金国, 蒋兴村, 王长城. 空间条件对几种粮食作物的同工酶和细胞学特性的影响 [J]. 遗传学报, 1996, 23 (1): 45-55.

[28] 李金国, 王培生, 张健, 等. 空间飞行诱导绿菜花的花粉母细胞染色体畸变研究 [J]. 航天医学与医学工程, 1999, 8 (4): 245-248.

[29] 李群, 黄荣庆. 外空飞行后小麦根尖细胞的染色体畸变 [J]. 植物生理学报, 1997, 23 (3): 274-278.

[30] 李社荣, 刘雅南, 刘敏, 等. 玉米空间诱变效应及其应用的研究 I——空间条件对玉米叶片超微结构的影响 [J]. 核农学报, 1998 (a), 12 (5): 274-280.

[31] 李社荣, 马惠平, 谷宏志, 等. 返回式卫星搭载后玉米叶绿体色素变化的研究 [J]. 核农学报, 2001, 15 (2): 75-80.

[32] 李源祥, 蒋兴村, 李金国, 等. 水稻空间诱变性状变异及育种研究 [J]. 江西农业学报, 2000, 12 (2): 17-23.

[33] 刘敏, 李金国, 王亚林, 等. 卫星搭载的甜椒87-2过氧化物同工酶检测和RAPD分子检测初报 [J]. 核农学报, 1999, 13 (5): 291-294.

[34] 刘敏, 王亚林, 薛淮. 模拟微重力条件下植物细胞亚显微结构的研究 [J]. 航天医学与医学工程, 1999, 12 (5): 360-363.

[35] 刘敏, 张赞, 薛淮, 等. 卫星搭载的甜椒87-2过氧化物同工酶检测及RAPD分子检测初报 [J]. 核农学报, 1999, 13 (5): 291-292.

[36] 刘巧媛, 王小菁, 廖飞雄, 等. 卫星搭载后非洲菊种子的萌发和离体培养研究初报 [J]. 中国农学通报, 2006, 22 (2): 281-284.

[37] 刘永柱, 王慧, 陈志强, 等. 水稻空间诱变特异矮秆突变体CHA-1变异特性研究 [J]. 华南农业大学学报, 2005, 26 (4): 1-4.

[38] 刘自华, 龚振平, 刘振兴, 等. 空间诱变创造高粱新种质研究 [J]. 植物遗传资源学报, 2005, 6 (3): 280-285.

[39] 鹿金颖, 韩新运, 梁芳, 等. 空间诱变育成辣椒新杂交种航椒6号及其RAPD分析 [J]. 核农学报, 2008, 22 (3): 265-270.

[40] 蒲晓斌, 张锦芳, 李浩杰, 等. 甘蓝型油菜太空诱变后代农艺性状调查及品质分析 [J]. 西南农业学报, 2006, 19 (3): 373-377.

[41] 邱芳, 李金国, 翁曼丽, 等. 空间诱变绿豆长荚型突变系的分子生物学分析 [J]. 中国农业科学, 1998, 31 (6): 38-43.

[42] 任卫波, 韩建国, 张蕴薇. 几种牧草种子空间诱变效应研究 [J]. 草业科学, 2006, 23 (3): 72-76.

[43] 任卫波, 王蜜, 陈立波, 等. 卫星搭载对不同品系紫花苜蓿种子萌发及其幼苗生长的影响 [J]. 种子, 2009, 28 (1): 1-6.

[44] 沈紫薇. 航天搭载红豆草诱变效应的生物学性状分析和ISSR分析 [D]: [硕士学位论文].

兰州：甘肃农业大学，2010.

[45] 孙野青，郭亚华. 空间环境对青椒和番茄遗传诱变研究 [J]. 植物研究，1997，17（2）：184-189.

[46] 汤泽生，杨军，陈德灿，等. 航天诱变凤仙花 SP2 代形态变异的研究 [J]. 激光生物学报，2006，15（1）：31-34.

[47] 王彩莲. 植物空间诱变效应的研究及其应用探讨 [J]. 中国农学通报，1996，12（5）：24-27.

[48] 王丰，李永辉，柳武革，等. 水稻不育系培矮 64S 的空间诱变效应及后代的 SSR 分析 [J]. 核农学报，2006，20（6）：449-453，468.

[49] 王瑞珍，程春明，胡水秀，等. 春大豆空间诱变性状变异研究初报 [J]. 江西农业学报，2001，13（4）：62-64.

[50] 王世恒，祝水金，张雅，等. 航天搭载茄子种子对其 SP1 生物学特性和 SOD 活性的影响 [J]. 核农学报，2004，18（4）：307-310.

[51] 王维婷，单成钢，倪大鹏. 卫星搭载处理丹参种子 SP2 代的 SRAP 分析 [J]. 核农学报，2009，23（5）：758-761.

[52] 王戎梅，杨冬野，田永祯，等. "神舟"四号飞船搭载的梭梭 ISSR 分析 [J]. 西北大学学报，2009，39（2）：259-263.

[53] 王艳芳. 航天诱变番茄无限生长习性突变体的选育及其诱变机理研究 [D]:[博士学位论文]. 杭州：浙江大学，2000.

[54] 王怡林，杨群，杨德，等. FT-IR 分析航天诱变育种番茄品系种子 [J]. 光散射学报，2006，17（4）：412-415.

[55] 魏小兰. 野牛草种质资源遗传多样性的形态学分析和 ISSR 研究 [D]:[硕士学位论文]. 北京：中国农业大学，2010.

[56] 翁德宝，王海峰. 高空气球搭载实验对鸡冠花黄酮类化合物成分的影响 [J]. 西北植物学报，2002，22（5）：1158-1164.

[57] 吴锜，周有耀，何钟佩，等. 太空飞行对棉花的酯酶、过氧化物酶和淀粉酶同功酶的影响 [M]. 北京：中国农业科技出版社，1991.

[58] 吴岳轩，曾富华. 空间飞行对番茄种子活力及其活性氧代谢的影响. 园艺学报，1998，25（2）：165-169.

[59] 武晓军. 航天诱变棉花生物学效应及突变体多态性分析 [D]:[硕士学位论文]. 广州：华南农业大学，2006.

[60] 邢金鹏，陈受宜，朱立煌. 水稻种子经卫星搭载后大粒型突变系的分子生物学分析 [J]. 航天医学与医学工程，1995，8（2）：109-112.

[61] 徐继，阎田，赵琦，等. 微重力对石刁柏根尖组织和细胞中钙水平及分布的影响 [J]. 生物物理学报，1999，15（2）：381-386.

[62] 徐建龙. 空间诱变因素对不同粳稻基因型的生物学效应研究 [J]. 核农学报，2000，14：56-60.

[63] 薛淮，刘敏．植物空间诱变的生物效应及其育种研究进展 [J]．生物学通报，2002，37 (11)：7-9.

[64] 严欢，张新全．2 种牧草种子空间诱变效应研究 [J]．安徽农业科学，2008，36 (2)：486-487，580.

[65] 严琳玲，白昌军，刘国道．抗炭疽病柱花草空间育种新品系的多目标决策评价筛选 [J]．草地学报，2009，17 (1)：93-100.

[66] 阎文义，孙光祖．春小麦航天诱变效果的初步研究 [J]．核农学通报，1996，17 (6)：259-262，285.

[67] 杨存义，陈芳远，王应祥，等．粳稻品种秋光空间诱变突变体的微卫星分析 [J]．西北植物学报，2003，23 (9)：1550-1555.

[68] 杨欣欣，徐香玲，张月学，等．太空诱变稗属四个农家种的细胞学效应研究 [J]．黑龙江农业科学，2010，5：16-18.

[69] 杨毅，隋好林．卫星搭载黄瓜主要性状的变异研究 [J]．山东农业大学学报：自然科学版，2001，32 (2)：171-175.

[70] 张健，王小琴．菜豆空间突变品系的分子生物学分析 [J]．航天医学与医学工程，2000，13 (6)：410-413.

[71] 张雄坚，房伯平，陈景益，等．甘薯空间诱变选育研究 [J]．广东农业科学，2008，3：7-10.

[72] 张义贤，段光明，刘桂兰，等．空间条件对番茄种子的生物学和细胞学特性的影响 [J]．山西大学学报，1997，20 (3)：322-325.

[73] 张月学，刘杰淋，韩微波，等．空间环境对紫花苜蓿的生物学效应 [J]．核农学报，2009，23 (2)：266-269.

[74] 张蕴薇，任卫波，刘敏，等．红豆草空间诱变突变体叶片同工酶及细胞超微结构分析 [J]．草地学报，2004，12 (3)：223-226.

[75] 赵琦，李京淑，徐继．模拟微重力对芦笋植物 C^{2+} 分布的影响 [J]．航天医学与医学工程，1998，11 (1)：30-33.

[76] 赵燕，汤泽生，杨军，等．航天诱变凤仙花小孢子母细胞减数分裂的研究 [J]．生物学杂志，2004，21 (6)：32-34.

[77] 赵玉锦，赵琦，白志良，等．空间诱变高粱突变体的研究 [J]．植物学通报，2001，18 (1)：81-89.

[78] 赵智同．二色胡枝子的空间诱变效应分析 [D]：[硕士学位论文]．通辽市：内蒙古民族大学，2010.

[79] 郑积荣，王世恒，汪炳良，等．飞船搭载对番茄诱变效果的研究 [J]．航天医学与医学工程，2009，22 (2)：116-121.

[80] 周峰，易继财，张群宇，等．水稻空间诱变后代的微卫星多态性分析 [J]．华南农业大学学报，2001，22 (4)：55-57.

[81] 周桂元，洪彦彬，林坤耀，等．花生空间诱变及 SSR 标记遗传多态性分析 [J]．中国油料

作物学报，2007，29（3）：238-241.

[82] 周有耀，张仪. 空间条件对棉花种子及其后代影响的研究 [J]. 中国棉花，1997，24（1）：7-10.

[83] 朱海勇. 棉花航天诱变农艺性状及芽黄突变材料研究 [D]：[硕士学位论文]. 武汉：华中农业大学，2006.

[84] Abilov Z K. Adaptive Physiological and morphological changes in chloroplasts of Plants, different Periods of time cultivated of at "Salyut-7" station [C]. In: plenary Meeting COSPAR. Abstr., 6th, Toulouse, 1986: 301-306.

[85] Heyenga A G, Forsman A, Stodieck L S, et al. Approaches in the determination of plant nutrient uptake and distribution in space flight conditions [J]. Adv Space Res, 2000, 26（2）：299.

[86] Jiao S X, Hilaire E, Paulsen A O, Guikema J A. Brassoca rapa plants adapted to microgravity with reduced photosystem I and its photochemical activity [J]. Physiologia Plantarum, 2004, 122（2）：281-290.

[87] Kitaya Y, Kawai M, Tsuruyama J, et al. The effect of gravity on surface temperature, and net photosynthetic rate of plant leaves [J]. Plant Physiolsgyes, 2000, 25（4）：659.

[88] Klimchuk D A. Growth and ultrastructural organization of Plant cells in vitro under conditions of microgravity [J]. Isitologiyai Genetika, 1995, 29（4）：15-21.

[89] Kuznetsov O A, Brown C S, Levine H G, et al. Composition and physical properties of stalchin microgravity-grown plants [J]. Adv Space Res, 2001, 28（4）：651.

[90] Legue V. Cell cycle and differentiation in lentill wots grown on a slowly rotating clinostat [J]. Physiologia Plantarum, 1992, 8（3）：386-392.

[91] Levine L H, Heyenga A G, Levine H G, et al. Cell-wail architectore and lignin compostion of wheat developed in amicrogravity environment [J]. Phytochemistry, 2001, 57：57.

[92] Nevzgodina L V, Maksimova Y N. Cytogenetic effects of heavy charges particles of galactic cosmic radiation in experiments aboard Cosmos-1129 biosatelliteI [J]. Space Biol Aerosp Med, 1982, 16：103-111.

[93] Pickert M, Gartenbach K E, Kranz A R. Heavy ion induced mutation in genetic effective cells of high plant [J]. Adv space Res, 1992, 12：69-75.

[94] Rasmussen O, Baggenmd C, Larssen H C, et al. The effect of 8 days of microgravity on regeneration of intact plant from protoplasts [J]. Physiol plant, 1994, 92：404-411.

[95] Siever A, Hensel W. Gravity Perception in Plantsl [M]. In: Asashima M, Malacinski G M, eds. Fundamental of space Biololgy. Tokyo: Japan scipress, 1990：43-55.

[96] Tripahty B C, et al. Growth and photosynthetic responses of wheat plant growth in space [J]. Plant Physiology, 1992, 100（2）：692-698.

[97] Zabotina O. Infiuence of microgravity conditions on the proto Plasts' cell wall regeneration [J]. Physiologia Plantarum, 1991, 8（2）：1, 43.

第四章

草种航天诱变育种技术

我国草种的航天诱变育种工作起步晚于农作物，但在 20 余年里有了长足的发展。1994 年，兰州大学搭载了紫花苜蓿、红豆草和沙打旺 3 种豆科牧草这是首次草种的搭载。1996 年 10 月中国农科院畜牧所搭载 2 个沙打旺地方材料，并将航天沙打旺与野生沙打旺杂交，获得了性状优良的早熟品系。神舟三号和神舟四号上搭载了 13 个牧草品种，此后在第十八号返回式科学技术与实验卫星中搭载了 10 个种的 17 个品种，包括紫花苜蓿、冰草、野牛草、胡枝子、新麦草等。2003 年，中国农业大学利用返回式卫星搭载牧草种子，返回后对其标准发芽率、田间出苗率、株高、分蘖数、生育期等生物学性状进行观察。2006 年黑龙江省农科院草业所通过"实践八号"育种专用卫星，搭载了苜蓿、黑麦草、早熟禾等牧草和生态草种共 22 份，通过形态学、细胞学和分子生物学标记辅助育种相结合等综合性育种手段，选育适合高纬高寒地区种植的优质牧草。尽管如此，我国草类植物（包括草坪草和牧草）航天诱变效应的研究还远远落后于作物和园艺植物。到目前为止，我国还没有全国牧草品种委员会审定通过的航天诱变育成草种。

与其他植物相比，草在空间诱变上有以下几个方面的优点：

① 草种子体积小，重量轻，搭载成本比较低，便于大数量搭载。从诱变育种的角度来说，诱变处理的材料越多，可供选择的余地就越大，获得有益突变体的概率就越高。

② 牧草品种育成程度低，遗传改良的潜力大。牧草品种一般育成程度低，尤其是我国的一些地方品种，基本出于对原来地方长期种植的某一种质的收集整理，并没有经过精心的选育。但是地方品种种植历史悠久，适应性强，种植面积大，不

仅遗传改良的潜力高，而且改良后创造的效益也高。

③ 由于航天诱变具有不定向性，在以籽粒高产为目的的农作物定向育种中，通常大量的营养器官突变体被遗弃，时常表现为选择效率不高或无能为力。然而牧草主要是以收获和利用其营养器官为主，任何外观的改变都可能用于创制新的草坪草品种，因此能更容易地充分利用航天诱变产生的变异。

④ 空间诱变研究已经在作物、蔬菜、微生物等物种上做了大量的前期工作，取得了较大的成功，也积累了相当的经验，现在开展草类植物空间诱变研究工作有成功经验借鉴，也有许多失败的教训可以吸取。

第一节
航天诱变前期准备

一、确定主要育种目标

育种工作一开始就要有明确的目标作指导，以决定亲本材料的选择、育种程序等，所以育种目标的确定是育种工作的第一任务。为了确定切合实际的育种目标，每一个育种工作者必须对当前的农业生产水平和社会需求以及以后将会发生什么样的变化等有较深的了解。

我国人民生活水平提高，畜牧业发展迅速，急需优质的牧草品种。因此，品质性状应放在重要位置来考虑，为了高产、稳产，抗病性将会在育种目标中始终占有重要地位。航天诱变对植物材料的主要效应为重离子辐射，辐射的主要效应体现在：

① 引起植物的早熟。这个性状利于缩短生育期，躲避干旱和霜冻。

② 导致株型和高度等空间结构的改变。植株高度、株型、节间数目、长度、分枝数、枝条伸展的角度等性状与牧草产草量、植株的优美度以及草坪质量等都有直接关系。

③ 有利于打破致病基因与优良性状的连锁，提高抗病性。

④ 改变植株外观。航天诱变对于叶片颜色、叶片宽度、叶片长度等感官性状的诱变效应较大。

因此在进行这些目标方向的选育时，可以考虑航天诱变育种的方法。

二、合理选择育种材料

1. 搭载材料的形式

理论上，只要是有生命的植物组织、器官都可以作为搭载材料，在实际搭载工作中，广泛应用的有如下几种：

① 种子是比较常规的搭载形式，节省空间，成本低，易于保存，便于操作。

② 营养器官。主要是枝条、茎段等无性繁殖器官，可以通过诱导产生芽变。

③ 组培组织。即将愈伤组织等组培物及培养基一起密封后搭载。

2. 搭载材料遗传背景

对于直接应用航天诱变提高和改善群体性状的目标，可重点选取以下来源的材料：

（1）地方品种　即利用该地区当家品种或主要搭配品种。因为这些品种经过多年栽培，已适应当地自然生态条件，对它们在生产上的主要优缺点也了解得比较清楚，可以针对其缺点采用诱变的方法加以改良，效果较好。

（2）引进品种　从国外或外地引进的品种，引进本地区后，通过鉴定，表现突出，只有一两个明显缺点，如生育期过长等而影响其大面积推广应用，就可以通过诱变的途径进行改良。

（3）新推广品种　凡是综合性状好、增产潜力大、适应性广的新推广品种也可以作诱变的亲本材料。因为新推广品种比现有栽培品种更接近于近期育种目标，优点较多。

（4）高世代材料　为了选育综合性状优良的品种，有时也可以采用杂交育成的高世代材料或品系作诱变亲本材料，推动新品种选育进程。如果是开展机理研究，应尽量排除遗传背景的干扰，选择组培组织、单倍体、纯系、同胞、半同胞材料进行搭载，这样有利于检测在诱变中出现的分子、生理生化、性状表现等各水平的变异。

三、种子的预处理

在空间诱变过程中，所选植物材料不同诱变效果也不同，植物种类、品种、组织类型、细胞类型及不同生长发育过程中的材料对环境因素改变的反应敏感性和生存极限值不同，其诱变效率也就不同。如 Nuzhdin（1972）发现大麦种子对空间反应强弱与种子的休眠状态和实验所用品种的辐射敏感性有关。这说明生理状态活跃的生物体对空间环境的反应比休眠状态的生物体更敏感。下面以种子为例简要介绍预处理方法。

1. 打破休眠和处理硬实

牧草种子一般都有很强的休眠性，休眠期间对外界环境的刺激具有一定程度的抗性，而且种子硬实率高，如果不事先进行处理，种子出苗率低，结果会造成许多种子搭载后不能出苗，降低了育种的效率。因此，在草类植物航天诱变育种之前，要打破休眠、处理硬实情况。常见打破种子休眠的方法有物理处理方法和化学处理方法。物理处理方法包括温度处理和机械处理。温度处理方法有低温处理、高温处理、变温处理。机械处理包括擦破种皮和高压处理。如在化学处理中，有些无机酸、盐、碱等化学药物能够腐蚀种皮、改善种子的通透性，或与种皮及种子内部的抑制物质作用而解除抑制，达到打破种子休眠、促进萌发的作用。不同的种子其药物处理的时间、药物作用的浓度不同。如果用多种药物处理，则各种药物处理的顺序及药物处理时的温度对休眠的解除都有影响。浓硫酸常用作处理硬实种子，当年收获的二色胡枝子用98％的浓硫酸处理5min发芽率可由12％提高到87％。多数具有休眠特性的禾本科牧草种子用0.2％的硝酸钾溶液处理7天可打破休眠、提高发芽率。草木樨种子用浓硫酸浸种50h再清洗后发芽，发芽率达到98％，几乎可使所有的硬籽发芽，用15％食盐水浸种2h，清洗后催芽，可使发芽率达到77％，比对照组可提高17个百分点。盐分浓度对碱茅草萌发的有利影响是：当盐度低于0.54g/100mL时，盐分对碱茅草种子萌发起促进作用。Na_2CO_3和$NaHCO_3$处理星星草种子，低浓度盐表现出了增效效应。这同其他耐盐牧草如碱茅、草木樨、籽粒苋在低浓度盐中的表现一致。氯化钠溶液在低浓度（21mmol/L）情况下对黑麦草、盐爪爪、碱蓬、碱茅的萌发有促进作用。盐浓度小于2.0g/100cm³时，对多年生黑麦草发芽似有促进作用，发芽率都略高于对照，而草地早熟禾无此现象。苜蓿品种不同，低浓度的盐处理效果不同，对于不同秋眠性的苜蓿只要有盐则发芽率均有不同程度下降，但有一临界值，说明盐未表现出促进作用。用中国产的苜蓿试验说明低浓度的盐有促进作用。氯化钠处理下，浓度对其发芽率影响显著；氯化钙处理下，品种对发芽率的影响极显著。硝酸钾处理的苏丹草种子发芽势和发芽率无提高，幼苗长度及简化活力指数（简化活力指数＝发芽率×幼苗干重）略有提高。用98％浓硫酸处理砾苔草，浸种35min的处理效果最好，萌发率高达88％，较对照提高了4倍之多。用10％的NaOH处理，萌发率也有所提高，为50％。异穗苔草用10％NaOH浸种4～8h和用20％NaOH浸种4～10h，处理效果最好，用95％的浓硫酸浸种20～30h效果较显著。

种子的硬实在植物界是常见现象，它广泛存在于豆科、藜科、茄科、旋花科、锦葵科、苋科等植物中。硬实种子可长时间保持其生活力，因此对种质资源的保存具有特殊意义。但是，硬实种子在农业生产中会影响航天育种诱变效率，造成直播后出苗时间长，出苗率不高。豆科牧草中种子的硬实现象也较多，破除硬实的方法也有很多种，总体来说分为物理方法、化学方法、生物方法和综合方法四种。如用物理方法擦破种皮，用80目或100目纱布，将种子置于其间，2张纱布在水平面上相对旋转运动行摩擦至种皮皮毛、种皮被擦伤为止；或将种子放入研钵中加少量水湿润，再加入石英砂小心充分研磨，待种皮脱落为止。擦破种皮可直接除去坚硬种皮的限制作用，促使种子吸胀发芽。例如白三叶种子砂磨处理，发芽率由对照组的52％上升到94％；硬毛棘豆种子最佳处理方法就是砂磨，发芽率达到70％，而对照组的发芽率为0；另外，天蓝苜蓿、蒙古扁桃、二色胡枝子、栓花草利用此种方法也可显著提高发芽率。擦破种皮方法虽然直接，但如果摩擦度不能很好地把握，常易伤胚而使死亡率增加，而且大量操作费时费工。

2. 调节种子含水量

种子水分含量对种子活力及其生理生化活动有重要影响，同时也是影响辐射敏感性的重要因素。卫星搭载诱变与辐射诱变同属物理诱变，两者在诱变原理和效果上有一定的相似之处。当种子水分处于中间含水量时，诱变效果最低；低于或高于这一含水量的种子其诱变效果均有所提高，而且该范围因生理指标而异。当以株高为指标，种子水分接近10%时，卫星搭载效应有所减弱；当种子水分远离10%时，搭载效应开始增强。然而当以生殖枝和种子产量性状为指标时，随着种子水分增加，诱变效应却不断减弱，这可能是因为对于这两个性状水分临界范围高于10%，所以随着水分增加，种子水分逐渐接近临界范围，表现为诱变效应的减弱。这与辐射诱变的情况有点类似，即种子含水量与诱变敏感性之间存在相关性。当种子水分处于中间含水量时，种子对诱变的抗性最大；低于或高于这一含水量的种子其诱变的敏感性均提高。

张蕴薇等发明了一种方法，即挑选饱满成熟、打破了休眠、硬实率低的种子，并且测定种子原始含水量；计算要达到15%～17%含水量时所需的加水量。

$$X = W_1 \times (100 - A)/(100 - B) - W_1 \tag{4-1}$$

式中，A 表示种子初始含水量，%；B 表示所要达到的含水量，%；W_1 表示称取的种子质量，g；X 表示需加水质量，g。

将所需的种子放入铝箔袋中，将达到预定含水量所需的水注入铝箔袋，用塑封机封好袋口后轻微晃动使种子与水均匀混合；将铝箔袋水平置于25℃恒温培养箱中1～3天（在恒温培养箱中，前4～6h至少每小时翻转晃动一次），随后将装有达到适宜含水量的种子的铝箔袋尽快进行航天搭载。所述种子以草种子为佳，比如苜蓿、新麦草、红豆草，可在最低程度降低种子活力的前提下提高航天诱变效率，以增加遗传突变丰富度，从而提高航天搭载的效率。

冯鹏等（2008）对太空环境和种子含水量互作的诱变效应及其产生机理进行研究，以紫花苜蓿"中苜一号"品种种子为供试材料。精选后的种子分为两份：一份作地面对照（CK），另一份用于卫星搭载。搭载前对种子进行水分预处理，分别调为自然含水量（9%）、11%、13%、15%和17%。将处理后的种子封入布袋，搭载"实践八号"育种卫星，于2006年9月9日在酒泉卫星发射中心升空，卫星在近地点187km、远地点463km的近地轨道运行，于9月24日返回地面。另一部分，贮存于地面温度相近（25℃左右）的环境中。

2007 年 5 月 1 日进行发芽试验，6 月 12 日移栽于中国农业大学上庄试验站。不同水分含量各水平均设 4 个重复，共 40 个小区。小区面积约为 10m²，株行距为 40cm×40cm。进行田间生物学观察。

按照牧草检验规程标准方法（徐本美，2001）进行发芽试验，采用纸上发芽，5℃预冷 7 天后移入发芽箱，每日光照 8h，温度 30℃；黑暗 16h，温度 20℃。初次计数第 5 天，末次计数第 14 天（李玉荣等，2005）。共八个处理，每处理 3 次重复，每重复 50 粒种子。

$$发芽势＝前 5 天正常种苗数/供试种子数×100$$
$$发芽率＝前 14 天正常种苗数/供试种子数×100$$

任选种子 50 粒，重复 3 次（其他条件同标准发芽实验），从种子萌发开始计数到第 7 天为止，种苗长度在第 3 天测量，计算新麦草种子活力指数和发芽指数。

$$发芽指数 GI＝\sum(Gt/Dt) \tag{4-2}$$
$$活力指数 VI＝\sum(Gt/Dt)×S$$

式中，Gt 为 t 日的发芽数；Dt 为相应的发芽日数；S 为萌发第 3 天种苗芽长。

实验结果表明，地面对照种子的各水分含量间差异不显著，发芽势、发芽率和发芽指数均以 15％和 17％含水量最低，表明种子含水量对种子贮藏品质产生了一定程度的不利影响，种子有老化趋势。搭载处理对各项指标有影响，发芽势、发芽率、发芽指数和活力指数均以含水量 13％组为最高。

不同水分含量搭载组与地面对照组之间各项发芽指标都存在差异，其中含水量 9％组活力指数搭载组低于对照；含水量 11％组发芽率、简化活力指数搭载组显著低于对照；13％组简化活力指数搭载组显著高于对照；15％组发芽势、发芽率搭载组显著高于对照；17％组发芽率、发芽指数、简化活力指数搭载组显著高于对照。结果表明：卫星搭载对含水量 9％组、11％组有一定的抑制作用；而对含水量 13％组、15％组、17％组有一定的促进作用。不同水分含量对紫花苜蓿种子活力及植株生长发育有影响；高水分含量可以提高空间诱变效率；将紫花苜蓿种子含水量提高到 13％～17％，诱变当代趋向于高产量变异，诱变幅度大，为紫花苜蓿种子卫星搭载进行品种选育的适宜含水量。

张蕴薇等以新麦草种子为例，通过种子前处理，将饱满成熟的种子含水量从 10％提高到 15％，以提高航天搭载种子诱变效率。具体过程如下：测定种子初始含水量 10％；称待测种子重 2.500g；将种子装入铝箔袋中，按公式计算含水量达到设定含水量 15％时，需加入的水量为 0.176g，将所需的水注入铝箔袋中，封口后轻微晃动使种子与水均匀混合；将种子水平置于 25℃左右恒温培养箱中 1 天；在恒温培养箱中，前 5h 每小时翻转晃动 2 次。经检测种子活力下降不剧烈，但诱变当代变异度、植株高度、分枝、单株种子产量等高产量性状都较未进行水分处理的高。

在草种航天诱变处理后，诱变当代幼苗在植株形态方面、生理生化方面、解剖结构方面等发生变异，变异越大、越丰富以及植株个体间差异大都表明诱变效率高。发芽率和发芽势的高低表明种子活力水平，活力降低会影响种子出苗、生长和发育，会导致正常种苗减少。

从生理角度看，17%含水量时，植株叶片细胞出现叶绿体形状扭曲，叶绿体向细胞中央集中的现象，表明种子含水量对种子贮藏品质产生了一定程度的不利影响，种子发生老化。而低于17%含水量搭载的当代植株细胞此现象不明显。表明水分继续提高会破坏种子活力，导致种子不能出苗或正常生长，降低诱变效率。

从产量角度看，苜蓿种子含水量13%～17%的航天搭载当代叶面积、分枝数均显著高于相应含水量9%的。表明种子含水量13%～17%在牧草方面的航天诱变效果均较好。

从质量角度看，15%、17%搭载组叶绿体内淀粉粒（与草的叶片颜色、草品质有关）数量多，体积大，而其对照组及其他水分含量组叶绿体内淀粉粒不明显，表明15%～17%含水量在牧草品质方面的航天诱变效果最好。

张振环（2007）利用"神舟四号"飞船搭载草地早熟禾（*Poa pratensis* L.）'巴润'（baron）的种子，分别进行了蒸馏水和硼酸处理后搭载，以处理后未搭载干种子作为对照，结果表明，空间条件对硼酸处理的种子发芽率具有明显的影响，且蒸馏水航天处理的种子芽长、根长明显高于对照，这也证实了种子经过适当的预处理，有助于提高航天诱变效率。

四、种子航天搭载的注意事项

1. 保证搭载种子的净度

航天搭载的种子必须经过精选，精选包括穗选和粒选；穗选即在晾晒果穗时，剔除混杂、成熟不好、病虫、霉烂果穗后晒干脱粒做种用。粒选即使用前筛去小、秕粒，清除霉、破、虫粒及杂物，使之大小均匀饱满，这样选择的种子纯度高、籽粒饱满健康，以保证搭载后有高的出苗率。

2. 不同航天器搭载的植物材料要有所侧重

载人飞船具有生命保障措施，可以搭载对辐射比较敏感的材料，如组培组织，而气象卫星等航天器内环境变化剧烈，种子更适合。不同种属的牧草辐射敏感性差异很大，十字花科、菊科、豆科牧草比禾本科牧草较耐辐射，同一牧草种的耐辐射程度也有差异。在各种组织中，以分生组织最为敏感，性细胞比体细胞敏感，卵细胞比花粉细胞敏感，细胞核比细胞质敏感。不带壳的种子比带壳种子敏感，大粒种子比小粒种子敏感，含油量低的比含油量高的敏感，二倍体植物比多倍体敏感。发芽种子比休眠种子敏感，未成熟种子比成熟种子敏感，湿种子比干种子敏感，幼年植株比成年植株敏感。林音等研究菊花不同组织器官的辐射敏感度不同，取自供试菊花幼嫩部分的茎、叶，采后立即辐照，然后用于组织培养，结果表明敏感程度为：叶＞茎＞愈伤组织＞丛生芽＞生根小苗＞扦插枝条＞种子。产生差异的主要原因是由于不同辐照材料的代谢水平所致。如组培用的叶、茎材料含有大量处于细胞分裂旺盛时期的分生组织，因此表现最敏感。生根小苗比扦插枝条敏感同样是因为前者正处在旺盛生长阶段，而后者的芽和未来形成根的部分都处在休眠或代谢低下的状态。

3. 搭载种子数量

为保证足够的突变体供选择，考虑到诱变效率、搭载的成本和选育工作量，对某一品种搭载用种子应有适宜的数量（一般最少数量应为 3000 粒以上，大种子可减至 1000 粒）。精选的种子分为两份：一份作地面对照（CK），另一份用于卫星搭载。用于卫星搭载的种子封入布袋缝好或者用塑料袋密封，搭载育种卫星，另一部分则贮存于地面温度相近（25℃左右或者冰箱中）的环境中。

第二节
航天诱变材料的种植和保存

一、种植规范

对种子进行搭载处理，回收后进行地面种植、观察。太空搭载处理的种子长成的植株或直接搭载处理的植株、营养器官称为诱变一代（SP1）。SP1 植株的突变通过配子受精形成的种子为诱变二代（SP2）。SP2 入选的突变繁殖体是 SP3，以此类推。以下介绍种子繁殖植物航天搭载处理后，进行地面种植的规范。

1. SP1（第一代）种植

SP1 植株实质上是一个非常复杂的突变嵌合体，也是植物诱变育种最早的世代，种好、管好、收好一代材料是十分重要的。种子经航天搭载后，应与地面对照种子同时种植。诱变当代尽量育苗移栽或穴播、点播，保证种子有高的发芽率，便于种植、观察和管理，尽可能做到正季播种，并适当增加株行距，播种与苗期管理应求精细，以保证幼苗能有较高的存活率。

有条件，SP1 代群体应隔离种植，以防止在种植及收获过程中发生机械混杂，也有利于防止由于经过太空搭载部分 SP1 代植株的花粉失去授粉能力而造成田间品种间自然杂交。实行隔离的方式大体有三种：①空间隔离，就是把 SP1 代材料与同类或其他亲缘植物相隔一定的空间距离进行种植，或设法在 SP1 代周围设置屏障；②时间隔离，即适当提早或推迟相邻植物或 SP1 代材料的播种期，错开与相邻植物的花期；③机械隔离，例如套袋隔离，此法隔离效果最佳，但较费工。如果没有条件，也可以不隔离，观察到出现变异的单株，将其挖出，移栽到其他地方，单独种植收种，或者进行无性扩繁（这一步的突变体如果非常明显，也可以直接无性扩繁，经检测突变性状可以保存下来的，直接进入品系阶段）。

2. SP2（第二代）种植

SP2 种植规模应大于 SP1 代，这是因为染色体上的突变基因在此过程中经过分离和重组，产生的无益突变较多，所以必须种植足够的群体。

SP1 实行单穗收获的，SP2 采用穗系法或穗行法种植，即 SP1 收获的单穗分别种成 SP2 穗行（15～30 株），并种植原品种作对照，便于观察，易于发现突变体。相同的突变体有可能集中在同一穗行之中，为便于田间的鉴别和比较，应每隔若干穗系设置一个对照区。对于 SP1 代已发现的变异，SP2 应种成株系，观察记录其变异的表现及分离情况，供进一步选择。

SP1 采用混收法的，SP2 代实行混播法或分类型混种。将 SP1 代每株主穗上收获几粒种子混合种成 SP2，或将 SP1 全部混合种植成 SP2。

3. SP3（第三代）及以后世代种植

SP2 选出的单株，应种成株系或穗系，单本单株种植。视植物不同，每一株（穗）系种植 20～50 株，每隔一定行数安排一个对照，用以调查突变性状的稳定程度，或供作继续选择之用。对已选出并稳定的优良株系，在 SP4 代或其后代应进行有 3 次重复的测产试验（设原品种为对照），并对其主要农艺性状及各增产因子进行观察分析，以为多点试验提供依据。SP5 争取参加品种区域试验。

对于用块根、块茎等繁殖的牧草，第一年，经航天搭载后的块根、块茎回收后，栽植于苗床，萌芽长出苗株后，采苗栽植于田间或将搭载后的块茎带芽分割成小块，直接栽于田间，田间栽种或由小块上芽长成的植株即为 VSP1。生长期中对 VSP1 产生的变异选择，单株收获贮存。第二年，继续通过无性繁殖产生 VSP2。对 VSP2 再次进行观察选择，并对抗病性、品质及产量进行初步测定。单株或单系收获贮存。第三、四年，扩大种植单株、单系（VSP3）。进一步进行性状鉴定，观察稳定性，并测定产量品质、选育优良突变系，直到定名推广。

二、种子保存和利用注意事项

经航天搭载的种子，其 DNA 分子受到太空环境因子辐射后，由细胞内的水所产生的自由基既可使 DNA 分子双链间氢键断裂，也可使它的单链或双链断裂，同时又因为 DNA 具有损伤修复功能（在多种酶的作用下，生物细胞内的 DNA 分子受到损伤以后恢复结构的现象），搭载的种子要尽快播种，长期贮存可能减弱或消除航天搭载的诱变效应。航天搭载种子的后代生长发育与遗传（形态学性状、细胞微结构和光合作用、生理生化活动、遗传发育）可能发生变异，保存好航天搭载的种子及其后代种子，是进行航天育种工作的重中之重。

航天搭载的种子收回地面后至播种期，可以把种子放在自封袋中置于 4℃ 的冰箱，到播种期立刻播种。

SP1、SP2、SP3 代材料可以长期保存，这对于空间诱变育种的研究尤为重要。草种的保存方法最常用的有开放储存法、密封储存法和低温储存法。

开放贮存法包括两方面内容：一种是将充分干燥的种子用麻袋、布袋、无毒塑料编织袋、木箱等盛装，贮存于贮藏库，种子未被密封，种子的温、湿度随贮藏库内的温、湿度而变化；另一种是贮藏库设有特殊的降温除湿设施，如果贮藏库内温度或湿度比库外高时，可利用排风换气设施进行调节，使库内的温度和湿度低于库外或与库外达到平衡。

种子密封贮藏法是指把种子干燥至符合密封贮藏要求的含水标准，再用各种不同的容器或不透气的包装材料密封起来，进行贮藏。这种贮藏方法在一定的温度条件下，不仅能较长时间保持种子的生活力，延长种子的寿命，而且便于交换和运输。在湿度变化大、雨量较多的地区，密封贮藏法贮藏种子的效果较好。用于密封贮藏种子的容器有玻璃瓶、干燥箱、罐、铝箔袋、聚乙烯薄膜等。

大型种子冷藏库中装备有冷冻机和除湿机等设施，可将贮藏库内的温度降至 15℃ 以下，相对湿度降至 50％ 以下，加强了种子贮藏的安全性，延长了种子的寿命。将种子置于一定的低温条件下贮藏，可抑制种子的呼吸作用过于旺盛，并能抑制病虫、微生物的生长繁育。温度在 15℃ 以下时，种子自身的呼吸强度比常温下要小得多，甚至非常微弱，种子的营养物质分解损失显著减少，一般贮藏库内的害虫不能发育繁殖，绝大多数危害种子的微生物也不能生长，可取得种子安全贮藏的效果。冷藏库中的温度越低，种子保存寿命的时间越长，在一定的温度条件下，原始含水量越低，种子的保存寿命时间也越长。

第三节
航天诱变突变体鉴定和筛选技术

一、田间鉴定和筛选技术

在诱变育种中，田间鉴定和筛选是最常用的方法，即将所获得的突变体与原品种一起种植于田间，在主要生育期，目测或借助于简单的工具进行观察、记载。很多突变性状如株高、株型、种子形态、叶形、生育期和抗性等都可通过这种方法直接或间接识别。从田间性状方面获得变异后，即可进行系统选择及各种分析、测试和鉴定。

1. 株高、株型、种子形态的变化

经空间环境处理的植株中，部分出现矮化、分枝增多的现象或趋势。比如卫星搭载的鸡冠花 SP1 代群体，植株高度、株幅和侧枝数，与地面对照比较差异不显著，但出现了矮小和侧枝增多的变异植株。露地菊花品种的种子经搭载后，SP1 代有花茎变小、株高矮化的趋势。经空间处理的月季组培苗无论是株高、植株鲜重都有所增加。太空搭载的桔梗在 SP1 代表现为株高降低，单株分枝数减少。王艳芳等在田间针对空间诱变番茄的植株生长习性、株高、第一花序节位、茎粗、封顶节位、果实直径和产量的生长特性进行了选择鉴定后发现，在 SP1 代群体中获得 1株具有无限生长习性的突变个体 M1。M1 由对照的有限生长习性变为无限生长习性。当对照封顶时，M1 株高达 145cm，比对照高 42.0cm，增幅 29.6%；主茎直径 1.22cm，比对照增加 0.34cm，增幅达 27.9%，但果实大小和坐果率无显著差异，为一无限生长习性的株高突变体。

经空间环境处理的植物后代中，种子的形态也会发生变化，鉴定的指标有性状、大小、表面特征和种子颜色等。其中种子表面特征可以从光滑到粗糙以及从光亮到灰暗的不同程度的变化，并且其表面结构也有凹陷、沟纹或者其他类型的形态结构差异。种脐特征，特别是性状大小和着生的位置是鉴定品种的最明显特征。毫无疑问，种子形态特征是植物生活史中最稳定的性状之一。许多种子由于成熟度不同，在加工过程中会使部分结构脱落，并且种子的大小和颜色还会受到土壤和气候的影响，所以在进行鉴定时要注意这些问题。

2. 叶形及其他变化

空间环境对草类的叶形、叶柄及花梗长度等也有一定的影响。例如经卫星搭载的蝴蝶兰，部分植株的叶型细长，并产生了波浪状的边缘。搭载的白莲在 SP1 代叶宽、叶柄长度、花梗长度等性状与对照相比都有差异。卫星搭载的非洲 SP1 代部分植株高大，叶片增大。经空间处理的月季组培苗无论是株高、叶片数量还是叶片面积、植株鲜重都有所增加，生长势旺盛。例如，经过空间诱变的一品红，获得了花期长、分枝多、花朵大、矮化性状明显稳定的新品系。空间环境容易诱导产生重瓣和其他具有奇特瓣型的变异。卫星搭载向日葵 SP1 突变植株，出现筒状花花瓣，花瓣增长，而且越在花盘外部的筒状花的花瓣越长越大，使向日葵花更加美丽多姿，为培育新型的观赏型向日葵花提供了新的种质资源。空间诱变后的凤仙花在

SP2 代，出现花瓣增多和花的叶化现象。搭载的白莲种子，在 SP1 和 SP2 代也均出现了半重瓣或重瓣花。冯晓等对卫星搭载后的黄瓜性状进行观察，以研究空间环境对黄瓜 SP2 代的影响，结果表明，SP2 代叶面积较大，茎的长势旺，生长较快；并发现部分个体有茎扁平，叶对生，具 2 个以上的雌蕊和卷须；一个节上结双果和多果；以及花粉粒较大等现象。

3. 物候期变化

某些植物材料经空间条件作用后其物候期也会发生变化，主要表现在开花期和生育期的变化方面。例如卫星搭载处理的绿菜花抽薹开花比对照提前，卫星搭载的"包选 2 号"，在 SP2 代出现了一些生育期比对照缩短 18 天以上的早熟突变体，可望从中选育出早熟的水稻品系。利用返回式卫星搭载水稻恢复系"明恢 63"干种子，从 SP4 代选择出了 4 个早熟突变体株系，它们均比对照早熟 11～12 天，1990年高空气球搭载的大豆种子后代中，经选育获得了极早熟和极晚熟的变异植株。

4. 抗性变化

在干旱、盐、低温等逆境胁迫条件下，植物体内活性氧代谢系统的平衡受到影响，增加了自由基的产生量，植物体通过保护酶活性或稳定性的增加来提高清除自由基的能力。对卫星搭载非洲菊 4 个株系的组培苗进行高温定向筛选，在 35℃ 16天和 40℃ 20h 高温处理下的存活率均有所提高，这说明搭载后的非洲菊 SP1 代的耐热性明显提高。对其突变植株进行检测，发现超氧化物歧化酶（SOD）、过氧化物酶（POD）与过氧化氢酶（CAT）的活性有所增强；细胞膜透性和丙二醛（MDA）含量都明显下降。有些植物材料经空间飞行后，其抗逆性也会发生变化。例如经过空间诱变育成的水稻品种"赣早籼 47 号"在稻瘟区表现为高抗类型，而对照亲本 86-70 属于易感类型。经高空气球搭载处理后选育出的小麦新品种"烟麦2 号"具有抗倒伏和抗病等优点，1988 年在卫星搭载的棉花种子后代中出现了一些抗早衰的类型。

通常情况下，诱变一代有时也会出现遗传性变异，但通常是一个很复杂的突变嵌合体，并且还伴随着严重的生理损伤，即出现非遗传变异，所以在此时期一般不宜进行直观的形态学鉴定，只是从诱变植株的整体形态变异进行粗略观察。诱变二代的植株一般是突变体显现的主要世代。在此代可以根据研究或育种目标，有针对性地对群体进行选择，进行严格自交，并在以后的世代中，按常规方法分离选育，即可育成具有目标突变性状的稳定突变体。

二、通过生理生化指标间接鉴定和筛选

生理生化指标的分析对于航天诱变育种的筛选鉴定，相对来说比较直接方便，

易于操作，而且针对性强。通常根据育种目标可直接测定。

1. 发芽特性

空间条件对植物发芽特性的影响具有种的特异性，同一植物的不同品种对飞行的敏感性也存在差异。有些植物的种子如小麦、大麦、玉米、大豆和黄瓜经过空间飞行后活力增加，发芽率明显提高；水稻、谷子、豌豆和青椒无明显差异；而高粱、西瓜、茄子和丝瓜发芽率明显降低，1994年用同一卫星搭载的不同辣椒品种的发芽率有的高于对照，而有的低。

2. 同工酶变化

同工酶是指由1个以上基因位点编码的酶的不同分子形式，是植物基因表达较直接的产物，其变异与性状遗传有着密切关系，每个品种同工酶带的数量基本稳定，故利用同工酶对空间诱变的变异植株进行筛选，可快速、有效地对诱变后代基因组进行分析。因此，同工酶研究在理论和实践中都有非常重要的意义。经过空间搭载过的植物材料，其同工酶的谱带形式也会发生变化。

王艳芳等利用返回式科学实验卫星搭载番茄种子，对无限生长突变型2种同工酶酶谱进行分析，并测定了其活性。两种酶活性检测结果表明，突变体及其衍生后代的超氧化物歧化酶同工酶谱和酶活性与对照没有明显差异，但突变体及其衍生后代的过氧化物同工酶个别谱带的表达量有较大差异，酶活性显著低于对照。Liu等对甜椒新品系'卫星87-2'进行酶测定，发现在空间特殊条件诱变下，过氧化物同工酶和酯酶同工酶谱带均发生了变化，说明空间特殊条件下引起了甜椒基因的变异，遗传特性也就发生了改变。王江春等利用返回式卫星搭载'鲁麦14'，经地面连续多年选择，比较研究了3个品种（系）花后不同时期籽粒蛋白质的积聚及相关酶活性的差异。结果表明：谷氨酰胺合成酶（GS）、谷丙转氨酶（GPT）的活性发生了改变，且酶的活性与其相应的蛋白质积累量和积累速率一致。龚振平等对高粱'唐恢28'恢复系种子进行搭载处理后的同工酶分析发现，2个选系与对照之间分别具有8条和5条酶带的差异。小麦和大麦胚乳的过氧化物同工酶和酯酶同工酶的谱带比地面对照相应减少。而番茄、青椒酯酶同工酶的谱带比地面对照增加。郭亚华等研究了卫星搭载过的'龙椒2号'SP1代幼苗和突变系87-2果实及叶片同工酶的变异，发现SP1代幼苗过氧化物同工酶比对照增加了2条谱带。任卫波等研究发现，二色胡枝子搭载后与地面对照相比，其叶片过氧化物同工酶谱带发生显著变化；红豆草搭载后，其过氧化物酶、酯酶酶带也有类似的发现。

3. 光合特性和叶绿素含量

植物叶片中叶绿素的含量与光合作用密切相关，是反映叶片生理状态的重要指标。空间环境处理对花卉叶片叶绿素的含量有显著影响，蜀葵种子经空间搭载后，单位叶中叶绿素 a＋b 的含量明显降低，叶绿素 b 的降低幅度（52％）大于叶绿素 a（25％），说明前者对空间条件更敏感。而作为聚光色素组分和具抗氧化性的类胡萝卜素含量增加了 16％。卫星搭载非洲菊 SP1 代，叶绿素 a、b 含量均降低，但叶绿素 a/b 比值明显升高。太空环境处理后，草地早熟禾 SP1 代株系与对照相比虽然叶绿素 a 含量和叶绿素 b 的含量都降低了，但是叶绿素 a/b 比值变化不大。SP2 代株系叶绿素 a 含量和叶绿素 b 含量都显著增加，但是叶绿素 a/b 比值比对照明显降低，说明叶绿素 b 的增加量比叶绿素 a 的增加量大；一般来说，叶绿素含量高以及叶绿素 a、b 比值小的植物，具有较强的耐阴性。由此推测 SP2 株系的耐阴能力可能较对照有所提高。

4. 对碳水化合物代谢的变化

空间失重环境中植物根中缺少淀粉粒，根冠细胞中高尔基体比地面对照减少 5％～90％，因此，向细胞壁提供多糖类物质大为减少。焦磷酸化酶和与木质素合成途径有关的酶活性显著降低。

5. 其他生理生化的变化

植物体经空间飞行后还发现，其清蛋白、球蛋白、脯氨酸等含量增加，天冬酰胺等的含量减少。李社荣等发现水稻种子空间飞行后，其根间 Ca^{2+} 含量明显降低，空间环境下豌豆植株中醇溶糖的数量提高。矿质元素的平衡遭到破坏，磷含量提高 2.5 倍，钾含量提高 1.5 倍，钙、镁、锰、锌、铁含量明显降低。

三、突变体的快速鉴定和筛选方法

突变体的鉴定与选择在植物诱变育种中占有举足轻重的位置，进行突变体的早期鉴定分离、筛选是获得有益变异的重要途径。但是田间鉴定即用肉眼可见的或仪器测量植株的外部特征（如株型、叶形等），以这种形态指标、生理生化指标来研究物种间的关系以及进行分类和鉴定，因此田间鉴定研究物种是基于个体性状描述，得到的结论往往不够完善，且数量性状很难剔除环境的影响，需利用生物统计学知识进行严密地分析。但是用直观的标记研究质量性状的遗传显得更简单、更方便。目前此法仍是一种有效手段并发挥着重要作用。

1. 细胞学方法

细胞学分析是指观察比较诱变处理材料在细胞器与染色体的结构、数量方面的变异类型与程度。植物种子经卫星搭载后，其幼苗根尖细胞分裂会受到不同程度的抑制，有丝分裂指数明显降低，染色体畸变类型和频率比地面对照有较大幅度的增加，且这种诱变作用在许多植物上具有普遍性。鉴于以上情况，在 SP1 代进行细胞学筛选较为合适。观察突变体细胞结构的变化：经空间飞行后，许多植物叶片表现出细胞大小不等、表面积不规则和部分细胞退化消失、细胞壁变薄且凹凸不平等变化，空间条件使黄瓜、茄子和豌豆种子细胞膜的透性增加，一些植物的叶绿体基质解体或被破坏、线粒体膨胀、基粒堆膜皱缩、染色质浓缩。空间条件影响内质网的完整性，并且影响内质网在细胞中的排列与分布。另外，还发现多核仁细胞核和粗糙内质网与核糖体消失的变异细胞。

Nechitailo 等利用电子显微镜对经空间诱导后的番茄种子的细胞壁、线粒体、叶绿体进行观察，发现了与对照明显的差异，即：细胞变形、排列松散、无序、叶绿体内部淀粉粒增多。周有耀等曾对分别搭载返地的棉花脱绒干种子进行细胞学观察，发现诱变材料的叶肉细胞、栅栏细胞、海绵组织细胞等结构均发生了改变。李社荣等对玉米种子的幼苗叶片细胞观察结果表明，航天搭载后会导致细胞结构发生改变，例如出现了质壁分离、细胞壁加厚以及扭曲等现象。

观察突变植株的染色体，包括观察异常分裂和染色体的变异。经过空间飞行后的植物体细胞有丝分裂过程中期延长，有丝分裂指数有不同程度的提高和降低。染色体变异中常见的是染色体的结构和数量的变异，常见染色体结构变异有：缺失（染色体中某一片段的缺失）、重复（染色体增加了某一片段）、倒位（染色体某一片段的位置颠倒了 180°，造成染色体内的重新排列）、易位（染色体的某一片段移接到另一条非同源染色体上或同一条染色体上的不同区域）。种子处理后，观察茎或根细胞的第一次有丝分裂周期，是确定诱变因素效应的快速测验法。多数诱变因素，当剂量增加时，受处理种子的发芽就会延迟。发芽晚的种子中，出现带有染色体桥的细胞的频率较高。当 SP1 植株发育进入减数分裂时，可固定幼小的花蕾，用以确定残留到这一时期的染色体突变的数量，通常在终变期或中期 I 是最好的研究阶段。在许多植物中，唯一容易识别的染色体突变类型是易位，易位的染色体可以通过环及链的形成来识别。在终变期或中期 I 难以见到缺失染色体，估计较大的缺失都引起细胞的死亡，早已从细胞群中排除掉，而小缺失可能被保留下来，但在中期 I 识别不出来。倒位现象在一般植物中比较少见，但在柑橘中却较常见。由于染色体的倒位或易位杂合性，导致柑橘属中某些花粉高度不育，这在柑橘诱变育种中是有意义的。卫星搭载过的绿菜花出现染色体倒位和易位等变化。染色体数目的变化有超倍体、亚倍体数目的改变，据网上消息，西华师范大学对神舟四号搭载的凤仙花种子进行培育，再从这些发育良好的植物中选取了长势良好的植株开展研究时，发现其中一株凤仙花在减数分裂中发生了不规则变异，其染色体数由正常的对数变成不规则数量。许多植物种子经空间飞行后在地面发芽，其幼根染色体畸变频率有较大幅度的增加，表明遗传物质载体受到破坏。

2. 现代分子生物学方法

DNA 是遗传信息的载体，遗传信息包含于 DNA 的碱基排列顺序之中。因此，应用现代分子生物学方法直接对 DNA 碱基序列进行分析和比较是揭示植物是否发生遗传变异的最理想方法。目前常用的分子标记技术有以下几种。

RFLP 标记 (restriction fragments length polymorphism)，是 Grodzicker 等在 1974 年创立的限制性片段长度多态性（RFLP）技术，它是一种以 DNA-DNA 杂交为基础的第一代遗传标记，是指用限制性内切酶处理不同生物个体的 DNA 所产生的大分子片段的大小差异。其原理是在种属间甚至品种间同源 DNA 序列上限制性内切酶识别点不同，或者由于点突变、重组等原因，引起限制性内切酶的识别位点发生变化。这样，植物 DNA 经适当的限制性内切酶切割成不同长度的限制性片段，因为不同大小的片段在凝胶上运动速率不同，在凝胶上形成了连续涂片，用 DNA 探针进行 Southern 杂交，经放射显影后就能得到 DNA 的限制性片段多态性。它所代表的是基因组 DNA 在限制性内切酶消化后产生的片段在长度上的差异。由于不同个体的等位基因之间碱基的替换、重排、缺失等变化导致限制性内切酶识别和酶切发生改变，从而造成基因型间限制性片段长度的差异。

简单重复序列（SSR）也称微卫星 DNA，其串联重复的核心序列为 $1\sim6$ bp，其中最常见的是双核苷酸重复，即 $(CA)_n$ 和 $(TG)_n$，每个微卫星 DNA 的核心序列结构相同，重复单位数目 $10\sim60$ 个，其高度多态性主要来源于串联数目的不同。SSR 标记的基本原理为：根据微卫星序列两端互补序列设计引物，通过 PCR 反应扩增微卫星片段，由于核心序列串联重复数目不同，因而能够用 PCR 的方法扩增出不同长度的 PCR 产物，将扩增产物进行凝胶电泳，根据分离片段的大小决定基因型并计算等位基因频率。SSR 具有以下一些优点：①一般检测到的是一个单一的多等位基因位点；②微卫星呈共显性遗传，故可鉴别杂合子和纯合子；③所需 DNA 量少。显然，在采用 SSR 技术分析微卫星 DNA 多态性时必须知道重复序列两端的 DNA 序列信息。如不能直接从 DNA 数据库查寻则首先必须对其进行测序。

RAPD (random amplified polymorphic DNA，随机扩增多态性 DNA) 技术是 1990 年由 Wiliam 和 Welsh 等人利用 PCR 技术发展的检测 DNA 多态性的方法。其基本原理为：它是利用随机引物（一般为 $8\sim10$ bp）通过 PCR 反应非定点扩增 DNA 片段，然后用凝胶电泳分析扩增产物 DNA 片段的多态性。扩增片段多态性便反映了基因组相应区域的 DNA 多态性。RAPD 所使用的引物各不相同，但对任一特定引物，它在基因组 DNA 序列上有其特定的结合位点，一旦基因组在这些区域发生 DNA 片段插入、缺失或碱基突变，就可能导致这些特定结合位点的分布发生变化，从而导致扩增产物数量和大小发生改变，表现出多态性。就单一引物而言，其只能检测基因组特定区域 DNA 多态性，但利用一系列引物则可使检测区域扩大到整个基因组，因此，RAPD 可用于对整个基因组 DNA 进行多态性检测，也可用于构建基因组指纹图谱。与 RFLP 相比，RAPD 具有以下优点：①技术简单，检测速度快；②RAPD 分析只需少量 DNA 样品；③不依赖于种属特异性和基因组结构，一套引物可用于不同生物基因组分析；④成本较低。但 RAPD 也存在一些缺点：①RAPD 标记是一个显性标记，不能鉴别杂合子和纯合子；②存在共迁移问题，凝胶电泳只能分开不同长度的 DNA 片段，而不能分开那些分子量相同但碱基序列组成不同的 DNA 片段；③RAPD 技术中影响因素很多，所以实验的稳定性和重复性差。

测序扩增区段（SCAR）标记是一种基于 PCR 技术的单基因位点多态性遗传标记，是通过对已有的多基因位点 DNA 标记进行改良后开发出来的。SCAR 标记是在序列未知的 DNA 标记（RAPD、AFLP 等）基础上，对其特异 PCR 扩增产物进行回收、克隆和测序，根据扩增产物的碱基序列重新设计特异引物（原标记引物的基础上加 10~14 个碱基），并以此为引物对基因组 DNA 进行 PCR 扩增获得。新的 SCAR 引物一般是在原来标记引物的基础上延长了 10 个左右碱基，不仅加强了与模板的特异性结合，而且提高了退火温度，提高了转化后新的标记检测的专一性。SCAR 标记是在 RAPD 技术基础上发展起来的。

Larsen 等成功地获得紫花苜蓿褐根腐致病菌特征 SCAR 标记，利用该标记可以在 1 天内快速检测出土壤和苜蓿根中是否含有该病菌，而常规的方法则需要 100 多天的病菌培养和显微鉴定才能完成。SCAR 标记缩短了检测时间，简化了检测过程，大大提高了病菌检测效率。Scheef 等开发出 2 个草坪草剪股颖品种特征 SCAR 标记，并用 17 个剪股颖品种进行验证，结果表明：凡是属于上述 2 个生态型的品种经 PCR 扩增后都能出现特征条带，这表明用特征 SCAR 标记来鉴别不同生态型的剪股颖是可行的，而且还有利于对人工杂交后代尤其是匍匐剪股颖和绒毛剪股颖的杂交后代的杂种鉴别。Humnaid 等用 RAPD（UBC-85）和 SCAR 标记（SCAR-85）对 7 种不同基因型草坪草杂交狗牙根进行抗禾谷镰刀菌鉴定，表明 SCAR 标记更灵敏。利用转化的 SCAR 标记进行辅助选择可以提高标记的专一性，从而提高选择的精确性和有效性。

3. 近红外光谱分析技术

近红外光谱技术（near infrared reflectance spectrocopy，NIRS）可利用物质在近红外光谱区特定的吸收特性快速检测样品中某一种或多种化学成分含量，是由 Norris 等在 20 世纪 70 年代开发出来的，具有快速、准确、高效、低成本及同时可检测多种成分（最多可达 6 种组分）等优点。近红外光主要是指波长在 780～2500nm 范围内的电磁波。近红外光谱是由有机分子振动的倍频或合频能对特定波段电磁波产生吸收而形成的谱带。光谱记录的是有机分子中单个化学键的倍频和合频信息，主要是与 H 有关的基团，如 N—H、C—H 键。不同种类的化学键能形成特定的吸收光谱。近红外光谱主要分为两种：透射光谱和反射光谱。透射光谱（波长范围 700～1100nm）是将待测样品置于光源与检测器之间，检测器检测的光为透射光或与样品分子作用后的光；反射光谱（波长范围 1100～2500nm）是指光源与检测器在同一侧，检测器检测的是样品以各种方式反射回来的光。反射光又可分为两种：规则反射与漫反射。其中利用漫反射来进行分析的称为漫反射光谱法，多用于浑浊样品和固体颗粒如作物和牧草籽实。

王多加等总结了近红外光谱技术在食品及农产品定量和定性分析中的应用情况，并提出了可以用近红外光谱监测食品中蛋白质或 DNA 的变化以及标记基因的转变。在转基因食品检测方法的研究方面，Iowa 州立大学谷物质量实验室成功地利用 Roundup Ready 大豆和传统种植的大豆光谱在 910～1000nm 波长附近的一个偏移，区分出 Roundup Ready 大豆和传统种植大豆。他们的研究结果显示，近红外光谱分析技术对 20 个非 Roundup Ready 大豆的正确检出率为 95％，而对 19 个 Roundup Ready 大豆的正确检出率为 84％。任卫波等提出了一种用近红外指纹光谱快速鉴别紫花苜蓿品种耐盐性的新方法。利用近红外吸收光谱对 20 个紫花苜蓿品种进行聚类，发现供试品种很好地聚为耐盐和敏盐两类，与常规检验结果基本相同，通过聚类建立苜蓿品种耐盐性鉴别模型，其次用所建耐盐品种评价鉴别模型对 6 个苜蓿品种进行耐盐性预测，品种识别准确率达到 100％，表现指数为 85.7，并应用近红外吸收光谱对航天搭载后代的耐盐性进行了初步筛选。

四、航天诱变新品种选育

航天诱变育种由于突破了传统的育种理念，又结合了航天技术，是一种新兴的育种技术。经过航天诱变的植物材料在后代的地面选育工作中，采用田间观察和分子标记检测技术，选育出新的材料和种质资源。

以下简单介绍航天诱变新品种选育流程。

1. 确立选育目标、选育方法

选择太空诱变的优异种质材料，育成在熟性、品质、产量、抗病性、抗逆性等主要农艺性状较目前亲本品种有突破性的新品种。在选育过程中，结合航天育种基地的实际情况，综合利用太空诱变、日光温室加代选育、病圃选育、杂种优势利用等技术。

2. 选择处理材料，进行航天搭载处理

选择太空诱变的优异种质材料，利用卫星和飞船等太空飞行器将植物种子带上太空，再利用其特有的太空环境条件，如宇宙射线、微重力、高真空、弱地磁场等因素对植物的诱变作用产生各种基因变异，再返回地面选育出植物的新种质、新材料、新品种。

3. 选育经过

（1）诱变当代的选育　将经过航空搭载后的种子尽量育苗移栽或穴播、点播，以未搭载原种为对照，进行对比选育。经航天搭载的种子长出的植株会表现出一定程度的生理损伤，也可能在个别植株出现可遗传的性状变异，故须与对照相比较进行认真、细致的观察、记录，包括生长发育中的各项指标以及主要的农艺性状，特别是作为育种目标或其他有应用潜力的性状的变异。常规要求观察的项目包括：生理指标和变异选择。生理指标主要统计发芽率（室内统计供试种子数中萌发种子所占的比例）、出苗率（田间条件下种子胚芽的出土能力）、存苗率（营养生长盛期幼苗存活率）、生育期（按该植物通用的生育期标准）、成株率（能形成穗或花序、完全成熟植株所占的比例）、结实率。变异选择要统计苗期叶绿素突变率，记录成熟期株型、穗型、粒型、芒型的改变和田间抗病虫害、抗逆能力的表现等。

SP1 代植株由于生理损伤所致的形态变异一般不遗传，所以其所发生的突变大多为隐性突变，一般当代不表现，即使有相对少数显性突变，也多以嵌合体形式存在，SP1 代仍难以在整体上表现出来。故 SP1 代一般不进行选择，但如遇有特殊变异类型或优异变异株，应及时套袋自交，并单株收获、保存，供 SP2 代种成株行，作进一步观察、选择。

SP1 代的收获方法可根据作物类型、选种目标、SP2 群体可种植的规模，选收一部分种子作继续观察。根据育种经验，对自花授粉作物，可选用穗收法、混收法、一粒或少粒混收法。穗收法即每株只收主穗、SP2 种成穗行，这种方法主要适用于选择以数量性状为主的突变体，如高产、优质等，也适用于稍早熟、稍矮秆等较难识别的突变体选择，采用此法为统计突变体的分离频率提供了方便。混收法即对 SP1 代群体实行混收混脱，全部或部分种成 SP2 代。此法适合亲本材料纯度较高，SP1 代分蘖受到控制，以及 SP1 代隔离种植的材料，也适合用于突变频率较低的抗病、抗逆突变体的选择，以及易于识别的特早熟、特矮秆等突变体的选择。一粒或少粒混收法即从每一主穗（主枝）或低位一次分蘖穗上，或者从每一 SP1 代植株上随即采收 1 粒或少数几粒种子，收后混合，种植成 SP2 群体。同混收法一样，这种方法也适用于亲本材料纯度较高，SP1 代分蘖受到控制的材料，以及突变性状易于识别的材料。搭载条件对种子的诱变难以在 SP1 代完全显现，为使有

益变异材料不致漏失，尽可能多收 SP1 种子，供分批种植、观察、选择使用。

通常情况下，诱变一代有时也会出现遗传性变异，但通常是一个很复杂的突变嵌合体，并且还伴随着严重的生理损伤，即出现非遗传变异，所以在此时期一般不宜进行直观的形态学鉴定，只是从诱变植株的整体形态变异进行粗略的观察。诱变二代的植株一般是突变体显现的主要世代。在此代可以根据研究或育种目标，有针对性地对群体进行选择，进行严格自交，并在以后的世代，按常规方法分离选育，即可育成具有目标突变性状的稳定突变系。

（2）第二代选育　自花授粉植物大部分发生隐性突变，表型变异应该在 SP2 代表现，对本代植株，应进行认真细致的观察、记录。观察、记录项目可参照 SP1 代的要求，应根据选种目标及创造新种质资源的要求确定观察、选择重点，主要集中在生长期、株高、千粒重、穗粒数、结实数、抗性等几个方面。

对 SP1 代已发现的变异，本代应种成株系（穗系）观察记录变异的表现及分离情况，作进一步选择。

SP2 代的收获重点是变异单株，可用全收法，并应对其农艺性状作全面的调查。其他正常的 SP2 株，也应随机混收或穗收一部分，到 SP3 继续种植观察。

（3）第三代及后世代的选育　SP3 代仍是突变体显现的世代，隐性突变可继续出现，选择时与原品种对照材料进行比较，从突变株系中，先选优异突变株系，然后在入选株系中选择优异单株 3～5 株。其中从高度稳定的优异突变株系中选出的单株，分株混收后转入 SP4 代的产量预备试验和特性（抗性、品质等）鉴定试验中，并应同时进行种子繁殖工作，为 SP5 参加产量试验提供种子准备。对于其中表现突出、有希望成为品种的株系，应设法加快种子繁殖速度，采用稀播栽培、异地加代、异季繁殖等措施，加速扩繁。

对已选出并稳定的优良株系，在 SP4 代或其后代应进行有 3 次重复的测产试验（设原品种为对照），并对其主要农艺性状及各增产因子进行观察分析，以为多点试验提供依据。SP5 争取参加品种区域试验。可以通过大田示范，检验其价值及应用潜力。对稳定突变株系的性状要作详细记录，包括生育期、株高、千粒数、分蘖性、抗病性、株型、抗倒伏性、结实率、平均产量。对选出的新种质也应对其性状作全面观察，鉴定其应用潜力。

随着我国首次载人航天飞行的成功，我国的航天领域将得到快速发展。草种由于具有质量轻、体积小、包装简单、便于携带等优点，种子搭载后不仅可以探索空间条件对生物影响的机理，为人类开拓空间资源提供理论依据，而且草类植物主要是以收获和利用营养器官为主，相对于以收获籽实为主的农作物而言，可能更易在太空条件引起变异。因此，草种搭载后还可能会选育出质地细密、均一性好、色泽宜人、绿期较长且耐践踏的观赏草坪和休憩草坪；或育出根系发达、生长迅速、覆盖能力强的保土草坪；或育出营养丰富、高产、适口性好且抗旱抗寒性高的牧草。现在太空水稻、太空蔬菜已经端上人们的餐桌，可以预见在不久的将来，人们可能会看到太空牧草和太空草坪。

参 考 文 献

[1] 刘录祥，郭会君，赵林姝，等．我国作物航天育种 20 年的基本成就与展望 [J]．核农学报，2007，21（6）：589-592.

[2] 陈积山，张月学，唐凤兰．我国草类植物空间诱变育种研究 [J]．草业科学，2009，26（9）：173-177.

[3] 夏英武等．作物诱变育种 [M]．北京：中国农业出版社，1993：103-106.

[4] 韩建国．实用种子学 [M]．北京：中国农业大学出版社，1997.

[5] 韩建国．牧草种子学 [M]．北京：中国农业出版社，2000.

[6] 余玲，王彦荣，孙建华，等．温度及预处理对苏丹草种子萌发的影响 [J]．草业科学，1991，8（5）：652-681.

[7] 房丽宁，李青丰，李淑君，等．打破苔草种子休眠方法的研究 [J]．草业科学，1998，15（5）：392-431.

[8] 聂朝相，宋淑明，申斯迎，等．结缕草种子预处理反应与耐藏性的探讨 [J]．草业科学，1993，10（1）：272-541.

[9] 宋淑明，聂朝相，赵欣，等．百脉根种子硬实处理与耐藏性的探讨 [J]．草业科学，1994，11（5）：522-541.

[10] 李青丰，张海军，易津，等．几种预措处理对促进草地早熟禾种子萌发的效果 [J]．中国草地，1997，（3）：282-301.

[11] 朱宇旌，刘艳．牧草种子休眠解除方法综述 [J]．草业科学，2003，20（3）：24-26.

[12] 杨宪武，李为杰，王自刚．破除草木樨硬实的简报 [J]．草业科学，1994，11（2）：封三.

[13] 沈禹颖，阎顺国，余玲．盐分浓度对碱茅草种子萌发的影响 [J]．草业科学，1991，8（3）：682-711.

[14] 阎秀峰，孙国荣，那守海，等．盐分对星星草种子萌发的胁迫作用 [J]．草业科学，1994，11（4）：272-311.

[15] 李昀，沈禹颖，阎顺国．NaCl 胁迫下 5 种牧草种子萌发的比较研究 [J]．草业科学，1997，14（2）：502-531.

[16] 陈国雄，李定淑，张志谦，等．盐胁迫对多年生黑麦草和草地早熟禾种子萌发影响的对比研究 [J]．草业科学，1996，13（3）：412-441.

[17] 陈海魁，任贤，雷茜，等．植物种子的硬实现象及处理方法研究综述 [J]．甘肃农业，2008，（02）：80-81.

[18] 罗富成，王丽芹，何德卫，等．降低柱花草种子硬实率的研究 [C]．21 世纪草业科学展望——国际草业（草地）学术大会论文集，2001.

[19] 徐都冷．硬毛棘豆种子发芽特性的研究 [J]．中国民族民间医药杂志，2004，（2）．

[20] 林琼，姜孝成．凤仙花种子的贮藏和萌发特性研究 [J]．中国农业，2007，（8）．

[21] 王玉莉，冯国军，刘大军，等．菜豆硬实种子的处理方法 [J]．中国蔬菜，2006，12：25-26.

[22] 张蕴薇，韩建国，任卫波，等．一种提高航天搭载种子诱变效率的方法 [P]．CN A01C 1/00，2008-10-08.

[23] 刘敏等．植物空间诱变 [M]．北京：中国农业出版社，2008：58.

[24] 谢立波，孟凡娟，黄凤兰，等．空间环境诱发作物突变的筛选技术及其应用 [J]．核农学报．2008，22（6）：811-815.

[25] 姜一凡，徐维杰，廖飞雄，等．花卉空间诱变效应及育种研究进展 [J]．中国农学通报园艺园林科学，2007，23（8）：339-342.

[26] 张孟锦，廖飞雄，王碧青，等．卫星搭载处理对鸡冠花 SP1 代种子萌发及生长发育的影响 [J]．广东农业科学，2006，4：37-39.

[27] 洪波，何淼，丁兵，等．空间诱变对露地栽培菊矮化性状的影响 [J]．植物研究，2000，4：212-214.

[28] 薛淮．空间封闭系统对月季组培苗生物学特性的影响 [D]：硕士学位论文．北京：中国科学院遗传与发育生物学研究所，2004.

[29] 王志芬，苏学合，闫树林，等．太空搭载桔梗种子 SP1 代的生物学效应研究 [J]．核农学报，2004，18（4）：323-324.

[30] 王艳芳，郑积荣，王世恒，等．航天诱变番茄无限生长突变体的选育及生物学特性研究 [J]．航天医学与医学工程，2006，19（2）：111-115.

[31] 汤泽生，杨军，陈德灿，等．航天诱变风仙花 SP2 代形态变异的研究 [J]．激光生物学报，2006，15（1）：31-34.

[32] 谢克强，杨良波，张香莲，等．白莲二次航天搭载的选育研究 [J]．核农学报，2004，18（4）：300-302.

[33] 冯晓，汤泽生，彭正松，等．卫星搭载黄瓜后代的形态变异 [J]．安徽农业科学，2007，35（19）：5653-5654.

[34] 李金国，王培生，张健，等．空间飞行诱导绿菜化的花粉母细胞染色体畸变研究 [J]．航天医学与医学工程，1999，12（4）：245-248.

[35] 蒋兴村，李金国．陈芳远，等．"8885"返地卫星搭载对水稻种子遗传性的影响 [J]．科学通报，1991，36（23）：1820-1824.

[36] 李源祥，蒋兴村．空间条件对水稻恢复系诱变作用的研究 [J]．杂交水稻，1995，5：6-9.

[37] 贾淑芹，王得亮，杨丹霞，等．大豆空间诱变育种的研究 [A]．中国宇航学会．航天育种论文集 [C]．北京：中国科学技术出版社，1995：116-120.

[38] 李金国，李源祥，华育坚，等．利用卫星搭载水稻干种子选育出"赣早籼 47 号"研究 [J]．航天医学与医学工程，2001，14（4）：286-290.

[39] 李桂花，张衍荣，曹健．农业空间诱变育种研究进展 [J]．长江蔬菜，2003，（12）：

33-36.

[40] 蒋兴村.863-2 空间诱变进展及前景［J］.空间科学学报,1996,16（增刊）:77-82.

[41] 刘录祥.空间技术育种现状与展望［J］.国际太空,2001,7:8-10.

[42] 郭亚华,谢立波,邓立平.利用空间诱变育成"太空椒"系列新品系研究［J］.北方园艺,2003,6:41-43.

[43] 李金国,刘敏,王培生,等.番茄种子宇宙飞行后的过氧化物同工酶及 RAPD 分析［J］.园艺学报,1999,26（1）:33-36.

[44] Liu M, Zhang Z, Xue H. Preliminary study on peroxidase isoenzyme detection and RAPD molecular vercation for sweet pepper 87 -2 carried by are coverable satellite［J］. Acta Agriculturae Nucleatae Sinica, 1999, 13（5）:291-294.

[45] 王江春,韩启秀,于经川,等.鲁麦 14 空间诱变后代籽粒蛋白质及相关酶活性研究［J］.安徽农业科学,2007,35（18）:5339-5340.

[46] 龚振平,刘自华,刘根齐.高粱空间诱变效应研究［J］.中国农学通报,2003,19（6）:16-24.

[47] 李金国,蒋兴村,王长城.空间条件对几种粮食作物的同工酶和细胞学特性的影响［J］.遗传学报,1996,23（1）:48-55..

[48] 任卫波,韩建国,张蕴薇,等.卫星搭载对二色胡枝子生物学特性的影响［J］.草地学报,2006,14（2）:112-115.

[49] 薛淮,刘敏,张纯花,等.空间搭载后的蜀葵幼苗叶中光合色素含量及抗氧化酶活性变化［J］.植物生理学通讯,2003,39（6）:592-594.

[50] 刘巧媛,王小菁,廖飞雄,等.卫星搭载对非洲菊种子的萌发和离体培养的研究初报［J］.中国农学通报,2006,（2）:281-284.

[51] 韩蕾,孙振元,巨关升,等.空间环境对草地早熟禾诱变效应研究光合特性和叶绿素含量［J］.核农学报,2005,19（6）:413-416.

[52] 薛淮,刘敏.植物空间诱变的生物效应及其育种研究进展［J］.生物学通报,2002,37（11）:7-9.

[53] 李社荣,曾孟浅,刘雅楠等.植物空间诱变研究进展［J］.核农学报,1998,12（6）:375-379.

[54] 张蕴薇,韩建国,任卫波,等.植物空间诱变育种及其在牧草上的应用［J］.草业科学,2005,22（10）:59-63.

[55] 赵林姝,刘录祥.俄罗斯空间植物学研究进展［J］.核农学报,1998,12（4）:252-256.

[56] Duther F R, Hess E L, Halstead R W. Progress in plant research in space［J］. Advances in Space Research, 1994, 14（8）:159-162.

[57] 苗德全,刘新,牟其芸,等.近地空间条件对植物种子细胞膜透性的影响［J］.莱阳农业学院学报,1989,6（4）:65-67.

[58] 刘录祥,郑企成.空间诱变与作物改良［R］.中国核科技报告,1997:1-10.

[59] 虞秋成，黄宝才，严建民．作物空间育种的现状及展望［J］．江苏农业科学，2001，（4）：3-6.

[60] Nechitailo G S, Lu J, Xue H, Pan Y, Tan C Q, Liu M. Influence of long term exposure to space flight on tomato seeds［J］. *Adv Space Res*，2005，36：1329-1333.

[61] 周有耀．空间条件对棉花种子及其后代影响的研究［C］．航天育种论文集，1995：129-140.

[62] 李社荣，刘敏，汪永祥．空间条件对玉米叶片光合色素和叶绿体超微结构的影响［J］．航天医学与医学工程，1998，11：396-400.

[63] 尹淑霞，韩烈保．分子标记及其在植物空间诱变育种研究中的应用［J］．生物技术通报，2006，（1）：50-53.

[64] 吴伟刚，刘桂茹，杨学举．诱变与组织培养相结合在植物育种中的应用［J］．中国农学通报，2005，11（11）：197-201.

[65] 郭朝铭，易克贤．剑麻遗传育种研究进展［J］．广西热带农业，2006，2（103）：42-45.

[66] 郝爱平，詹亚光，尚洁．诱变技术在植物育种中的研究新进展［J］．生物技术通报，2004，（6）：30-34.

[67] 王福全，危金彬，包文生等．航天搭载和日光温室加代选育的航豇1号［J］．长江蔬菜．2008，（5）：38-39.

[68] 胡化广，刘建秀，郭海林．我国植物空间诱变育种及其在草类植物育种中的应用［J］．草业学报，2006，15（1）：15-21.

第五章

主要草种的航天诱变育种研究进展

第一节
苜蓿航天诱变育种研究进展

一、苜蓿种及品种概述

苜蓿：一种多年生、生长广泛的重要豆科牧草植物（*Medicago sativa* Linn.），蝶形花亚科，苜蓿属，主根长，多分枝，茎通常直立，近无毛，高 30～100cm，复叶有 3 小叶，小叶倒卵形或倒披针形，长 1～2cm，宽约 0.5cm，顶端圆，中肋稍凸出，上半部叶有锯齿，基部狭楔形；托叶狭披针形，全缘。总状花序腋生，花 8～25。荚果螺旋形，无刺，顶端有尖曝咀；种子 1～8 颗。花果期 5～6 月。在阳光充足、热量中等、气候干燥、有传粉昆虫的地区生长繁盛。其中最著名的是作为牧草的紫花苜蓿，是牲畜饲料。我国目前苜蓿的种植面积约 $133 \times 10^4 \text{hm}^2$。随着商品经济的发展，近年来苜蓿产业化规模发展较快，苜蓿的种植面积正在扩大。

苜蓿作为全世界栽培面积最大的草种之一，其种质资源及新品种选育研究始终备受人们重视。中国是世界上苜蓿种质资源最为丰富的国家之一，有苜蓿属植物 13 个种，1 个变种。苜蓿在我国多分布于长江以北的广大地区，西起新疆、东到江苏北部的 14 个省、市、自治区均有分布，主要产在黄河流域的华北、西北地区。

紫花苜蓿在苜蓿属中栽培最为广泛，因其具有产草量高、富含蛋白质、适口性好、适应性强的特点而被称为"牧草之王"。在我国有广泛的栽培利用，经过多年的选育，已有通过国家牧草品种审定登记的品种 76 个，其中育成品种 35 个，地方品种 21 个，引进品种 15 个，野生栽培品种 5 个。

二、航天搭载情况

1. 搭载卫星名称及涉及品种

我国草航天育种方面的研究开始于 1994 年，此次搭载了三个豆科牧草，其中之一就是苜蓿。兰州大学徐云远等对搭载的苜蓿返回地面后进行播种，发现 SP1 代出苗整齐，成活率也较高，淀粉酶带减少。这是中国研究苜蓿航天育种的第一篇报道。

"神舟三号"卫星，飞行时间从 2002 年 3 月 25 日至 4 月 1 日，共 7 天，飞行高度为 198～338km，倾角 42.4°，绕地球 108 圈。搭载的 4 个紫花苜蓿品种分别为：'得福'、'德宝'、'阿尔刚金'和'三得利'。经搭载后的种子萌发获得的第 1 代（SP1，表示经飞船搭载后回收种植的第 1 代，后面各世代依次类推）植株中，大部分生长正常，无严重生理损伤，且结实率接近地面对照。但也有一些植株高度、叶片大小及叶色等发生变化。根据这些变化筛选出 4 个紫花苜蓿品种的变异单株。这些变异单株具有植株较高、叶色较深、叶片较大以及多叶等特点。通过表型观察以及分子标记手段，从 SP1 植株中共筛选出 13 个变异株系。

"神舟四号"卫星，飞行时间从 2002 年 12 月 30 日至 2003 年 1 月 5 日，共 6 天 18h（108 圈），飞行高度为 198～338km，倾角 42.4°，绕地球 108 圈。根据报道，"神舟四号"卫星搭载了苜蓿，但是具体研究目前还没有报道。

"第 18 颗返回式地球卫星"（2003 年 11 月 3 日至 21 日）进行空间诱变处理。卫星轨道倾角为 63°，远地点 350km，近地点 200km；飞行期间平均辐射剂量 0.102mGy/d，周期 90min，时间 18 天。"第 18 颗返回式地球卫星"搭载了紫花苜蓿种子：'中苜一号'、'龙牧 803'和'敖汉'苜蓿。

"实践八号"，2006 年 9 月 9 日 15 时整，在酒泉卫星发射中心发射，在轨运行 15 天，于 9 月 24 日 10 时 43 分，卫星回收舱降落在四川省中部地区。卫星运行的近地点高度为 180km，远地点高度为 469km，轨道倾角为 63°。"实践八号"育种卫星搭载了 'WL232'、'WL323HQ'、'BeZa87'、'Pleven6'、'龙牧 801'、'龙牧 803'、'肇东'和'草原 1 号'8 个品种苜蓿的种子。任卫波等将"实践八号"育种卫星搭载的 3 个品系的苜蓿种子返地后，对其植株茎粗、初级分枝数及单株当年生物量等指标进行测定。发现紫花苜蓿当代植株初级分枝数和单株生物量均显著增加，茎粗无显著变化。以高于对照平均值＋3 倍标准差为标准进行筛选，获得茎粗增加变异株 2 株，初级分枝增加变异株 5 株，单株生物量增加变异株 12 株。获得的变异株可用于苜蓿品种改良和新品种选育，但其有利变异能否稳定遗传有待于进一步研究。

2. 苜蓿航天搭载成果

卫星搭载苜蓿种子在田间种植后，对后代进行分析，可看到部分搭载材料在一些重要农艺性状上有明显变异（表 5-1），从中选出一批优良品系，例如：发芽率、苗重、芽长、根长较原始品种有所提高，产量较原始品种（品系）有显著提高，耐旱、耐寒、耐盐碱性较原始品种（品系）有显著提高，品质较原始品种（品系）有显著提高等，从中筛选出变异材料，用同样的种植筛选方法，经 3～4 代选育出稳定遗传的变异株，从中筛选培育出 2～3 个材料在生产上推广，效果明显的登记为品种。

表 5-1　卫星搭载对不同苜蓿品种发芽率和株高的影响

序号	材料名	搭载卫星	搭载处理发芽率/%	对照发芽率/%	搭载处理株高/cm	对照株高/cm
1	组合 1	实践八号	29.45±7.11a	26.02±6.84a	—	—
2	组合 2	实践八号	26.68±11.79a	18.58±5.75b	—	—
3	组合 3	实践八号	33.75±15.28a	25.56±13.60b	—	—
4	肇东	第 18 颗返回式卫星	—	—	100.98	96.29
5	龙牧 803	第 18 颗返回式卫星	—	—	117.87	113.85

注：参考文献见王蜜等，2009 年；张月学等，2009 年。a、b 表示不同处理之间具有显著性差异。

范润均等通过表型观察手段，从 SP1 植株中共筛选出 13 个株系，每个单株收种 30 粒，种植成 SP2 株系，再用同样的种植筛选方法，经 3～4 代（SP3～SP4）选育获得形态性状明显变异并能稳定遗传的突变株，种成 SP5 的突变株系。另外，还混收与地面对照组形态性状没有明显差异的第 1 代单株种子，混播种植 SP2，继续选择与地面对照组形态性状有明显差异的单株，对形态性状变异的单株进行多代种植和选育，获得形态性状明显变异并能稳定遗传的突变株系。与地面对照组相比，筛选出的 13 株 SP1 植株，大多数都存在表型变异特征。

三、诱变效应

1. 空间诱变对苜蓿生物学效应的影响

太空育种具有变异多、幅度大、高产、优质、早熟及抗病力强等特点，是集航天技术、生物技术、农业育种技术于一体的农业育种新途径。众多研究发现，搭载后的苜蓿的株高、叶长、叶宽、初级分枝数、出苗率以及定植当年的单株生物量等重要的生物学性状均可发生显著变化，通过筛选，有望获得优质、高产的变异材料。另外，卫星搭载的生物学效应因品种、时期和不同处理而异，我们可以通过比较筛选出空间诱变敏感的品种或者处理，以后的研究中，尽量搭载空间诱变敏感品种，或者搭载经适当处理方法预处理过的苜蓿种质材料，搭载后种植、筛选、培育，有望提高空间诱变效率，提高航天育种速率。

（1）苜蓿空间搭载后的株高变异　苜蓿空间搭载后株高存在变异，研究发现空间诱变苜蓿株高的极差影响显著，不同发育时期变异不同，另外，空间搭载对株高的影响以正向为主。任卫波等在研究卫星搭载对苜蓿当代株高的影响时发现，卫星搭载对苜蓿苗期平均株高无显著影响，但是株高的极差明显增加。株高极差增加的幅度在 3 个品系间存在显著差异，其中品系 1 最为明显，其搭载组株高极差比对照增加 140％，品系 2 中搭载组仅比对照增加 50％，这表明卫星搭载对株高的影响主要表现在变异范围的增加，通过选择，可获得株高增加的变异材料。当然，所选出的变异候选株还有待后续世代观察和遗传分析加以确认。任卫波等还发现卫星搭载对紫花苜蓿株高的影响因发育时期而异，品种中苜一号的植株平均株高呈先降低后升高的趋势，其可能原因是在搭载过程中，紫花苜蓿种子受到较大的生理损伤，所以幼苗期表现为生长受到抑制，株高显著低于地面对照，其后随着生理损伤的修复，生长抑制解除，株高显著高于对照。3 个品种的植株平均株高总体上呈增加趋势，这表明卫星搭载对株高的影响以正向为主，因此通过卫星搭载，获得株高和产量显著增加的变异体是可能的。以株高正向变化为指标，3 个品种的搭载诱变效率为：‘敖汉苜蓿’＞‘中苜一号’＞‘龙牧 803’。张月学等研究空间搭载的紫花苜蓿‘龙牧 803’、‘肇东’株高变化时发现空间搭载后紫花苜蓿的株高发生了变化，‘龙牧 803’和‘肇东’的株高平均数分别为 117.87cm 和 100.98cm，分别比对照高出 4％和 5％，达显著水平。两个品种相比，‘肇东’苜蓿的辐射损伤大于龙牧 803。冯鹏等以紫花苜蓿种子为研究对象，分析不同含水量搭载对其株高性状的影响，发现卫星搭载对种子的影响在植株生长时期表现更加明显。含水量 9％和 11％的处理，其搭载植株株高基本低于地面对照，而 13％～17％的高含水量搭载株株高均高于地面对照，13％处理差异显著（$P<0.05$）。综合种子含水量对种子活力和植株生长发育的影响认为，含水量 13％～15％为紫花苜蓿种子卫星搭载进行品种选育的适宜含水量，为航天育种的理论和技术提供基础数据和参考依据。表 5-2 所示为卫星搭载对不同苜蓿品种株高的影响。

表 5-2　卫星搭载对不同苜蓿品种株高的影响

序号	材料名	搭载日期	搭载卫星	搭载处理株高	对照株高	变化百分率
1	品系 1	2006 年 9 月	实践八号	—	—	极差比对照显著增加 140%
2	品系 2	同上	同上	—	—	极差比对照增加 50%
3	肇东	2003 年 11 月 3 日	第 18 颗返回式卫星	100.98	96.29	5%
4	龙牧 803	同上	同上	117.87	113.85	4%
5	敖汉苜蓿	同上	同上	—	—	显著高于对照(幼苗、分枝、初花期)
6	中苜一号	同上	同上	—	—	显著高于对照(分枝、初花期)

注：参考文献见任卫波等，2008 年；张月学等，2009 年。

（2）苜蓿空间搭载后的分枝数变异　初级分枝数是影响牧草生物量和质量的主要因素之一。一般而言，初级分枝数越多，牧草的生物量和质量就越高。众多研究表明，空间搭载对苜蓿分子数有显著影响。任卫波等研究发现卫星搭载对苜蓿当代植株的初级分枝数有显著影响，但是具体因品系而异。三个不同品系，品系 1，搭载组的初级分枝数低于对照组，差异不显著（$P>0.05$），经过选择，有 2 株变异株；品系 2，搭载组的初级分枝数高于对照组，差异不显著（$P>0.05$），经过选择，无符合条件单株；品系 4，搭载组的初级分枝数显著高于对照组（$P<0.05$），经过选择，有 3 株变异株，如表 5-3 所示。卫星搭载后，苜蓿初级分枝数显著增加。经过选择，可获得多分枝的有益变异材料。冯鹏等以紫花苜蓿种子为研究对象，分析不同含水量搭载对其分枝数性状的影响，发现卫星搭载的含水量 9% 和 11% 组分枝数显著低于对照（$P<0.05$）；13%、15% 和 17% 组则受到促进，分枝数显著高于对照（$P<0.05$）。种子含水量 13% 和 15% 的搭载效应最大。

表 5-3　卫星搭载对不同苜蓿品种分枝数的影响

序号	材料名	搭载日期	搭载卫星	搭载处理分枝数	对照分枝数	变化百分率
1	品系 1	2006 年 9 月	实践八号	—	—	低于对照(不显著)
2	品系 2	同上	同上	—	—	高于对照(不显著)
3	品系 4	同上	同上	—	—	显著高于对照(选出 3 个变异株)

注：参考文献见任卫波等，2008 年。

（3）苜蓿空间搭载后的单株生物量变异　空间搭载使苜蓿单株生物量出现变异。任卫波等研究发现卫星搭载后，苜蓿单株生物量显著增加。经过选择，可获得高产的有益变异材料。

（4）空间搭载对苜蓿出苗的影响　与传统物理诱变相比，空间诱变对搭载种子损伤轻，不易产生致死突变，搭载后绝大多数种子都能正常发芽、出苗。研究认为空间搭载对苜蓿出苗无显著影响。任卫波等研究卫星搭载对苜蓿种子出苗的影响时发现，对于出苗情况，3 个品系的结果基本一致，搭载组的出苗数、出苗率均高于对照，但差异不显著（$P>0.05$）（表 5-4），该结果与该研究前期报道的室内发芽结果完全一致。张月学等研究发现，经空间诱变后，'龙牧 803'和'肇东'苜蓿的出苗率分别为 90％和 80％，与对照相比，'龙牧 803'的出苗率没有变化，'肇东'苜蓿的出苗率则高出 5％；空间搭载后'龙牧 803'和'肇东'苜蓿的苗期变异率分别为 11％和 25％。

表 5-4　卫星搭载对不同苜蓿品种出苗率的影响

序号	材料名	搭载卫星时间	搭载卫星	搭载处理出苗率/％	对照出苗率/％	变化率
1	品系 1	2006 年 9 月	实践八号	—	—	高于对照(不显著)
2	品系 2	同上	同上	—	—	高于对照(不显著)
3	品系 4	同上	同上	—	—	高于对照(不显著)
4	肇东	2003 年 11 月 3 日	第 18 颗返回式卫星	80％	75％	高 5％
5	龙牧 803	同上	同上	90％	90％	无变化

注：参考文献见任卫波等，2008 年；张月学等，2009 年。

（5）空间搭载对苜蓿叶片的影响　空间诱变对牧草叶片产生影响：叶片发生畸变、黄化等，苜蓿也不例外。任卫波等研究卫星搭载对苜蓿种子影响时发现，3 个品系搭载组子叶均出现了不同程度的生理损伤，如黄化、子叶缺刻、子叶卷曲等，相对应的对照组中则没有发现畸变子叶。子叶畸变率介于 10％～18％，3 个品系的子叶畸变率也存在差异，其中以品系 1 的畸变率最高（表 5-5）。

表 5-5　卫星搭载对不同苜蓿品种叶片的影响

序号	材料名	搭载日期	搭载卫星	子叶畸变率/％
1	品系 1	2006 年 9 月	实践八号	18
2	品系 2	同上	同上	10
3	品系 4	同上	同上	12

注：参考文献见任卫波等，2008 年。

（6）空间搭载对苜蓿生长速率的影响　空间诱变可以影响苜蓿生长速率，不同生长时期影响不同。任卫波等研究卫星搭载对苜蓿当代植株生长速率的影响时发现，苜蓿植株苗期生长速率总体上呈先降低后增加的趋势，其中播种后第 1 周生长速率最快，第 3 周生长速率最低，第 4 周生长速率有所增加。卫星搭载对播种第 2 周的生长速率有显著影响。搭载组的生长速率高于对照，3 个品系均达到差异显著水平。

（7）不同水分处理苜蓿空间搭载后的生物学效应变异　不同水分处理对苜蓿空间搭载后的生物学效应的影响：空间诱变诱发突变随机性强、突变频率不稳定等技术因素限制了航天诱变的应用和发展。育种者希望通过预处理提高空间诱变效率。冯鹏等以紫花苜蓿种子为研究对象，分析不同含水量搭载对其发芽特性、分枝数、叶面积、株高等性状的影响，发现地面对照种子的各水分含量间差异不显著，发芽势、发芽率和发芽指数均以 15％和 17％含水量最低。搭载处理对各项指标有影响，发芽势、发芽率、发芽指数和活力指数均以含水量 13％组最高，呈现单峰形变化。不同水分含量搭载组与地面对照组之间各项发芽指标都存在差异。卫星搭载对含水量 9％组、11％组具有一定抑制作用，而对含水量 13％、15％、17％三组均具有一定的促进作用。卫星搭载对种子的影响在植株生长时期表现更加明显。综合种子含水量对种子活力和植株生长发育的影响认为，含水量 13％～15％为紫花苜蓿种子卫星搭载进行品种选育的适宜含水量，为航天育种的理论和技术提供基础数据和参考依据。

（8）不同品种和时期苜蓿空间搭载后的生物学效应变异　空间诱变影响苜蓿生物学效应已经毋庸置疑，但是任卫波等研究发现，卫星搭载的生物学效应因品种和时期而异：卫星搭载的'中苜一号'，幼苗期卫星搭载株高显著低于地面对照，分枝期和初花期则相反，搭载后株高显著增加；卫星搭载的'龙牧 803'，卫星搭载后幼苗期和分枝期的株高显著增加，初花期则表现为无显著差异；卫星搭载的'敖汉'苜蓿，卫星搭载植株在 3 个时期的株高都显著高于对照。这可能是由不同紫花苜蓿品种间诱变敏感性的差异引起的。

同一时期，不同基因型苜蓿对于空间诱变的敏感性不同。任卫波等在幼苗期，品种'龙牧 803'和'敖汉'苜蓿的搭载植株平均株高显著增加（$P<0.05$）；品种'中苜一号'则相反，表现卫星搭载植株平均株高均显著低于地面对照（$P<0.05$）。在分枝期，3 个品种'龙牧 803'、'敖汉'苜蓿和'中苜一号'的飞行植株平均株高均显著高于地面对照（$P<0.05$）。在初花期，品种'敖汉'苜蓿和'中苜一号'的搭载植株平均株高显著高于地面对照（$P<0.05$）；品种'龙牧 803'则不同，其植株平均株高与地面对照无显著差异。

2. 空间诱变对苜蓿光合效应的影响

叶绿体是光合作用的完整单位，而叶绿素是叶绿体的主要色素，它与光合作用关系密切，具有极强的吸收光的能力，在光合作用中以电子传递及共振的方式参与能量的传递反应。

空间飞行条件尤其是微重力对植物的叶片叶绿素含量及光合系统有显著影响。研究表明，空间飞行（主要是微重力）对芸薹属植物叶绿体结构和光合作用蛋白复合体有显著影响。尤其是降低 PSⅠ（光合系统Ⅰ）蛋白复合物及其 30％光化学活性，同时提高了 Chl a/b 比率（3.5～2.4）（Jiao 等，2004）。通过对空间飞行叶类囊体分析表明：从 PSⅡ到 PSⅠ的光合电子传递率降低了 28％，这一切表明空间微重力环境对植物的光合作用有显著影响（Tripathy 和 Brown，1996）。

（1）种子卫星搭载含水量对叶片叶绿素含量的影响　冯鹏等研究表明，地面对照种子的各水分含量间差异不显著，叶绿素 a、叶绿素 b、叶绿素总量均以 15％和 17％含水量最低，表明种子含水量可能对种子储藏品质产生不利的影响，进而影响植株叶片叶绿素含量。搭载处理对叶绿素 a、叶绿素 b、叶绿素总量有影响，在含水量 13％处出现峰值。卫星搭载对含水量 9％组、11％组有一定抑制作用；而对含水量 13％组、15％组、17％组有一定促进作用。如表 5-6 所示。

表 5-6　种子卫星搭载含水量对叶绿素 a、叶绿素 b、叶绿素总量的影响

单位：mg/g 鲜重

项　目	处理	含　水　量				
		9％	11％	13％	15％	17％
叶绿素 a	CK	1.2075*	1.2372*	1.1323	1.0201	0.9704
	SP	0.9258	1.0399	1.1741*	1.0881	1.0522
叶绿素 b	CK	0.4417*	0.423	0.3781	0.3299	0.3869
	SP	0.353	0.3876	0.4162	0.3946*	0.402
叶绿素总量	CK	1.6493*	1.6601*	1.5104	1.3507	1.3393
	SP	1.2789	1.4275	1.5902*	1.4827*	1.4543*

注：SP 指航天搭载；右上角 * 表示对照与处理差异显著，下同。

（2）种子卫星搭载含水量对光合特性的影响　冯鹏等研究表明，净光合效率、蒸腾速率、光合有效辐射是植株光合性能的主要指标。水分含量为 9％组别搭载组净光合效率、光合有效辐射明显低于地面组，表现出负向变异，蒸腾速率二者差异性不显著；11％～17％组净光合效率、光合有效辐射搭载组高于对照；15％、17％组蒸腾速率搭载组显著高于对照，（$P < 0.05$）。如表 5-7 所示。

表 5-7　种子卫星搭载含水量对光合特性的影响

项　目	处理	含　水　量				
		9％	11％	13％	15％	17％
净光合效率 Pn /[$\mu molCO_2/(m^2 \cdot s)$]	CK	24.3809*	20.7143	28.275	23.2063	19.9704
	SP	22.5555	21.1111	30.9642*	25.5712*	20.0111
蒸腾速率 Tr /[$mmolCO_2/(m^2 \cdot s)$]	CK	8.3814	7.6015	9.2085	8.9158	6.3333
	SP	8.4049	8.0352*	9.1983	9.3556*	6.7222*
光合有效辐射 PAR /[$\mu molCO_2/(m^2 \cdot s)$]	CK	1160.6815*	927.5643	1298.5	988.815	1085.7389
	SP	1043.0285	1058.6243*	1303.5708	996.4658	1646.8113*
光能利用率 LUE /[$mmolCO_2/(m^2 \cdot s)$]	CK	0.021	0.0203	0.0218	0.0235	0.0184
	SP	0.0216	0.0199	0.0237	0.027	0.0121
水分利用率 WUE /[$\mu molCO_2/(m^2 \cdot s)$]	CK	2.9089*	2.7251	3.0705	2.6028	3.1532*
	SP	2.6836	2.6273	3.3662*	2.7332*	2.9769

水分利用率（WUE）用于描述植物物质生产与水分消耗的关系，并在一定程

度上衡量或评价植物对环境水分状况变化的适应能力和能量的转换效率；水分利用率搭载组以 13% 组最高，呈先减少再增加的趋势，对照组也表现出相同的变化趋势，但 17% 组表现出特异值，这与其蒸腾速率偏低有关；光能利用率（LUE）对照与搭载组间各个水分含量水平均未表现出差异性。如表 5-7 所示。

3. 空间诱变对苜蓿叶片显微结构和超显微结构的影响

空间诱变植物种子萌发后多数能生长发育，可能发生不同程度的变异，平均株高和单株叶片数明显减少，细胞结构变化；与地面对照相比，空间诱变变异体的细胞显微结构发生了显著变化，主要表现为：叶片细胞壁薄厚不平、表面极不规则，部分细胞器退化消失、细胞液泡变大，将胞器挤到边缘、叶绿体变形等。

（1）叶片和叶脉突起度　空间飞行后，紫花苜蓿不同品种间，叶片厚度差异显著，与对照相比，空间搭载品种叶片厚度均显著大于对照。不同品种，叶脉突出程度不同，为了减小叶片厚度的影响，准确衡量其突出程度，采用叶脉厚度/叶片厚度的相对值即叶脉突起度来体现。空间处理后，德宝的叶脉突起度与对照差异不显著，其他品种的叶脉突起度均显著小于对照。不同品种间叶脉突起度差异显著。

（2）栅栏组织和海绵组织　空间诱变对紫花苜蓿叶片显微结构的影响因搭载种子含水量不同而异。冯鹏等研究不同含水量处理下苜蓿空间诱变后叶片超微结构的变化，发现 9% 和 11% 组别表现负向变异，搭载组明显低于对照（$P < 0.05$）；13%～17% 组别搭载组明显高于地面对照，表现出正向差异性（$P < 0.05$）。综合认为，空间搭载对海绵组织的诱变效应明显于栅栏组织，对低水分含量的组别的影响表现出负向效应，对高水分含量组别影响不显著。

栅栏组织厚度和叶片厚度有关，叶片厚度大，栅栏组织厚度也大。不同品种间，栅栏组织厚度差异显著。张文娟等研究不同紫花苜蓿品种空间诱变后叶片超微结构的变化时发现，与对照相比，四个品种的栅栏组织厚度显著大于对照。不同品种间，海绵组织差异显著，与对照相比，'阿尔冈金'的海绵组织厚度显著小于对照，其他品种叶片海绵组织厚度均显著大于对照。品种间，'德宝'的栅栏组织、海绵组织厚度显著大于其他品种。栅栏组织/海绵组织厚度比值顺序为：'阿尔冈金'>'三得利'>'德宝'>'德福'，与对照相比，'德福'、'德宝'、'三得利'栅栏组织/海绵组织的值均与对照差异显著，4 个品种中'阿尔冈金'的栅栏组织/海绵组织比值显著大于其他品种。

（3）细胞结构紧密度（CTR）和细胞结构疏松度（SR）　空间飞行对不同紫花苜蓿品种叶片细胞紧密度和细胞结构疏松度影响显著。张文娟等研究发现，与对照相比，'三得利'的细胞结构疏松度差异显著，'德福'、'德宝'、'阿尔冈金'的细胞结构紧密度差异显著。几个品种细胞结构紧密度的表现为：'三得利'>'阿尔冈金'＞'德宝'＞'德福'，叶肉细胞排列疏松部位在海绵组织处，因此用海绵组织占叶片厚度的比例来表示细胞结构疏松度，4 个品种细胞结构疏松度的表现为：'德宝'＞'德福'＞'三得利'＞'阿尔冈金'。

（4）叶绿体　空间诱变可以引起苜蓿叶片叶绿体原有形状发生变化，叶绿体内嗜锇颗粒数目发生变化，叶绿体内淀粉粒数量变化。冯鹏等研究发现，搭载组大部分叶绿体都失去了原有的形状，仅基粒片层无序堆积于细胞中央；叶绿体内嗜锇颗粒数目增加，体积变大；叶绿体内淀粉粒数量增多，体积变大；叶绿体变圆，膜膨散，基粒数目增多，基粒直径增加，片层数减少。对照组叶绿体仍保持原有形状。总结认为，经空间诱变，苜蓿叶片叶绿体发生显著变化。如图 5-1 所示。

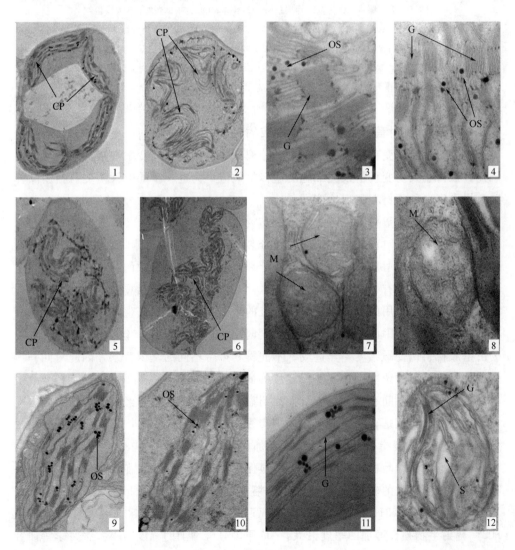

图 5-1

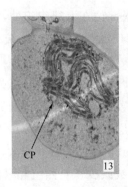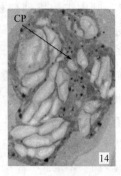

图 5-1 空间诱变对苜蓿叶片叶绿体的影响

注：CP 为叶绿体；G 为基粒片层；M 为线粒体；OS 为嗜锇颗粒；S 为淀粉粒

1—9%对照组叶绿体，×10000；2—9%搭载组叶绿体，×10000；3—11%对照组叶绿体基粒片层，×80000；

4—11%搭载组叶绿体片层，×80000；5—13%对照组叶绿体，×8000；6—13%搭载组叶绿体，×8000；

7—15%对照组线粒体，×80000；8—15%搭载组线粒体，×80000；9—13%对照组嗜锇颗粒，×30000；

10—13%搭载组嗜锇颗粒，×30000；11—15%对照组叶绿体，×10000；12—15%搭载组叶绿体

及淀粉粒，×10000；13—17%对照组叶绿体，×10000；14—17%搭载组淀粉粒，×10000

4. 空间诱变对苜蓿根尖细胞学效应的影响

通过对空间诱变苜蓿根尖细胞有丝分裂指数、染色体畸变率等指标变化规律的研究，探讨航天诱变苜蓿根尖细胞的遗传学效应，为进一步的航天诱变苜蓿新品种选育提供优良种质材料和理论依据。

空间诱变对苜蓿根尖细胞学效应的影响主要表现在：

（1）卫星搭载对苜蓿根尖细胞有丝分裂有两种影响　一是促进细胞有丝分裂，表现为分裂指数的增加；二是抑制有丝分裂，表现为分裂指数的减少，具体因品系而异。其可能原因有：①空间诱变的特殊性。空间诱变是包括重粒子辐射、微重力等多种飞行因子作用的结果。相对于传统的地面诱变，它具有生理损伤轻、性状变异范围大等特点，因此对于空间诱变，同时出现抑制和促进有丝分裂也是可能的。②由搭载材料诱变敏感度差异造成。不同材料携带不同的基因背景，因此对同一诱变条件具有不同的诱变敏感度。任卫波等研究发现，紫花苜蓿种子经过 15 天的卫星搭载的 3 份材料间有丝分裂指数存在明显差异。其中品系 1 经搭载后，细胞有丝分裂指数降低。但是，杜连莹等发现"实践八号"搭载后，8 个苜蓿品种 SP1 代根尖细胞的有丝分裂指数呈上升趋势，增加幅度 12.28%～27.03%。表明航天诱变增加了这 8 个苜蓿品种的细胞活性，明显促进了种子根尖的细胞有丝分裂。8 个品种的有丝分裂指数的辐射生物损伤升高幅度依次为：'草原 1 号'＜'Pleven6'＜'BeZa87'＜'WL323HQ'＜'WL232'＜'肇东'＜'龙牧 801'＜'龙牧 803'。'龙牧 803'辐射生物损伤增加的幅度最大，'草原 1 号'增加的幅度最小。张月学等研究发现，经卫星搭载后的'龙牧 803'和'肇东'苜蓿的根尖细胞有丝分裂指数比对

照分别提高 8% 和 21%。

经卫星搭载后,各品系苜蓿根尖染色体在分裂中期出现染色体断片、染色体粘连等畸变类型;在分裂末期出现染色体单桥、双桥和多桥以及落后染色体、游离染色体等畸变类型。其中部分细胞内同时存在多种染色体畸变。任卫波等研究发现,不同品系之间染色体畸变率均存在明显差异,其中品系 1 的染色体总畸变率最高,为 2.14%,比最低的品系 4(1.57%)高 36.3%。

(2)卫星搭载对苜蓿细胞核及染色体畸变的影响　经空间搭载后,苜蓿根尖细胞出现了微核、双核、多核、核出芽等核畸变类型,说明卫星搭载对苜蓿根尖细胞核有显著的诱变效应。杜连莹的研究表明,品种苜蓿发生不同类型的畸变,第 1 代根尖细胞染色体中出现了染色体断片、游离染色体、染色体粘连和落后染色体等畸变,其中染色体断片是主要的畸变类型,而其他的畸变只在个别品种中出现。'WL232' 和 '肇东' 根尖细胞染色体中出现了染色体断片和染色体游离,'龙牧803' 中出现了染色体粘连,'龙牧 801' 中出现了染色体落后,8 个品种苜蓿的畸变率依次为 0.512%、0.976%、0.978%、1.526%、1.436%、0.445%、0.373%、0.799%。'Pleven6' 的总畸变率最大,'肇东' 苜蓿的总畸变率最小,均达到了极显著水平(P<0.01)。据此可以初步判断,'Pleven6' 苜蓿的染色体对航天诱变的敏感性最高,'肇东' 苜蓿的敏感性最低。在诸多核变异类型中,细胞微核一般是由染色体受损后形成的断片,或纺锤体受损丢失的整条染色体形成的,具有可遗传性,而且微核率与诱变剂量和诱变敏感性呈正相关,因此被认为是衡量染色体诱变损伤的可靠指标。任卫波发现紫花苜蓿种子经过 15 天的卫星搭载后,其根尖细胞均出现了诸如染色体连桥、断片、微核、落后、粘连等畸变类型,并且搭载的 3份材料间微核率、染色体畸变率均存在明显差异。其中品系 1 经搭载后微核率、染色体畸变率均高于另两个搭载品系。张月学研究显示,经卫星搭载后的 '龙牧803' 和 '肇东' 苜蓿的根尖细胞微核畸变率分别比对照高出 6.2% 和 6.7%。说明卫星搭载促进苜蓿有丝分裂的同时,微核畸变也普遍存在。

具体分析微核变异,任卫波等研究认为苜蓿经卫星搭载后,各品系根尖细胞在有丝分裂间期均出现了微核、核出芽等多种类型核畸变,其中以单微核为主要的变异类型。不同品系之间单微核率、多微核率及总微核率均存在明显差异。品系 1 的单微核畸变率最高,为 1.28%,比最低的品系 4(0.75%)高出 70.6%;多微核率以品系 2 最高,为 0.61%,比最低的品系 4(0.34%)高出 79.4%;总微核畸变率以品系 1 最高,为 1.84%,比最低的品系 4(1.09%)高出 68.8%。

5. 空间诱变苜蓿分子生物学研究

航天育种的变异频率高、幅度大、有益变异多、稳定性强、优势明显。这项技术已很好地与生物技术相结合，很大程度地缩短了育种时间。目前关于空间诱变苜蓿分子生物学的研究只有两篇报道。

范润均依据正交试验设计原理，对航天搭载紫花苜蓿 SSR-PCR 反应体系进行了优化，得到适合航天搭载紫花苜蓿 SSR-PCR 最佳反应体系，即 $25\mu L$ 的反应体系中含有 dNTP 0.2mmol/L、*Taq*DNA 聚合酶 2U、引物 $0.7\mu mol/L$、Mg^{2+} 2.5mmol/L 以及 $10\times buffer$ 和 60ng 模板 DNA。在试验确定最佳反应体系基础上，对 17 对 SSR 引物进行筛选，选出 6 对扩增条带信号强、背景清晰的引物。利用优化的 SSR-PCR 反应体系及筛选出的多态性较好的引物，对材料进行检测，共检测到 25 个等位基因，每对引物检测出 2～8 个等位基因，平均为 4.17 个。结合 4 个突变指标，检测经过筛选的植株的等位基因频率及每个位点的多态性信息量（PIC），PIC 变化于 0.2216～0.8328 之间，平均为 0.6366，并对多态基因植株与筛选出的表型变异植株的多态性作相关性分析，根据检测结果初步确定 13 株突变植株。A-07、B-35、C-01、C-28 和 D-21 这 5 个 SP1 植株，可在其基因组检测到 7 个以上的多态性等位基因。结合表型变化分析发现，基因组多态率高的植株大多数都有较明显的变异表型（如 C-01、C-28、D-49 等）；但也有个别基因组多态率高的植株（如 A-07），在本研究观察的数个表型范围内未发现形态性状的变异。可见，SP1 植株的基因组 DNA 多态性与所观察的表型变异之间有一定的相关性，但不是必然联系。

王蜜以株高为指标，对卫星搭载苜蓿当代群体进行突变体筛选；同时通过 RAPD 标记和聚类分析，把供试的 18 份材料分为 4 个类群，揭示空间诱变对紫花苜蓿遗传位点的影响：经过卫星搭载后，部分紫花苜蓿的遗传位点发生较大改变。

6. 空间诱变苜蓿种子化学特性研究

苜蓿空间诱变方面的研究多集中在生物学方面，有关诱变物理化学特性方面的研究较少。光谱学分析技术因具有检测速度快、灵敏度高、无损伤等优点，在植物空间诱变研究中有着巨大的利用潜力。任卫波等利用傅里叶变换拉曼光谱法对卫星搭载当代的紫花苜蓿种子进行了研究。空间诱变对苜蓿种子的化学组分有显著影响。其中游离 Ca^{2+} 和 DNA 量显著增加，脂类与糖类等能量物质的量降低，这可能与空间诱变 DNA 损伤的修复及种子提前萌动有关，具体有待进一步深入研究确认。这一结果将对苜蓿空间诱变机理研究有重要参考价值。

研究结果发现，经过卫星搭载后，$358cm^{-1}$ 和 $553cm^{-1}$ 处峰强增加，通过谱带归属，$358cm^{-1}$ 与游离 Ca^{2+} 有关。已有的研究表明，在植物重力感应系统中，Ca^{2+} 是重要的信号传导因子。因此，我们推断在空间飞行过程中，苜蓿种子常处于失重或超重（加速阶段）状态，这一状态启动了种子细胞内的重力相应机制，通过 Ca^{2+} 活动的增强与重新分布，将重力响应信号传递到细胞的其他部位。最新的研究为这一推论提供了新的证据。Toyota 等（2007）研究发现，在超重状态下，拟南芥幼苗细胞质内的游离 Ca^{2+} 浓度显著升高。$553cm^{-1}$ 处与胸腺嘧啶有关，而且该碱基是细胞遗传物质 DNA 的重要组成部分。因此，其原因可能是：①可能与空间飞行过程中产生的 DNA 损伤及其修复过程有关；②其他研究结果表明，空间飞行种子的萌动提前。种子萌动后 DNA 大量合成复制为细胞分离做准备，因此 DNA 的量可能会显著增加。另外，与对照相比，飞行种子 $814cm^{-1}$、$1122cm^{-1}$、$1531cm^{-1}$、$1743cm^{-1}$ 等 4 个峰强均显著降低，经过谱带归属，$814cm^{-1}$ 与 $1743cm^{-1}$ 与脂类代谢有关，$1122cm^{-1}$ 与糖类代谢有关。糖类和脂类是苜蓿种子的主要组成，其生物学功能是为种子萌发提供能量。因此，其原因可能是：①空间飞行导致 DNA 损伤，种子提前动用储备的能量物质（糖类与脂类）用于 DNA 修复。②种子提前萌动时，为 DNA 大量复制提供能量。$1531cm^{-1}$ 与类胡萝卜素及其他色素有关，这一变化可能与宇宙射线导致的生物降解有关。

四、诱变育种成果

苜蓿'农菁 1 号'，在模拟经零磁空间（MF）处理'龙牧 803'风干种子 6 个月，经系统选育而成，具有越冬性强、返青早、返青率高等特点，其产量高、丰产性好。2006 年通过审定。

其特征如下所述。

（1）**越冬性好**　该材料于 2002 年 7 月份播种，到 10 月份霜期后自然冻死，至 2003 年 3 月初将地上部分割除，3 月末返青，返青率 100%，长势良好。在 2003 年 5 月 30 日现蕾期进行一次刈割，株高 74cm，鲜草产量 1119.5kg/亩，折合每亩产量为 1.12t。至 6 月 18 日刈割后再生的青草已经长到 35cm。在 2003 年 6 月 16 日盛花期又进行一次刈割，株高 105cm，鲜草产量 2834.75kg/亩，折合每亩产量为 2.83t。

（2）**产量高**　原始材料'龙牧 803'花期株高 70~80cm，成熟期株高 90~110cm，千粒重 2.42g，生育期 110 天。鲜草产量 2.45t/亩。'农菁 1 号'盛花期株高 105cm，比原始亲本高 31.25%；在 6 月 18 日盛花期第一次刈割鲜草产量为 2.83t/亩，比原始亲本一年的产量高 15.5%，6 月 18 日到 9 月末至少还可以再割一次。品质好，现蕾期检测粗蛋白 20.54%，粗纤维 24.86%；盛花期检测粗蛋白 18.40%，粗纤维 30.21%。

（3）**适合在黑龙江各地种植**　苜蓿适合在冷凉地区生长，零磁空间处理有刺激营养体生长的作用，使植株高大繁茂，从而提高生物产量。'农菁 1 号'具有耐寒性好、返青率高、植株高大繁茂、生物产量高、再生性强等特点。

第二节
红豆草航天诱变育种研究进展

一、种及品种概述

红豆草（*Onobrychis viciaefolia* Scop.）又名驴食豆或驴喜豆，是豆科驴豆属多年生草本。在自然植物区系中，红豆草有很多种，如前苏联栽培的普通红豆草、砂生红豆草和外高加索红豆草。这些种在根系、类型、茎叶的形态和构造、花序的形态和花的颜色等方面各有特点。目前，国内栽培的红豆草全是引进种，主要是原产法国的普通红豆草和原产前苏联的高加索红豆草，在欧洲、非洲和亚洲都有大面积的栽培。

1. 红豆草的栽培历史及其在我国的应用

红豆草是一种较为古老的栽培牧草，其栽培历史最早可以追溯到公元 10 世纪前。当时的亚美尼亚人就已有了种植红豆草的资料记载。到公元 20 世纪初期时，欧洲大陆的红豆草种植数量已经颇具规模。与此同时，19 世纪末至 20 世纪初，红豆草传入美国，这使得红豆草在陆地上的分布更为广泛。然而，我国的红豆草种植历史最早追溯到 20 世纪的 1944 年。当时，我国草原学泰斗王栋从英国带入第一批红豆草草种在我国试种，之后又从其他几个国家引种。在随后的引种实验中，甘肃农业大学和甘肃省草原总站在干旱、半干旱地区对引进的红豆草进行了长期的驯化和育种，形成了优质的牧草品种"甘肃红豆草"，并于 1989 年由全国牧草品种审定委员会审定通过。经过推广实践，证实该品种具有抗旱、抗寒、高产、营养价值高、固氮、保水土等诸多优点。目前，我国红豆草广泛分布于温带，主要栽培于北部一些省区，如内蒙古、新疆、甘肃、宁夏、青海、陕西等，而野生种主要分布在新疆天山和阿尔泰山北麓等地。

2. 红豆草的形态特征

红豆草根系极为发达，主根系平均入土深度 3～6m，最深达 15m。普通红豆草主根特别明显，周围几乎无侧枝根，但外高加索红豆草在耕层内或耕层以下均可形成支根，砂生红豆草的主根在耕层以下也可分出许多发育良好的小根，并且根系的70% 以上分布在土层下 40cm 以内，这些特性均有助于疏松土壤。红豆草根上生有大量根瘤，根瘤散开单个存在或成串状，体积大小不一，大的根瘤直径可达 2cm。红豆草茎圆形，直立而细长，表面具纵条棱，疏生短柔毛，茎节 4～8 节不等，茎中空或充实，株高约 80～120cm。茎分红、绿两种颜色，茎上的分枝形成密集的或半倒伏株丛，每株有分枝 10～20 个。叶为奇数羽状复叶，由 7～17 片小叶组成并带有托叶，小叶长椭圆形，叶片深绿色，叶表面无茸毛，叶背面和边缘有短的白茸毛，叶产量达 60%。花序是在长花梗上有密集的多数花的总状花序，花序长 8～20cm，每花序有小花 40～60 朵，呈 4 列排列在花轴上。花冠紫红色居多，少数粉红色或白色。花的典型特征为直角形式弯曲龙骨瓣。卵形荚果坚硬，不能自然开裂，长 4～12mm，宽 3～10mm，扁平状，有凸起的网纹，边缘有锯齿状薄片，每荚果含 1 粒种子，种子半圆形，褐色、绿色或绿褐色，表面光滑，千粒重 15～25g。

3. 红豆草的经济价值

（1）红豆草的饲用价值　作为一种优良牧草，红豆草适生于酸性土壤的森林草原，性喜温暖，抗旱性、抗寒性和抗病虫害能力均较强。同时，由于其富含蛋白质、氨基酸，且粗脂肪、钙和磷含量以及饲料中干物质消化率均较高，茎叶繁茂，草质柔软，气味芳香，无论是青饲、青贮或干草饲喂均为各类家畜和家禽所喜食，并且家畜大量采食也不会发生膨胀病，是目前饲喂畜禽比较理想的牧草品种。此外，由于红豆草兼具与紫花苜蓿相媲美的饲用价值及粉红艳丽的花色，故此有"牧草皇后"的美誉。同时，红豆草刈割后再生长迅速，一般刈割 2 次，可用于放牧和晒制干草，干草产量达 7500kg/hm²，生长期为 6～7 年。目前已成为全国各地广泛应用的牧草之一。

（2）红豆草的其他功能　首先，红豆草根系强大，植株繁茂，盖度大，护坡保土作用好，在风蚀和水蚀严重的斜坡地，其产量要比种其他豆科植物高，是很好的水土保持植物。其次，红豆草根瘤发育好，根瘤菌较多，对改良土壤有重要作用，是许多作物的良好前作。

二、航天搭载情况

最早的草类植物航天搭载开始于 20 世纪 90 年代。在随后的草类植物航天育种发展的 20 多年中，先后进行的草类植物航天搭载近十次。而其中关于红豆草参与的航天搭载共有 3 次，见表 5-8。

可见，在我国航天事业发展的同时，红豆草的航天育种研究脚步也从未停歇。在我国发展航天育种事业的近 30 年中，红豆草参与搭载的航天器包括返回式卫星和"神舟飞船"，参与航天搭载共 3 次，占草类植物参与航天搭载次数的近一半，足见红豆草及其在航天育种研究中的重要性。

表 5-8　红豆草航天搭载及其研究情况

搭载时间	航天搭载器	参与单位	研究人员	参与搭载种质	研究内容	诱变结果
1994 年（起步阶段）	940703 卫星	兰州大学	徐云远等	红豆草、沙打旺、苜蓿种子	生理、生化方面变异情况	有变异
2002 年（发展阶段）	"神舟四号"宇宙飞船	中科院遗传所、中国农业大学草地所	张蕴薇等	红豆草等牧草和观赏草种子	形态学性状、细胞超微结构、生化方面变异情况	有变异
2006 年（壮大阶段）	"实践八号"育种卫星	中国农业大学草地所	沈紫微等	红豆草、苜蓿、野牛草、结缕草等常用牧草和草坪草种子	形态学性状、遗传物质方面变异情况	有变异

三、诱变效应

空间环境中的各种因素会对植物种子产生一定的影响。空间微重力环境及空间弱磁场可以使生物细胞内一系列生理生化活动以及生物形态发生变化。同时，空间强辐射和空间飞行的动力学因素会导致高等植物细胞产生损伤或细胞结构发生改变。随着各种空间飞行因素的复合作用，植物遗传物质也会受到影响而发生改变。除此之外，恶劣的高真空等飞行环境使得种子对诱变变异的修复能力降低，提高了诱变效果。由于这种特殊环境的影响，航天搭载植物的变化具有多样性。在红豆草 3 次搭载试验研究结果中发现，红豆草的航天诱变效应主要分为以下几类。

1. 航天诱变对红豆草形态学性状的影响

普通红豆草的茎直立，茎上的分枝形成密集的或半倒伏株丛。然而，2002 年中国科学院遗传与发育研究所利用"神舟四号"飞船搭载红豆草种子，返地后田间种植搭载的红豆草种，观察发现种植当代出现 2 株匍匐突变体，见图 5-2。

2006 年，中国农业大学草地所精选红豆草种子，一部分贮存于地面温湿度相近（20℃左右）的环境中，作为对照，另一部分参与"实践八号"育种卫星的航天搭载。卫星返回地面后，沈紫微等首先对该批红豆草种子后代的变异情况作了田间调查研究。通过对植物田间生长情况的初步观测，得出以下几方面结果。

① 根据观测结果进行统计，此次航天搭载使得红豆草种子后代在形态学性状上发生变化的类型共有 8 类，包括植株高度变化、每一复叶上小叶数目变化、叶片长宽的变化、叶片厚度的变化、叶片颜色的变化、单株分枝数目的变化、单株株型的变化（直立型变为匍匐型）以及叶片表面被白毛的变化。其中株高、每复叶小叶数、叶色、分枝数都发现了明显的正负两极变化，即株高正向变异是株高明显增高，负向变异是株高明显变矮；每复叶小叶数正向变异是小叶数明显增多，负向变异是小叶数明显变少；叶色正向变异是叶色变深，负向变异是叶色变浅；分枝数正

图 5-2　匍匐型红豆草植株

向变异是分枝数明显增多，负向变异是分枝数明显减少。而叶片长、宽、厚度特性只关注了其正向变异。通过这些现象不难证明空间诱变具有不确定性。

②同时，航天诱变材料的变化不具有统一性。仅从某一形态特性而言，不同的航天搭载单株，其变化幅度不同（表 5-9）。将变异性状具体到各单株不难发现，各搭载单株的变异类型不同。其中，部分单株并非仅具有单一的变异类型，如个别单株同时在株高和叶色上表现出变异特性，个别单株同时在株高和叶片厚度上表现出变异特性等。这说明航天诱变对部分单株的诱变影响是综合性的，也证明部分发生多处变异的单株对航天诱变较为敏感。

表 5-9　航天搭载种子后代植株变异类型及统计数据

统计指标 变异性状	对照值	变异最高值	变异最低值	变异单株占总株数比/%
株高	97.3cm	137cm	44cm	2.68
每复叶小叶数	21 片	31 片	13 片	1.89
叶色	52.82 SPAD	67.76 SPAD	26.80 SPAD	2.83
分枝数				
一级分枝数	38 个	81 个	8 个	1.57
二级分枝数	4 个	21 个	0 个	
叶长	21.5mm	42.97mm	—	1.42
叶宽	7.99mm	15.80mm	—	
叶厚	0.37mm	0.55mm	—	1.26

从表 5-9 可以看出，各性状的变异幅度较大。可见，太空环境对植物种子产生

的影响不可忽略。但通常红豆草叶片深绿色，叶为奇数羽状复叶，一般由 7～17 片小叶组成，其茎上分枝形成密集的或半倒伏株丛，每株一般有一级分枝 10～20 个。然而，此研究中测得的地面对照植株每复叶小叶数平均值为 21 片，一级分枝数平均值为 38 个，二级分枝数平均值为 4 个。这可能与所选红豆草品种有关。从变异单株所占总株数的百分比值可以看出叶片颜色发生变化的单株数量相对较多，叶片厚度发生变化的单株数量相对较少。研究过程中还统计了株型变异单株及特殊变异（叶片表面被白毛）单株，结果发现所有参与航天搭载的红豆草种子后代的 600 多株植株中，株型由直立型变为匍匐型的单株数量最多，占搭载总数的 9.92%。而具有特殊变异（叶片表面被白毛）的单株数量最少，仅占搭载总数的 0.94%。其余性状发生变异的单株数目占总数的百分比由大到小依次为株高变异单株 2.68%，每一复叶上的小叶数目变异单株 1.89%，分枝数目变异单株 1.57%，叶片长宽变异单株 1.42%。可见该批航天搭载红豆草种子后代植株在株型、叶色及株高的变异上较为敏感。

③ 还需要特别说明的是，普通红豆草的叶背边缘有短茸毛。但此次航天搭载种子后代植株中发现了一种较为特殊的变化类型，即红豆草叶片表面被白毛（图 5-3），这种变异可能成为今后选育抗虫害红豆草品种的良好供体，通过世代培育，并结合分子标记辅助选育，有望得到红豆草抗虫害新品种。

图 5-3　叶片表面被白毛的红豆草植株

④ 针对株高、每复叶小叶数、叶长、叶宽、叶厚、叶色这 6 个性状，随机选取其中部分变异单株进行测量，并运用 SPSS 软件对数据进行差异显著性分析。结果显示，与对照相比，株高增高及株高变矮的差异极显著单株数量占测定总数的 100%。而每复叶小叶数的变异单株中仅有个别单株表现出一定的差异，故差异极

显著单株数量仅占测定总数的 16.7%。其余性状的变异单株差异显著性依次为：叶片厚度变异单株中，差异极显著单株占测定总数的 87.5%；叶色变异单株中，差异极显著单株占测定总数的 77.8%，差异显著单株占测定总数的 5.56%；叶长的变化产生了一定的差异，所有变异单株中差异极显著单株占测定总数的 33.3%，差异显著单株占测定总数的 22.2%；叶片宽度的变化并不十分明显，所有变异单株中差异极显著单株和差异显著单株分别占测定总数的 22.2%。由此表明，此次航天诱变对株高变异影响最大，对每复叶小叶数变异影响最小。

⑤ 该实验在田间观测时，分别对株高、叶长、叶宽、叶厚、叶色采取了动态观测方式，即分别在红豆草营养生长前期、中期和后期（2009 年 5 月 10 日、20 日及 6 月 3 日）测量了各性状指标。测量对象为上述 5 个性状的部分变异差异显著单株及地面对照植株。依据测量结果，可对比航天搭载变异植株与地面对照植株的生长动态（图 5-4、表 5-10）。

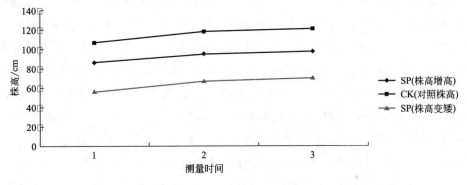

图 5-4　株高生长动态

SP—搭载；CK—未搭载；1—2009 年 5 月 10 日；2—2009 年 5 月 20 日；3—2009 年 6 月 3 日

从图 5-4 可以看出，在营养生长时期，搭载单株和未搭载单株的生长动态及趋势基本一致。仅在生长初期至生长中期，未搭载单株的生长趋势稍显平缓。但从数值来看，搭载单株中株高增高及株高变低的变化与对照相比还是较为明显的，三条曲线间产生了一定的距离。这说明空间诱变的变化是显而易见的。

表 5-10　搭载对其他变异性状生长动态的影响

项目 日期	叶长/mm		叶宽/mm		叶厚/mm		叶色/SPAD 值		
	SP	CK	SP	CK	SP	CK	SP		CK
							正向	负向	
5 月 10 日	24.70	20.45	6.23	7.09	0.33	0.24	65.15	42.02	56.21
5 月 20 日	26.14	20.64	8.44	7.48	0.36	0.26	59.72	40.19	52.94
6 月 3 日	29.14	22.20	8.82	7.79	0.47	0.38	57.47	37.42	48.97

注：SP 表示搭载；CK 表示未搭载；正向表示叶色变深变异；负向表示叶色变浅变异。

从表 5-10 可知，搭载单株和未搭载单株在叶长、叶宽、叶厚 3 个性状上表现出正向增长趋势，在叶色性状上表现出负向增长趋势。但在叶长、叶宽、叶厚 3 个性状上，搭载单株除叶宽的起点低于对照外，其余搭载单株的起点及长势均明显高于对照。在叶色性状上，搭载单株在正向变异及负向变异上与对照相比均能表现出明显差异。可见空间环境对红豆草的影响较大。

2. 航天诱变对红豆草细胞超微结构的影响

在对"神舟四号"飞船搭载的红豆草种子后代的后续试验中，中国农业大学草地所的张蕴薇等人对搭载种子当代出现的匍匐型突变体以及空间诱变直立型植株和未处理的地面对照植株叶片的细胞超微结构进行了观察、分析。结果表明，对照与空间诱变处理的红豆草叶片间的细胞超微结构差异明显，但同是空间处理的匍匐型突变体和直立型植株间差异不明显。在电镜检测下，对照的细胞壁薄厚均匀，液泡位于细胞中央，叶绿体大型，形状规则，为纺锤形，单独存在，淀粉粒大而饱满，叶绿体膜光滑、完整，基粒片层有 1～5 层，排列整齐，连接贯穿整个叶绿体（图 5-5、图 5-8）；经空间诱变的红豆草，叶片细胞壁不规则增厚、扭曲，细胞质稀薄，液泡变大，细胞器被挤到细胞边缘，叶绿体变小，形状也多不规则，或扭曲、或狭长，首尾相接（图 5-6、图 5-7），淀粉粒细小、数量多，叶绿体膜不同程度的撕裂，基粒片层直径小，片层数明显多于对照（图 5-9、图 5-10），而匍匐型突变体表现尤为明显（图 5-10），但基粒之间不连贯，多数独立存在，可能是基粒间膜受到破坏，且排列稍显凌乱，推测与叶绿体形状扭曲有关。可见空间搭载的红豆草细胞结构受空间环境影响较大。同时，研究认为相比其他变化，空间诱变对叶绿体的影响较大，但是否将通过影响植物的叶绿体遗传系统而改变物种特性，还有待更多的研究来证实。

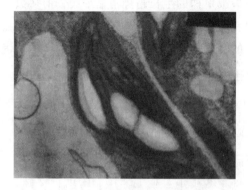

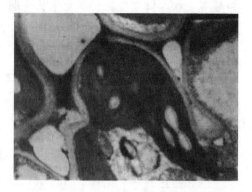

图 5-5　红豆草叶片细胞超微结构
（10000 倍 2 对照）

图 5-6　红豆草叶片细胞超微结构
（10000 倍 2 空间诱变直立型）

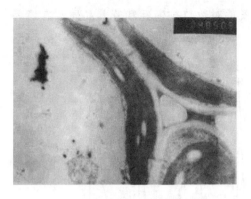

图 5-7　红豆草叶片细胞超微结构

（10000 倍 2 匍匐型突变体）

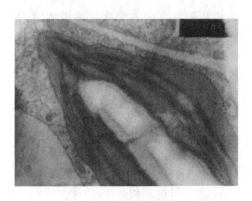

图 5-8　红豆草叶片细胞超微结构

（21000 倍 2 对照）

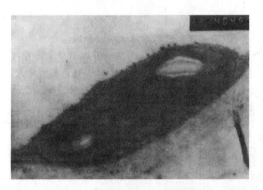

图 5-9　红豆草叶片细胞超微结构

（21000 倍 2 空间诱变直立型）

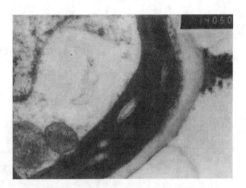

图 5-10　红豆草叶片细胞超微结构

（21000 倍 2 匍匐型突变体）

3. 航天诱变对红豆草生理生化活动的影响

　　航天搭载红豆草的首次试验是研究航天诱变对红豆草生理生化活动的影响，该实验为空间环境对红豆草的影响作了首次证明。1994 年，兰州大学徐云远等首次用卫星搭载了红豆草种子，返地后，对其田间生长情况、发芽率、耐盐、耐旱和同工酶等几个方面作了初步的研究。研究结果发现，红豆草 SP1 代在第一年的生长情况没有明显差别，第二年发现 SP1 代长势明显不同于对照，表现在花期和生长期延长以及抗病性增强等方面。此外，除发芽率没有明显变化外，空间条件使得红豆草 SP2 代胚根变长，空间后代具有一定的抗盐性，对 PEG 水分胁迫也表现一定的抗性。同时，空间条件对红豆草同工酶变化主要表现在过氧化物酶和酯酶上（图5-11、图 5-12）。通过对播后第二年的同工酶分析，发现红豆草幼花序的过氧化物酶发生了明显变化，花及幼花序中的酯酶有略微变化，这说明空间条件能明显改变红豆草的同工酶形式，而且这也与一同参与搭载的苜蓿和沙打旺的航天诱变结果有类似之处。通过进一步分析还表明，紫花苜蓿和红豆草搭载后叶片中的氨基酸总量和组成都有一定的变化，这说明空间飞行条件对牧草抗逆性和营养品质都有显著影响。

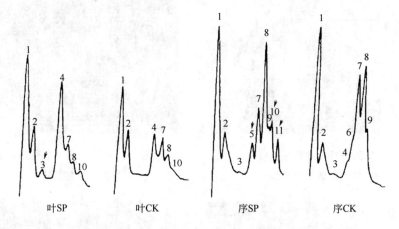

叶SP   叶CK   序SP   序CK

图 5-11　红豆草过氧化物酶同工酶扫描图

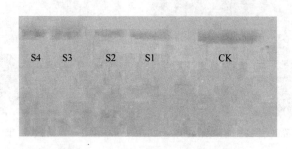

图 5-12　红豆草酯酶同工酶扫描图

2001 年，徐云远等人又对该批红豆草材料进行了进一步的分析。在此次研究中，先将空间搭载红豆草种子繁殖后代的种子在 1.5% NaCl 中进行筛选，并在该盐浓度下诱导愈伤组织和筛选，在无盐培养基上恢复生长后再在 1.2% NaCl 中筛选得到耐盐变异系。该变异系具有正常的分化能力并表现出对 PEG 胁迫的交叉抗性。对该变异系进行研究，结果表明在无胁迫条件下，对照系游离脯氨酸是耐盐系的 3.4 倍，耐盐系脯氨酸含量较低，但在有盐胁迫时耐盐系具有高效积累脯氨酸的能力。由此表明，后者可能对红豆草耐盐系更为重要。经过梯度聚丙烯酰胺凝胶电泳表明，耐盐系的 SOD 和酯酶与对照系相比分别出现 175kD 和 75kD 的新形式。上述研究结果说明空间诱变和组织培养相结合可以筛选耐盐变异系。

2004 年，中国农业大学草地所的张蕴薇等人对"神舟四号"飞船搭载的红豆草种子后代植株进行后续研究，对种植当代出现的 2 株匍匐型突变体、随机选取的 2 株空间搭载直立型植株及未处理的地面对照植株的叶片进行过氧化物酶和酯酶同工酶检测。研究结果显示，空间诱变处理的红豆草，叶片过氧化物酶同工酶酶带颜色较地面对照浅，并且匍匐型突变体、对照及空间诱变直立型之间的酶带条数差异不明显（图 5-13）。而材料之间酯酶同工酶酶带有一定差异。虽然所有处理与对照有 1 条共同的带，匍匐型突变体 S1、S2 与对照（CK）间差别不大，带数相同，谱带颜色略浅于对照，但空间诱变直立型株 S3 和 S4 分别出现 4 条（1、2、3、4）和3 条（1、2、3）带，比对照多 3 条和 2 条，其中 S3 有 2 条带颜色较浅，而且 S3和 S4 酶带对应性较好（图 5-14）。

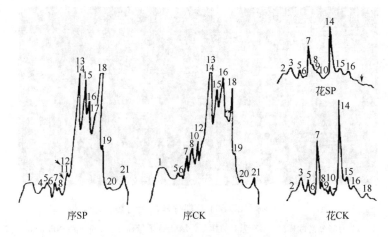

图 5-13　红豆草叶片过氧化物酶同工酶酶谱

CK 为对照

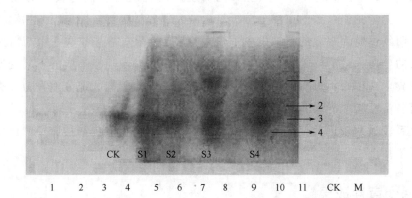

图 5-14　红豆草叶片酯酶同工酶酶谱

CK 为地面对照；S1 和 S2 为空间诱变匍匐型植株；S3 和 S4 为空间诱变直立型植株

4. 航天诱变对红豆草遗传物质的影响

至今为止，研究空间环境对红豆草遗传物质影响的报道甚少，国内仅有沈紫微等对 2006 年经"实践八号"育种卫星搭载的红豆草进行了分子标记研究。该研究运用了 ISSR 分子标记技术，首先构建了红豆草 ISSR 最佳反应体系，并筛选出适合红豆草扩增的 ISSR 引物及其退火温度。然后运用该体系对红豆草搭载单株及其对照作了 ISSR 分析。结果表明，搭载植株的多态位点比率、Nei 基因多样度和 Shannon 多样性指数均高于地面对照，说明航天诱变增加了红豆草遗传变异，证明了空间环境对植物基因位点的影响。如图 5-15 显示了部分航天搭载红豆草的多态性条带与对照相比的差异。

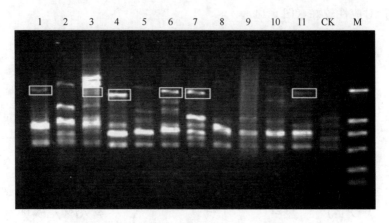

图 5-15 引物 UBC 834 对部分样品及对照扩增条带

1~11 为部分搭载样品；CK 为对照样品；M 为分子量标准，2000bp DNA ladder

进一步计算遗传相似系数（GS），结果供试材料间的 GS 值在 0.243~0.838 之间，表明供试材料的遗传基础较宽，说明航天诱变使材料间遗传差异变大。同时，基于遗传相似系数的主成分分析显示，大部分材料与对照材料的相对位置较远，表明经过航天搭载的植株发生了较大的遗传变异，在亲缘关系上与对照产生了较大的分离。最后，采用遗传相似距离将对照植株及随机抽取的不同变异类型中的变异单株作聚类分析，结果表明具有相同变异的单株大部分能聚为一类；另外，对各类性状变异单株及其对照进行 UPGMA 聚类分析，分别获得了与对照遗传关系较近和较远的变异单株，为红豆草品种选育、改良和种质资源评价提供了参考依据。

四、诱变育种成果

1994 年至今，我国先后搭载了紫花苜蓿、沙打旺、红豆草、新麦草、鸭茅等 30 多种各类牧草，搭载后均发现有不同程度、不同水平的变异。但到目前为止，我国还没有全国牧草品种委员会审定通过的航天育成草种。由此可见，我国草类植物的航天育种研究还任重而道远，尤其是红豆草的航天育种研究，仍然需要更多新方法、新思路的注入，从而培育出地面试验所未能得到的新品种。

第三节
柱花草航天诱变育种研究进展

一、种及品种概述

1. 柱花草的起源及分布

柱花草（*Stylosanthes* spp.）又名笔花豆、巴西苜蓿，起源于巴西和哥伦比亚，现已广泛分布在热带及亚热带地区。柱花草属（*Stylosanthes* SW.）约 50 个种，绝大部分柱花草种分布在南美洲，极少部分在北美洲、非洲及东南亚和印度等地。柱花草主要产在巴西的北部，这些种适于生长在 30°N 至 30°S 之间的干旱和低肥力区域，平均生长期为 63～190 天。如表 5-11 所示为审定登记的柱花草属牧草品种。

表 5-11　审定登记的柱花草属牧草品种

草种名称	品种名称	学　　名	登记号	登记年
圭亚那柱花草	格拉姆	*Stylosanthes guianensis* cv. Graham	026	1988
有钩柱花草	维拉诺	*Stylosanthes hamata* cv. Verano	098	1991
圭亚那柱花草	热研 2 号	*Stylosanthes guianensis* cv. Reyan No. 2	099	1991
圭亚那柱花草	907	*Stylosanthes guianensis* cv. 907	189	1998
圭亚那柱花草	热研 5 号	*Stylosanthes guianensis* cv. Reyan No. 5	206	1999
灌木状柱花草	西卡	*Stylosanthes scabra* cv. Seca	225	2001
圭亚那柱花草	热研 7 号	*Stylosanthes guianensis* cv. Reyan No. 7	226	2001
圭亚那柱花草	热研 10 号	*Stylosanthes guianensis* cv. Reyan No. 10	217	2000
圭亚那柱花草	热研 13 号	*Stylosanthes guianensis* cv. Reyan No. 13	257	2003
圭亚那柱花草	热研 18 号	*Stylosanthes guianensis* cv. Reyan No. 18	350	2007
圭亚那柱花草	热研 20 号	*Stylosanthes guianensis* cv. Reyan No. 20	428	2009

2. 柱花草的植物学特征

柱花草为多年生直立或半直立豆科草本植物，多数主茎不明显，根系发达，分枝多，丛生。三出复叶。茎叶具短绒毛，小叶披针形，细长。复穗状花序，成小簇着生于茎上部叶腋中，花 2～40 朵，黄或橙黄色，荚果卵圆形，种子小，种皮光滑而坚实，浅褐或暗褐色。千粒重 2.0～2.6g。有钩柱花草（*Verano stylo*），植株较矮，茎细而柔软。分枝多，丛生，全株少绒毛。三出复叶，中间小叶梗较长，叶片尖小，叶色淡。复穗状花序，花黄色。荚果有种子两粒，上粒子有 3～5mm 长的钩，下粒子无钩，种皮光滑而坚实。千粒重 2.86～3.7g。矮柱花草（*Townsville stylo*）植株高 50～70cm，丛生，茎叶较细，分枝多。三出小叶，叶狭小、卵圆形，复穗状花序，花黄色。荚果。种子小，呈褐色，种皮坚实。种子边成熟边脱落，千粒重 2.0～2.5g。灌木状柱花草植株高 1～1.5m，茎直立灌木状，叶厚，圆形或椭圆形，全株密被茸毛。三出复叶，枝叶多集中于植株上半部。复穗状花序，花黄色。种子小，种皮坚实。

3. 柱花草的生物学与生态学特征

柱花草喜潮湿温暖的气候，适生于北纬 23°以南，年平均温度 19～30℃，年降雨量 1000mm 以上的地区。柱花草对土壤选择不严，耐贫瘠，在热带红壤和沙性的灰化土上都可以生长，耐盐性差，可抗夏季高温干旱，能忍受强酸性土壤，幼苗生长缓慢，一旦植株封行，则生长迅速。耐旱，耐酸性瘦土，因此广泛用于天然草地。柱花草怕霜冻，耐寒性能差，最适温度为 25～28℃，一般在 15℃能继续生长，低于 10℃时开始受寒，在 0℃时叶片脱落，-2.5℃冻死（陈三有，2000）。开花结荚期若温度低于 19℃，种子产量会受到严重影响。

4. 柱花草的营养价值

柱花草在盛花期的干物质中含粗蛋白 16.0%～20.0%，粗脂肪 1.6%～2.0%，粗纤维 26.0%～29.0%，无氮浸出物 38.0%～44.0%，粗灰分 8.0%～10.0%。单播的人工草地多为刈割，用于青饲或调制干草、干草粉，也可与禾本科牧草混合调制青贮，按日粮比例饲喂家畜。中国南方如广东、广西等地，将柱花草与果树间种，除了用于饲草外，还可起到覆盖、保持水土和绿肥作用。如果与禾本科牧草如狗尾草等混播，可建成良好的人工草地用于放牧。有钩柱花草盛花期的干物质中含粗蛋白 16.0%～18.0%，粗脂肪 1.5%～1.8%，粗纤维 27.0%～30.0%，无氮浸出物 35.0%～38.0%，钙 1.5%～1.8%，磷 0.15%～0.19%。混播草地主要用于放牧，单播草地多用于刈割，青喂，调制干草、干草粉或用作绿肥。矮柱花草盛花后期干物质中含粗蛋白 11.33%，粗脂肪 2.25%，粗纤维 25.16%，无氮浸出物 54.79%，粗灰分 6.17%。水肥条件好其产量和品质均可提高。多用于青割调制干草和干草粉或青喂，混播草地用于放牧。灌木状柱花草与各品种柱花草相近，适口性较差，纤维素含量较多，但耐牧，抗旱力强，适于牧地种植，放牧利用。

5. 柱花草的育种概述

早在 1914 年和 1933 年，澳大利亚和巴西分别利用矮柱花草和圭亚那柱花草改良草地。1963 年，澳大利亚开始收集柱花草种质。1984 年收集柱花草种质 2961份，其中热带美洲 1941 份、东南亚 5 份、热带非洲 36 份，获得一大批珍贵的抗病种质如 CIAT184、CIAT136、CIAT2950 等，并经中国、秘鲁、巴西培育成为重要的适合当地的抗病柱花草品种。1997 年，国际热带农业中心（CIAT）在全球范围开展了柱花草种质资源系统搜集。

我国审定通过的品种有 12 个。主要以引种选育为主，'热研 5 号'是通过 CIAT 184（*S. guianensis* CIAT 184）选育而得的，'热研 7 号'是通过 CIAT 136（*S. guianensis* CIAT 136）选育的，'热研 10 号'源自 CIAT 1283，'热研 13 号'源自 CIAT 1044，也有通过辐射选育，如'907'柱花草是通过 ^{60}Co 射线辐射诱变选育而得，还有本试验的通过空间辐射的'热研 2 号'柱花草。

（1）引种选育　我国于 1962 年首次将疏毛柱花草（*S. gracilis*）作为幼龄橡胶园的覆盖作物，大量引入柱花草是在 1982 年。之后，我国分别从哥伦比亚国际热带农业中心、澳大利亚引种大量柱花草种质，先后选育了'热研 2 号'、'热研 5 号'、'热研 7 号'、'热研 10 号'、'热研 13 号'柱花草等新品种，这些品种成为我国华南热带、亚热带地区主要的柱花草栽培品种。

（2）辐射育种　Alcantara 等（1998）用圭亚那柱花草种质以 ^{60}Co γ 射线辐射，植株的致死剂量为 3.5×10^4 R（$1R = 2.58 \times 10^{-4}$ C/kg），在此条件下除了叶绿素有变化外，形态也有变异。用 3.8×10^4 R 辐射可提高植株抗病力。梁彩英等（1998）利用 ^{60}Co γ 射线处理'184'柱花草种质并从中筛选出抗病单株，其鲜草产量比对照'184'柱花草增产 11.7% 以上，种质增产 27.4%，粗蛋白含量提高 11%。可供抗病育种选用，也可直接在生产上推广应用。

中国热带农业科学院采用辐射育种技术培育出柱花草 3 个耐寒新品系（7-1、4-1-3-8 和 6-2），并在广州连续进行了品比试验。同时分别在广州、韶关、江门及梅州市等地布点进行了区域试验。结果表明，新品系 7-1 的产草量达 17607.64kg/hm^2，比'热研 2 号'提高 2.87%，但越冬后产草量提高 38.85%，种子产量提高 160.98%；4-1-3-8 的产草量达 20526.88kg/hm^2，比'热研 2 号'提高 13.82%，越冬后产草量提高 30.92%，种子产量提高 160.98%；矮化品系 4-2-3 的产量和品质均表现出优良特性，矮化品系株高比其亲本降低了 20%～30%，产草量达 18212.75kg/hm^2，仅比'热研 2 号'提高 3.93%，但种子产量提高了 139.39%。

（3）杂交育种　柱花草为自花授粉植物，杂交育种有一定的困难，通过工作者的不懈努力，现已育成以下品种：'Amigo'有钩柱花草，为有钩柱花草与矮柱花草杂交的异源四倍体；'Bahia'柱花草，为粗糙柱花草'Q10042'与'CP193116'杂交的第五代；'Feira'柱花草，为粗糙柱花草'Q10042'与'CI55860'的杂交第五代。

（4）细胞工程育种　Miles 等（1989）从体细胞变异和体细胞融合所得的愈伤组织中培育了抗炭疽病柱花草种质。另外，通过圭亚那柱花草细胞悬浮液对胶胞炭疽病的反应，进行细胞悬浮液培养，也获得了抗炭疽病柱花草植株（CIAT，1985）。

（5）转基因育种　Kelemu 等（2005）将水稻几丁质酶基因导入圭亚那柱花

草，斑点印迹分析表明，在转化的柱花草植株中有几丁质酶印迹存在，转化植株表现出高水平的立枯丝核菌（*Rhizoctonia solani*）抗性，转化植株自交后代的抗性比率为 3：1。

二、航天搭载情况

中国热带农业科学院热带牧草研究中心两次搭载柱花草种子进行辐射，均获得成功，其中，第一次：于 1996 年 10 月 20 日至 1996 年 11 月 4 日利用第 17 颗返回式卫星搭载'热研 2 号'柱花草种子，进行空间诱变处理。搭载种子在空间飞行 15 天，卫星轨道倾角 63°，远地点 354km，近地点 175km，微重力 5×10^{-5} g，高能粒子密度 136 个/cm^2，空间飞行期间舱内温度 25℃左右；第二次：于 2003 年 11 月 03 日 15：20 分于酒泉卫星发射中心利用第 18 颗返回式卫星搭载'热研 2 号'和'热研 5 号'柱花草种子各 5g，卫星在近地点 200km、远地点 350km 的轨道上运行，轨道倾角为 63°，轨道周期平均为 90min。卫星在空间运行 18 天后，于 2003 年 11 月 21 日在四川遂宁地区成功回收。

三、诱变效应

1. 空间诱变柱花草的选育过程及选育结果

第一批选育结果：'热研 2 号'柱花草空间飞行处理种子（space exposed seed，SES）返回地面后，以'热研 2 号'柱花草地面种子（earth based seed，EBS）为对照材料，装袋育苗 SES 和 EBS，并于 1997 年开始进行抗炭疽病柱花草新品系选育。柱花草于苗期（即苗高 10～20cm 时）将混合菌剂（由广西、广东、海南、云南、四川等柱花草生产区进行柱花草炭疽病调查和病样采集，并于实验室内完成病原单孢分离纯培养，共获得超过 100 份的炭疽病 A 型、B 型病原菌的混合菌剂）进行喷洒接种。接种后开始单株选择，对入选单株移栽大田并单株收种。1997～2000 年连续 4 年进行多次单株选择。具体过程参见表 5-12。

第二批空间诱变柱花草返回地面后于 2004 年开始开展空间诱变辐射育种，采用接种不同地区采集的柱花草炭疽病病原菌制成的混合菌剂苗期接种柱花草，接种后开始单株选择，对入选单株移栽大田并单株收种。连续 4 年进行多次单株选择。通过装袋育苗、柱花草炭疽病的接种鉴定和农艺性状的评价，采用单株选择法选育 SP045 株、SP1190 株、SP2238 株、SP338 株，其中'热研 2 号'柱花草后代 32 个、'热研 5 号'柱花草后代 6 个，收获种子 5 万多粒，于 2010 年 4～6 月进行装袋育苗、柱花草炭疽病的接种鉴定，筛选 210 株 SP4 代，初步完成了利用太空辐射育种技术选育抗病高产柱花草新品系的前期工作。

表 5-12 空间辐射育种过程

年份	选育过程及方法	选择结果
1996	'热研2号'柱花草种子10g进行返地卫星搭载,对照种子贮存于冰箱	卫星搭载种子回收并与对照种子贮存于冰箱
1997	播种卫星搭载的'热研2号'柱花草种子10g,装袋育苗,接种柱花草炭疽病菌,单株选择	入选单株12株,单株收种SP_1^0代12株4800粒
1998	播种并装袋育苗SP_1^0代2400株,接种柱花草炭疽病菌鉴定SP_1^1,单株选择SP_1^2	入选单株54株,单株收种SP_2^0代单株54株21047粒
1999	播种并装袋育苗SP_2^0代10525株,接种柱花草炭疽病菌鉴定SP_2^1,单株选择	入选单株401株,单株收种SP_3^0单株,其他混合收种
2000	播种并装袋育苗SP_3^0代1342株,接种柱花草炭疽病菌鉴定SP_3^1 312株,单株选择	入选抗病单株85株,单株收种SP_4^0单株,其他混合收种
2001～2003	播种并装袋育苗SP_4^0代85个株系,品系比较试验,5次重复,进行SP_4^1代高产、抗病及植物学性状和农艺性状观测,并进行生物学效应与分子生物学研究	株行观测农艺性状和生物学性状,入选抗病高产品系26个,株行收种SP_5^0～SP_7^0代,植物学性状与ISSR分析其遗传差异
2004～2006	播种并装袋育苗SP_5^0～SP_7^0品系26个,开展品种比较试验,重复3次,进行高产、抗病及植物学性状和农艺性状观测	定期测产,观测病级、长势等指标及农艺性状,筛选高产、抗病品系8个及白花、早花品系各2个,小区混合收种
2006～2008	在6个区试点开展12～26个品系的区域试验,重复3次以上,面积0.03hm²以上,对照品种'热研2号'柱花草和'热研5号'柱花草	小区测产,观测病级、物候期及适应性,并区域观测农艺性状,筛选高产、抗病及白花、早花品系5个,小区混合收种
2007～2009	在5个推广点开展5～12个品种的生产试验,重复3次以上,参试品系包括高产、抗病及早花与白花品系,试验地面积1.5hm²以上,对照品种'热研2号'柱花草和'热研5号'柱花草	样框取样测产,观测病级、物候期及农艺性状,筛选高产、抗病品系及白花、早花品系5个,小区混合收种

2. 空间诱变柱花草品系比较试验

(1)植物学性状的变异 柱花草经过卫星搭载后,发生了植物学性状上的分离,本试验通过对其SP5代的85个品系及对照品种进行观测,发现有14个形态指标均发生不同程度的变异(表5-13)。

表 5-13 空间诱变对柱花草形态特征的影响

项 目	植物学性状			项 目	植物学性状		
	对照品种CK	变异	变异率/%		对照品种CK	变异	变异率/%
茎色	深绿色	绿色、浅绿色	77.65	株高/cm	90.27	增高	21.18
叶腹毛	有	无	29.41			变矮	78.82
叶背毛	有	无	23.53	开花期	10月22日	提前	49.41
叶缘毛	有	无	5.88			延后	42.35
茎毛稀疏	稀	密	12.94	叶片长/cm	3.40	变长	58.52
茎毛色	褐色	棕褐色	12.94			变短	41.18
花色	黄色	白色	3.53	叶片宽/cm	0.58	变宽	38.82
荚果色	棕色	褐色、深褐色	78.82			变窄	56.47
荚果喙	极短	无	28.24	千粒重/g	2.705	增加	75.29
						减少	24.71

① 茎的颜色。原对照品种的茎是深绿色的，通过空间诱变后，在 SP5 代中出现绿色或浅绿色的变异体，变异率达到 77.65%，其中 42 个品系的茎色变异为绿色，占 SP5 代的 49.41%，茎为浅绿色的品系有 24 个，占 28.24%。

② 叶片毛况。在植物学性状的观察中，从叶毛的角度观察了叶腹毛、叶背毛和叶缘毛，发现它们都有不同程度的变异，对于原对照品种 86 号来说，其具有叶腹毛、叶背毛和叶缘毛，但在空间诱变的 85 个品系中，发现有的品系没有叶腹毛（29.41%），有的缺少叶背毛（23.53%），还有的没有叶缘毛（5.88%），由比例可看出，没有叶缘毛的品系比例是很少的。

③ 茎的毛况。经过观测后发现，原对照品种的茎被茸毛，但是较为稀松，且颜色为褐色，在 SP5 代的 85 个株系中却发现有的茎上密被茸毛，且颜色为棕褐色，变异体占 SP5 代的 12.94%。

④ 花色。花色是最为明显的一个植物学形态指标，在观测过程中，发现了白色花冠的变异体，但只有 3 个株系发生变异，仅占整个 SP5 代的 3.53%。

⑤ 荚果。收种后对种子进行观察，结果发现，原对照品种的荚果喙极短，且荚果呈棕色，但在 SP5 代的 85 个株系中却存在有些荚果无喙的变异体（28.24%），有些荚果的颜色变成褐色或深褐色（78.82%）。

⑥ 开花期。经空间辐射后，柱花草各植株的开花期差异显著，有些植株及其后代开花期比其亲本提前 1 个月以上，而有些植株及其后代的开花期则推迟 1 个多月。空间辐射对柱花草开花期的影响呈现两极分化，49.41% 的 SP5 株系开花期提前 7~36 天，而 41.18% 的 SP5 株系开花期延迟 7~15 天，仅有 9.41% 的 SP5 株系的开花期与对照品种基本一致。

⑦ 株高。85 个空间诱变株系的株高发生了正反两个方向的变异，原对照品种 86 号的平均株高 90.27cm，85 个株系株高的变幅为 63.1~112.37cm，其中正向变异为 21.18%，负向变异为 78.82%。通过 SAS 分析，表明株高存在极显著差异（$F=1.99$，$Pr>F=0.0001$），其中有 67 个株系的株高与 86 号差异不显著，22 个株系的生物产量高于 86 号，其中品系 78 号的株高极显著高于 86 号，与原对照品种相比，品系 78 号的株高增加了 24.48%，品系 56 号、24 号、19 号、13 号、18 号、81 号、33 号、44 号显著高于对照，而品系 84 号、49 号的株高极显著低于 86 号。

⑧ 叶片大小。空间诱变后 SP5 代的 85 个株系的叶片长、宽也都存在正反两个方向的变异，通过试验的重复观察，原对照品种的中央小叶平均叶长 3.40cm，宽 0.58cm，在 85 个株系中叶长出现正向变异 58.52%，负向变异 41.18%；叶宽出现正向变异 38.82%，负向变异 56.47%，还有 4 个株系（4.71%）大致与原对照品种相等。由 SAS 分析后发现 85 个株系的叶片长、宽均存在极显著差异（叶长：$F=3.40$，$Pr>F=0.0001$；叶宽：$F=2.66$，$Pr>F=0.0001$），其中在 85 个株系

中，有 26 个株系的叶长显著地小于原对照品种，有 11 个株系的叶宽极显著大于原对照品种，有 24 个株系的叶宽极显著小于原对照品种。

⑨ 千粒重。试验在收种后对 86 个样品进行了千粒重计算，共重复 8 次的平均值。原对照品种的千粒重为 2.705g，85 个空间诱变柱花草株系的千粒重高于原对照品种有 64 个株系，占总数的 75.29%，低于原对照品种的有 21 个株系，占总数的 24.71%，说明空间诱变柱花草的千粒重也出现正反两个方向的变异，将柱花草的千粒重进行 SAS 分析，得到的结果说明空间诱变柱花草的千粒重间均存在极显著差异（$F=26.15$，$\text{Pr}>F=0.0001$），其中 63 个株系的千粒重高于原对照品种 86 号，品系 24 号、21 号极显著高于对照品种。21 个品系的千粒重低于对照品种，其中有 7 个株系的千粒重极显著低于对照品种。

（2）农艺性状的变异 '热研 2 号'柱花草经过卫星搭载后，经过 SP1～SP4 代的单株选择，其 85 个品系的农艺性状发生了分离，通过对其 SP5 代的 85 个品系及对照品种进行观测，其牧草产量、旱季干物质产量、柱花草炭疽病级、长势以及植物存活率等指标均发生不同程度的变异，且均表现极显著水平。

① 空间诱变柱花草品系干物质产草量比较。在 2001～2003 年共计测产 12 次，其年产草量结果见表 5-14。

表 5-14 空间辐射柱花草种质干物质产量和旱季干物质产量

品系	来源	干物质产量 DM/(kg/行)	增产性/%	旱季产量/(kg/行)	比例/%
2001-1	9803-1-9	16.171	0.38	1.407	26.10
2001-2	9803-1-16	20.646	28.16	1.637	23.78
2001-3	9803-2-1	14.574	−9.53	0.737	15.17
2001-4	9803-2-2	14.463	−10.22	0.928	19.26
2001-5	9803-2-27	17.357	7.75	1.052	18.18
2001-6	9804-3-7	12.576	−21.93	1.070	25.52
2001-7	9804-3-10	12.876	−20.07	1.120	26.09
2001-8	9804-3-3	12.738	−20.92	1.081	25.46
2001-9	9804-4-8	13.935	−13.50	1.053	22.66
2001-10	9804-4-2	13.495	−16.23	1.123	24.96
2001-11	9804-4-1	13.085	−18.77	1.024	23.49
2001-12	9804-4-9	12.993	−19.34	1.102	25.44
2001-13	9804-4-10	16.517	2.53	1.030	18.71
2001-14	9804-5-4	17.154	6.48	1.459	25.51
2001-15	9804-5-2	18.985	17.85	1.719	27.17
0221-16	9804-6-4	16.008	−0.62	1.094	20.51
2001-17	9804-6-12	16.473	2.26	1.025	18.67
2001-18	9804-6-2	15.517	−3.67	1.324	25.60

品系	来源	干物质产量DM/(kg/行)	增产性/%	旱季产量/(kg/行)	比例/%
2001-19	9804-7-1	18.704	16.11	1.227	19.68
2001-20	9804-7-2.	16.736	3.89	1.008	18.07
2001-21	9804-7-8	17.634	9.47	1.405	23.91
2001-22	9804-7-10	15.849	−1.61	1.140	21.58
2001-23	9804-7-13	17.199	6.77	1.263	22.03
2001-24	9804-8-2	19.895	23.50	1.748	26.35
2001-25	9804-8-5	14.934	−7.29	1.172	23.54
2001-26	9804-9-13	18.652	15.77	1.308	21.04
2001-27	9804-9-2	15.281	−5.14	1.059	20.78
2001-28	9804-9-17	20.696	28.47	1.338	19.40
2001-29	9804-9-5	17.454	8.35	1.024	17.59
2001-30	9804-10-2	17.991	11.68	1.678	27.98
2001-31	9804-13-1	16.996	5.50	1.323	23.35
2001-32	9804-13-2	12.990	−19.36	0.928	21.44
2001-33	9804-14-6	17.174	6.61	1.302	22.75
2001-34	9804-14-10	15.843	−1.65	1.035	19.60
2001-35	9804-15-1	17.701	9.88	1.359	23.03
2001-36	9804-15-6	15.177	−5.78	1.162	22.97
2001-37	9804-15-10	17.411	8.08	1.389	23.93
2001-38	9804-16-2	16.571	2.87	1.319	23.87
2001-39	9804-16-3	18.072	12.18	1.433	23.78
2001-40	9804-16-1	18.586	15.38	1.483	23.94
2001-41	9804-17-3	14.189	−11.92	0.978	20.68
2001-42	9804-18-5	16.008	−0.62	1.156	21.66
2001-43	9804-18-7	14.570	−9.55	1.049	21.59
2001-44	9804-18-13	13.983	−13.20	1.075	23.06
2001-45	9804-20-1	16.035	−0.46	1.312	24.55
2001-46	9804-22-1	15.836	−1.70	1.200	22.73
2001-47	9804-22-2	15.462	−4.02	1.168	22.66
2001-48	9804-22-9	14.968	−7.09	1.110	22.25
2001-49	9804-22-10	13.462	−16.43	1.116	24.88
2001-50	9804-22-11	10.753	−33.25	0.865	24.13
2001-51	9804-22-12	12.673	−21.33	1.037	24.54
2001-52	9804-22-19	13.857	−13.98	1.013	21.94
2001-53	9804-22-20	14.857	−7.77	1.169	23.60
2001-54	9804-22-22	13.615	−15.48	1.126	24.81
2001-55	9804-22-26	13.813	−14.26	1.148	24.93

品系	来源	干物质产量 DM/(kg/行)	增产性/%	旱季产量/(kg/行)	比例/%
2001-56	9804-25-1	15.968	−0.88	1.436	26.97
2001-57	9804-25-4	14.736	−8.52	1.215	24.73
2001-58	9804-26-4	16.804	4.31	1.479	26.40
2001-59	9804-26-5	12.706	−21.12	1.143	26.99
2001-60	9804-26-6	17.485	8.54	1.651	28.33
2001-61	9804-26-1	16.560	2.80	1.233	22.34
2001-62	9804-28-1	14.792	−8.17	0.746	15.14
2001-63	9804-28-2	11.151	−30.78	1.277	34.36
2001-64	9804-28-3	12.480	−22.53	0.749	18.00
2001-65	9804-28-8	13.827	−14.16	0.997	21.64
2001-66	9804-31-7	13.874	−13.87	0.709	15.33
2001-67	9804-31-4	14.820	−8.00	0.895	18.12
2001-68	9804-32-2	14.423	−10.46	0.903	18.79
2001-69	9804-32-3	16.536	2.65	1.135	20.59
2001-70	9804-32-8	14.532	−9.79	1.170	24.15
2001-71	9804-33-1	19.732	22.49	2.066	31.41
2001-72	9804-33-2	17.488	8.56	1.476	25.31
2001-73	9804-34-1	20.495	27.23	1.398	20.46
2001-74	9804-34-4	16.215	0.66	1.066	19.72
2001-75	9809-46-6	11.143	−30.83	0.540	14.54
2001-76	9809-46-7	10.680	−33.70	0.440	12.37
2001-77	9809-46-5	14.044	−12.82	0.714	15.25
2001-78	9809-46-8	9.446	−41.36	0.432	13.71
2001-79	9809-54-2	17.588	9.18	1.726	29.44
2001-80	五队 045-2	18.996	17.92	1.705	26.92
2001-81	五队 201-1	18.925	17.48	1.638	25.97
2001-82	五队 224-1	14.442	−10.35	1.386	28.80
2001-83	五队 224-3	12.985	−19.40	1.203	27.79
2001-84	五队 224-2	18.409	14.28	1.771	28.87
2001-85	五队 413-2	11.578	−28.13	1.017	26.36
2001-86	'热研 2 号'EBS	16.109	—	1.404	22.37

经 SAS 分析结果表明，85 个空间诱变柱花草品系的干物质产量存在极显著差异（$F=2.91$，$Pr>F=0.0001$），85 个品系中有 35 个的生物产量高于其亲本，其中 2001-28、2001-2、2001-73、2001-24、2001-71 分别高于其亲本 28.47%、28.16%、27.23%、23.50% 和 22.49%。而 50 个品系的干物质产量低于其亲本。

② 空间诱变柱花草品系旱季干物质产量。旱季干物质产量是评价柱花草抗旱

性的重要指标，也是柱花草冬春低温干旱季节青饲料平衡供应的重要指标。在不同季节测定柱花草产量结果表明，各柱花草种质在冬春低温干旱季节的平均干物质产量仅占年均产量的 22.74%，说明柱花草在冬春低温干旱季节虽保持生长，但产草量下降。经 SAS 统计分析表明，各柱花草品系在冬春低温干旱季节的干物质产量存在极显著差异（$F=4.41$，$Pr>F=0.0001$），85 个品系中只有 18 个品系的旱季干物质产量高于其亲本 EBS，而大部分品系的旱季干物质产量低于其亲本热研 2 号柱花草，说明空间辐射对柱花草抗性（低温和干旱的综合作用）影响是有效的，且存在正负两个方向的影响。

在旱季干物质产量中，2001-71、2001-84、2001-24、2001-79、2001-15 和 2001-80 的干物质产量最高，且分别高于亲本'热研 2 号'柱花草的 47.15%、26.16%、24.48%、22.91%、22.46% 和 21.42%，而 2001-30、2001-60、2001-81、2001-2 次之，仅高于其亲本'热研 2 号'柱花草的 16.57%～19.49%。其他品系的旱季干物质产量较低，说明其越过冬春低温干旱季节的能力较差，抗性较弱。

③ 空间诱变柱花草品系炭疽病级评价。在 2001～2003 年共计观测柱花草炭疽病 54 次，其柱花草炭疽病观测结果见表 5-15。经 SAS 统计分析结果表明，85 个空间诱变柱花草品系的柱花草炭疽病级存在极显著差异（$F=6.54$，$Pr>F=0.0001$），其中 24 个品系平均病级高于或等于其亲本，而 61 个品系低于其亲本，说明其抗病性增强，其中 2001-15、2001-71、2001-28、2001-40、2001-81、2001-80 的柱花草炭疽病级平均低于其亲本'热研 2 号'柱花草 8.05%～10.29%，其抗性明显增强。

表 5-15　空间辐射柱花草品系炭疽病级及长势、存活率与开花期比较

品系	病级	长势	存活率/%	开花期比较[①]	
2001-1	2.63	7.69	96.67	15 Oct.	7
2001-2	2.77	7.65	96.67	15 Oct.	7
2001-3	3.12	7.25	83.33	16 Sep.	36
2001-4	3.06	7.20	90.00	16 Sep.	36
2001-5	2.85	7.01	96.67	16 Sep.	36
2001-6	2.90	6.47	96.67	15 Oct.	7
2001-7	2.90	5.94	86.67	16 Sep.	36
2001-8	2.81	6.21	83.33	16 Sep.	36
2001-9	2.78	7.01	93.33	29 Oct.	−7
2001-10	2.73	6.17	83.33	16 Sep.	36
2001-11	2.87	6.73	76.67	15 Oct.	7
2001-12	2.75	6.27	73.33	16 Sep.	36
2001-13	2.75	6.55	63.33	15 Oct.	7

续表

品系	病级	长势	存活率/%	开花期比较①	
2001-14	2.74	7.06	76.67	15 Oct.	7
2001-15	2.56	7.61	80.00	15 Oct.	7
0221-16	2.93	6.80	63.33	15 Oct.	7
2001-17	2.91	6.45	80.00	15 Oct.	7
2001-18	2.80	7.12	96.67	29 Oct.	−7
2001-19	2.77	7.56	73.33	2 Oct.	20
2001-20	2.72	7.05	90.00	15 Oct.	7
2001-21	2.77	7.03	86.67	1 Nov.	−10
2001-22	2.82	7.04	80.00	1 Nov.	−10
2001-23	2.79	7.56	86.67	1 Nov.	−10
2001-24	2.74	7.73	80.00	1 Nov.	−10
2001-25	2.91	6.92	96.67	15 Oct.	7
2001-26	2.71	7.64	53.33	15 Oct.	7
2001-27	2.93	6.69	70.00	15 Oct.	7
2001-28	2.60	7.78	73.33	15 Oct.	7
2001-29	2.74	7.49	80.00	29 Oct.	−7
2001-30	2.83	7.56	73.33	29 Oct.	−7
2001-31	2.81	7.15	83.33	29 Oct.	−7
2001-32	2.84	7.07	93.33	29 Oct.	−7
2001-33	2.86	7.61	73.33	15 Oct.	7
2001-34	2.91	7.55	73.33	2 Oct.	20
2001-35	2.71	7.66	60.00	22 Oct.	0
2001-36	2.81	7.73	60.00	29 Oct.	−7
2001-37	2.80	7.54	86.67	29 Oct.	−7
2001-38	2.86	7.59	93.33	29 Oct.	−7
2001-39	2.75	7.49	93.33	29 Oct.	−7
2001-40	2.61	7.55	93.33	2 Oct.	20
2001-41	2.86	6.60	80.00	22 Oct.	0
2001-42	2.84	7.55	80.00	22 Oct.	0
2001-43	2.79	7.69	90.00	15 Oct.	7
2001-44	2.84	7.15	86.67	2 Oct.	20
2001-45	2.71	7.83	83.33	15 Oct.	7
2001-46	2.70	7.58	60.00	2 Oct.	20
2001-47	3.04	7.23	93.33	2 Oct.	20
2001-48	2.78	7.35	70.00	29 Oct.	−7
2001-49	2.75	7.35	90.00	22 Oct.	0
2001-50	2.76	7.57	76.67	2 Oct.	20
2001-51	2.92	7.05	90.00	15 Oct.	7

续表

品系	病级	长势	存活率/%	开花期比较①	
2001-52	2.83	7.16	73.33	22 Oct.	0
2001-53	2.85	6.47	86.67	15 Oct.	7
2001-54	2.88	7.46	96.67	22 Oct.	0
2001-55	2.83	6.88	93.33	29 Oct.	−7
2001-56	2.68	7.17	83.33	29 Oct.	−7
2001-57	2.70	7.67	73.33	15 Oct.	7
2001-58	2.71	7.81	96.67	29 Oct.	−7
2001-59	2.94	7.44	46.67	29 Oct.	−7
2001-60	2.67	7.73	86.67	22 Oct.	0
2001-61	2.75	7.53	70.00	1 Nov.	−10
2001-62	2.93	7.26	80.00	1 Nov.	−10
2001-63	2.98	7.01	83.33	29 Oct.	−7
2001-64	2.98	7.02	56.67	1 Nov.	−10
2001-65	2.85	7.15	76.67	1 Nov.	−10
2001-66	2.80	7.51	76.67	1 Nov.	−10
2001-67	2.77	7.20	70.00	29 Oct.	−7
2001-68	2.75	7.20	66.67	29 Oct.	−7
2001-69	2.73	7.09	70.00	1 Nov.	−10
2001-70	2.77	7.05	96.67	29 Oct.	−7
2001-71	2.59	7.88	90.00	15 Oct.	7
2001-72	2.66	7.67	70.00	1 Nov.	−10
2001-73	2.71	7.89	93.33	6 Nov.	−15
2001-74	2.74	7.49	90.00	22 Oct.	0
2001-75	3.51	5.56	60.00	16 Sep.	36
2001-76	3.64	6.91	60.00	15 Oct.	7
2001-77	3.47	5.56	96.67	15 Oct.	7
2001-78	3.57	5.62	73.33	16 Sep.	36
2001-79	2.74	7.88	83.33	29 Oct.	−7
2001-80	2.63	7.70	96.67	1 Nov.	−10
2001-81	2.62	7.74	100.00	15 Oct.	7
2001-82	2.66	7.79	86.67	15 Oct.	7
2001-83	2.66	8.93	96.67	1 Nov.	·−10
2001-84	2.69	7.76	90.00	29 Oct.	−7
2001-85	2.76	7.42	90.00	15 Oct.	7
对照亲本 2 号	2.86	7.56	76.67	22-Oct	—

① ＋表示比对照提前天数，—表示比对照延迟开花的天数。

④ 空间诱变柱花草品系长势比较评价。采用 1～9 分 5 级制，在 2001～2003

年共计观测空间诱变柱花草品系的长势 42 次，其长势观测结果见表 5-15。经 SAS
统计分析结果表明，85 个空间诱变柱花草品系的长势表现出极显著差异（$F＝$
6.35，$Pr＞F＝0.0001$），表现两极分化，其中 26 个空间诱变柱花草品系的长势优
于其亲本群体，56 个空间诱变品系表现不及其亲本。其中 2001-83 极显著优于其
他品系和亲本群体，而 2001-73、2001-71、2001-79、2001-45、2001-58、2001-82、
2001-28 次之，显著优于 2001-83 之外的所有品系及其亲本群体。

　　⑤ 空间诱变柱花草品系存活株数比较。试验结束时统计分析植株的存活株数
（表 5-15），结果表明，空间诱变柱花草 85 个品系的存活植株数存在显著差异
（$F＝1.54$，$Pr＞F＝0.0089$），其中 26 个空间诱变品系的存活株数低于其亲本群
体，5 个空间诱变品系的存活株数与其亲本群体相同，而 54 个空间诱变品系的存
活植株数高于其亲本群体，其中 2001-81、2001-2、2001-83、2001-80、2001-6、
2001-6、2001-25、2001-58、2001-77、2001-54、2001-1、2002-18、2001-70 品系的
存活株数显著高于其亲本群体。

　　⑥ 空间诱变柱花草品系生育期比较。经三年观测，85 个空间诱变柱花草中大
部分品系的开花期与其亲本群体的开花期差异较大（表 5-15），其中 9 个诱变株系
的开花期比'热研 2 号'提前 36 天，7 个诱变品系的开花期比'热研 2 号'提前
20 天，26 个诱变品系的开花期比其亲本提前 7 天，而 21 个诱变品系的开花期比其
亲本延迟 7 天，13 个延迟 10 天，1 个延迟 15 天，8 个空间诱变品系的开花期与其
亲本相同，说明空间辐射对柱花草后代开花期的影响呈现两极分化。

　　⑦ 空间诱变柱花草品系的综合评价。采用柱花草牧草干物质产量、旱季干物
质产量、柱花草炭疽病级、长势和存活率五项指标进行综合评价。综合评价的方法
采用灰色局势决策模型法，首先对柱花草各品系的数据进行标准化处理，计算得牧
草性状的效果测度值 $X_i＝(SES－EBS)/EBS$（i 分别为产量、旱季产量、炭疽病级、
长势和植株存活率），其效果测试值见表 5-16，然后用加权法计算各空间诱变柱花草
品系的局势结构 $M＝(\sum X_i)/n$（式中 $n＝5$），比较其大小，数据越大品系越好。

表 5-16　空间诱变柱花草品系的灰色关联评价

品系材料	产量 X_{DM}^*	旱季产量 X_{DMDS}	病级 X_{AR}	长势 X_{GV}	存活率 X_{SR}	M 值
2001-71	0.2249	0.4711	0.0369	0.0429	0.1739	0.9497
2001-02	0.2817	0.1654	0.0126	0.0118	0.2608	0.7323
2001-80	0.1792	0.2139	0.0322	0.0187	0.2608	0.7048
2001-81	0.1749	0.1664	0.0336	0.0236	0.3043	0.7027
2001-84	0.1428	0.2613	0.0238	0.0268	0.1739	0.6286
2001-24	0.2351	0.2445	0.0163	0.0220	0.0434	0.5614
2001-73	0.2723	−0.0048	0.0210	0.0437	0.2173	0.5497

品系材料	产量 X_{DM}^*	旱季产量 X_{DMDS}	病级 X_{AR}	长势 X_{GV}	存活率 X_{SR}	M 值
2001-15	0.1786	0.2243	0.0411	0.0071	0.0434	0.4944
2001-79	0.0918	0.2288	0.0159	0.0421	0.0869	0.4655
2001-40	0.1538	0.0563	0.0341	−0.0008	0.2173	0.4607
2001-60	0.0854	0.1756	0.0257	0.0228	0.1304	0.4400
2001-58	0.0432	0.0529	0.0205	0.0331	0.2608	0.4105
2001-39	0.1219	0.0202	0.0154	−0.0095	0.2173	0.3653
2001-01	0.0038	0.0019	0.0317	0.0173	0.2608	0.3156
2001-30	0.1169	0.1946	0.0037	−0.0002	−0.0435	0.2717
2001-28	0.2848	−0.0472	0.0355	0.0291	−0.0435	0.2586
2001-37	0.0808	−0.0112	0.0084	−0.0032	0.1304	0.2053
2001-38	0.0287	−0.0610	−0.0009	0.0034	0.2173	0.1875
2001-21	0.0947	0.0007	0.0126	−0.0701	0.1304	0.1683
2001-83	−0.1939	−0.1436	0.0271	0.1819	0.2608	0.1312
2001-18	−0.0367	−0.0572	0.0084	−0.0587	0.0261	0.1166
2001-23	0.0676	−0.1006	0.0093	−0.0002	0.1304	0.1068
2001-72	0.0856	0.0508	0.0275	0.0139	−0.0870	0.0908
2001-45	−0.0046	−0.0655	0.0201	0.0362	0.0869	0.0731
2001-56	−0.0088	0.0223	0.0243	−0.0520	0.0869	0.0728
2001-82	−0.1034	−0.0128	0.0271	0.0300	0.1304	0.0712
2001-14	0.0649	0.0387	0.0163	−0.0661	−0.0001	0.0537
2001-31	0.0551	−0.0579	0.0065	−0.0536	0.0869	0.0370
2001-05	0.0775	−0.2509	0.0005	−0.0724	0.2608	0.0154
2001-19	0.1611	−0.1263	0.0121	−0.0001	−0.0435	0.0034
2001-33	0.0662	−0.0726	0.0001	0.0071	−0.0435	−0.0429
2001-74	0.0066	−0.2409	0.0163	−0.0087	0.1739	−0.0528
2001-70	−0.0979	−0.1671	0.0126	−0.0676	0.2608	−0.0591
2001-47	−0.0406	−0.1685	−0.0261	−0.0433	0.2173	−0.0608
2001-25	−0.0729	−0.1654	−0.0070	−0.0845	0.2608	−0.0691
2001-54	−0.1548	−0.1982	−0.0037	−0.0134	0.2608	−0.1093
2001-35	0.0988	−0.0323	0.0210	0.0126	−0.2174	−0.1173
2001-20	0.0389	−0.2820	0.0187	−0.0669	0.1739	−0.1174
2001-29	0.0835	−0.2711	0.0163	−0.0095	0.0434	−0.1372
2001-42	−0.0062	−0.1768	0.0028	−0.0016	0.0434	−0.1384
2001-43	−0.0955	−0.2533	0.0093	0.0165	0.1739	−0.1490
2001-61	0.0280	−0.1218	0.0149	−0.0038	−0.0870	−0.1697
2001-26	0.1579	−0.0686	0.0205	0.0102	−0.3044	−0.1843
2001-55	−0.1425	−0.1825	0.0033	−0.0906	0.2173	−0.1950
2001-49	−0.1643	−0.2051	0.0149	−0.0284	0.1739	−0.2089
2001-22	−0.0161	−0.1882	0.0017	−0.0693	0.0434	−0.2255
2001-57	−0.0852	−0.1348	0.0224	0.0150	−0.0435	−0.2262
2001-09	−0.1350	−0.2504	0.0103	−0.0724	0.2173	−0.2302

续表

品系材料	产量 X^*_{DM}	旱季产量 X_{DMDS}	病级 X_{AR}	长势 X_{GV}	存活率 X_{SR}	M 值
2001-53	−0.0777	−0.1678	0.0014	−0.1441	0.1304	−0.2578
2001-44	−0.1320	−0.2348	0.0019	−0.0539	0.1304	−0.2883
2001-69	0.0265	−0.1920	0.0173	−0.0619	−0.0870	−0.2971
2001-34	−0.0165	−0.2630	−0.0079	−0.0016	−0.0435	−0.3325
2001-04	−0.1022	−0.3390	−0.0285	−0.0480	0.1739	−0.3438
2001-06	−0.2193	−0.2380	−0.0065	−0.1441	0.2608	−0.3472
2001-46	−0.0170	−0.1457	−0.0219	0.0032	−0.2174	−0.3550
2001-17	0.0226	−0.2700	−0.0079	−0.1472	0.0434	−0.3590
2001-32	−0.1936	−0.3390	0.0023	−0.0643	0.2173	−0.3772
2001-51	−0.2133	−0.2618	−0.0089	−0.0677	0.1739	−0.3778
2001-48	−0.0708	−0.2094	0.0107	−0.0284	−0.0870	−0.3848
2001-85	−0.2813	−0.2759	0.0140	−0.0192	0.1739	−0.3882
2001-63	−0.3077	−0.0904	−0.0173	−0.0732	0.0869	−0.4017
2001-36	−0.0578	−0.1726	0.0065	0.0220	−0.2174	−0.4192
2001-10	−0.1623	−0.2003	0.0182	−0.1835	0.0869	−0.4409
2001-65	−0.1416	−0.2898	0.0014	−0.0539	−0.0001	−0.4839
2001-07	−0.2007	−0.2027	−0.0056	−0.2142	0.1304	−0.4928
2001-41	−0.1192	−0.3036	−0.0005	−0.1268	0.0434	−0.5066
2001-27	−0.0514	−0.2461	−0.0103	−0.1158	−0.0870	−0.5106
2001-52	−0.1398	−0.2784	0.0037	−0.0528	−0.0435	−0.5108
2001-16	−0.0062	−0.2208	−0.0107	−0.1008	−0.1740	−0.5124
2001-08	−0.2092	−0.2302	0.0061	−0.1787	0.0869	−0.5252
2001-13	0.2535	−0.2663	0.0154	−0.1339	−0.1740	−0.5334
2001-62	−0.0817	−0.4686	−0.0103	−0.0393	0.0434	−0.5564
2001-03	−0.0953	−0.4752	−0.0373	−0.0409	0.0869	−0.5618
2001-67	−0.0800	−0.3627	0.0117	−0.0482	−0.0870	−0.5662
2001-11	−0.1877	−0.2706	−0.0014	−0.1102	−0.0001	−0.5700
2001-12	−0.1934	−0.2155	0.0149	−0.1701	−0.0435	−0.6076
2001-68	−0.1046	−0.3568	0.0149	−0.0482	−0.1305	−0.6251
2001-66	−0.1387	−0.4951	0.0079	−0.0063	−0.0001	−0.6322
2001-50	−0.3325	−0.3841	0.0135	0.0015	−0.0001	−0.7016
2001-77	−0.1282	−0.4918	−0.0863	−0.2652	0.2608	−0.7107
2001-59	−0.2112	−0.1861	−0.0117	−0.0159	−0.3913	−0.8163
2001-64	−0.2252	−0.4669	−0.0177	−0.0716	−0.2609	−1.0424
2001-76	−0.3370	−0.6865	−0.1092	−0.0861	−0.2174	−1.4362
2001-75	−0.3083	−0.6155	−0.0915	−0.2652	−0.2174	−1.4978
2001-78	−0.4136	−0.6926	−0.1003	−0.2563	−0.0435	−1.5064

注：X^* 为无量纲化标准化处理值；DM（dry matter）为牧草干物质产量；DMDS（dry matter of dry season）为旱季牧草干物质产量；AR（anthracnose rating）为柱花草炭疽病级；GV（growth vigor）为牧草长势；SR（plant survival rate）为植株存活率；M 为综合测度值。

经 SAS 统计分析表明，85 个空间诱变柱花草品系之间的综合评判值（M）存在极显著差异（$F=3.28$，$Pr>F=0.0001$）。从表 5-16 可以看出，30 个空间诱变柱花草品系的综合表现优于其亲本'热研 2 号'柱花草，其中 2001-71、2001-2、2001-80、2001-84、2001-81、2001-24 以及 2001-73 的综合测度值极显著高于其亲本'热研 2 号'柱花草，有可能成为取代其亲本而在生产上推广利用的新品系，尚需进一步试验研究。

（3）空间诱变柱花草品系的 ISSR 分析

① 柱花草扩增产物的多态性分析。86 份柱花草空间诱变品种的 ISSR 分析结果表明，从 40 对引物中挑选出 12 条扩增条带清晰且具多态性的引物进行扩增，共扩增得到 133 个条带，大小在 100～3000bp 之间，平均每条引物扩增条带数达 11.08 条，多态性条带数为 109 条，占总条带数的 81.95%（见表 5-17）。不同引物扩增出的总带数差异较大，扩增得条带数最多的是引物 ISSR17，扩增出 14 条；而扩增条带数最少的是引物 ISSR22，扩增得到的条带数只有 7 条。从扩增多态性条带看，引物 ISSR2、ISSR3、ISSR36 扩增出的条带都是多态性条带，多态性比例达 100%；引物 ISSR22 扩增得到的多态性条带最少，仅有 4 条，且多态性比例仅为 57.1%。引物 ISSR18 的 PCR 扩增结果见图 5-16。

表 5-17　ISSR 引物对 86 份柱花草的扩增位点统计

引物	退火温度/℃	总位点数	多态性位点数	引物	退火温度/℃	总位点数	多态性位点数
ISSR2	60	12	12	ISSR22	50	7	4
ISSR3	60	13	13	ISSR25	56	10	8
ISSR15	60	9	8	ISSR26	53	12	7
ISSR16	53	12	8	ISSR36	56	12	12
ISSR17	53	14	10	ISSR38	60	10	9
ISSR18	53	11	8	ISSR40	56	11	10

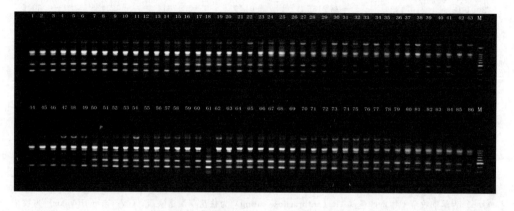

图 5-16　引物 ISSR18 的 PCR 扩增结果

②空间诱变柱花草品系的 ISSR 聚类分析。根据 12 条 ISSR 引物扩增的 133 条谱带，用 NTSYS2.1 统计软件计算出 85 个空间诱变柱花草品系的遗传相似系数矩阵，并根据相似系数矩阵进行 UPGMA 聚类分析，构建出柱花草遗传关系的树状聚类图（图 5-17）。由图可以看出，85 个空间诱变柱花草遗传相似系数在 0.750～0.983，表明其遗传关系比较近。当相似系数在 0.81 水平时，可将供试的 85 个空间诱变品系和其亲本材料分为五大类，各组具体情况如下。

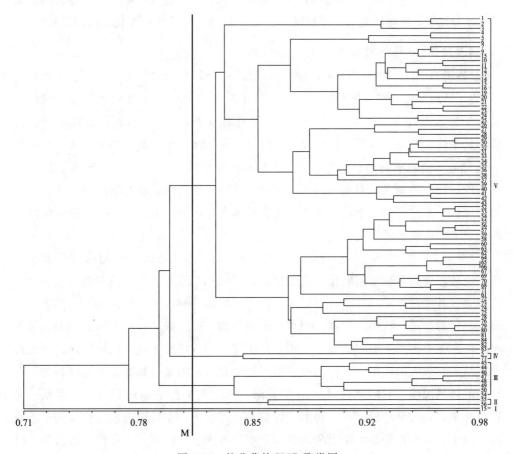

图 5-17　柱花草的 ISSR 聚类图

类群Ⅰ：品系 18 号

类群Ⅱ：品系 85 号，对照品种 86 号

类群Ⅲ：品系 45、44、46、47、48、49、50、51 号

类群Ⅳ：品系 8、77 号

类群Ⅴ：除去类群Ⅰ～Ⅳ的所有品系

从以上分类后的类群可以看出，只有品系 85 与原对照品种'热研 2 号'聚在一起，其他品系都分别在不同的类群中，说明除了品系 85 外的所有品系都与原对

照品种有不同程度的差异，从而进一步证实了空间诱变对柱花草的有效性。

四、诱变育种成果

这是我国首次利用空间辐射技术选育柱花草新品种（系）。空间辐射柱花草种子其后代发生突变，经连续 4 年柱花草炭疽病接种鉴定，选育出 85 个株系开展品系比较试验研究，从中进一步筛选出 26 个高产、白花、早花、抗病等特性各异的品系进行品种比较、区域试验和生产性试验，历时 14 年，筛选出两个优良的新品种。

1.'热研 20 号'柱花草（太空品系 2001-38）

'热研 20 号'太空柱花草适应性强，牧草产量高，区域试验年均干草产量达 13769.55kg/hm^2，比'热研 2 号'柱花草显著增产 38.30％；生产性试验年均产草量达 11925.28kg/hm^2，比'热研 2 号'柱花草显著增产 20.47％；抗柱花草炭疽病，其平均病级 1.896 级，即使发病高峰其最大病级 3 级，而'热研 2 号'柱花草 5～6 级，表现出更高的抗病性能；耐干旱和相对耐阴，在年降水 755mm 的地区具有高产、稳产的特点；对土壤的要求不严，从砂土到重黏质砖红壤土均表现出良好的适应性，尤耐低肥力土壤、酸性土壤和低磷土壤，能在 pH4.0～5.0 的强酸性土壤和贫瘠的砂质土壤上良好生长。

'热研 20 号'太空柱花草耐干旱和相对耐阴，因此适合用于间作作物而在果园、幼龄橡胶园等种植园间作和覆盖地面，'热研 20 号'太空柱花草具有较强的适应能力，其半直立贴地生长，可形成不定根，发达的侧根伸向四面八方，在表土层形成稠密的根网，在防止冲刷、崩塌、护坡固沟、保护堤岸和路基等方面有显著作用，加之强大根系上根瘤的固氮作用，使土壤中的有机质和氮素肥料增加，对改良土壤结构有很大的作用，可作为改造瘠薄荒山和石质山地造林绿化的先锋植物，在沙地能防风固沙。我国热带地区高温多雨，水土流失严重，如在山坡、草地、沟谷、林地等处大量种植，可获得水土保持的良好效果，在短期内取得良好的生态效益。由于它具有长势好、覆盖密、持久和耐阴等优点，特别宜于在橡胶园及椰子园等种植园中间种作为覆盖植物。

'热研 20 号'太空柱花草营养价值丰富，适口性好，是优良的高蛋白豆科饲料作物，每年可刈割 2～4 次，年干物质产量达到 12000kg/hm^2 以上，营养生长期粗蛋白含量为 21.01％，粗纤维 21.65％，营养价值丰富。且同其他柱花草一样含有不明生长因子，'热研 20 号'太空柱花草可与臂形草等多种禾草混播建立热带人工草地，以提高草场的营养水平，并为禾草提供氮源，所建成的草地适宜放牧牛羊和其他畜禽。也适宜建成刈割型人工草地，可根据不同种类采取不同的比例，一般奶牛按 20％～30％比例，猪按 10％～15％的比例或将鲜草切碎成长 2～3cm 的小段与其他地方青饲料一起煮熟后饲喂，单位面积可消化蛋白提高 31%，鸡日粮中添加 5% 的柱花草粉，草食性鱼类可将割回的鲜草直接投喂到鱼塘，鹿按 30%～40% 的比例投喂，用鲜草喂兔按 60% 的比例添加，但要求柱花草高 50～80cm 鲜嫩时刈割利用。在猪日粮中加入适量的柱花草草粉，可提高肉猪的日增重，并可降低饲养成本；在种禽日粮中加入适量的草粉，可明显提高其产蛋率、受精率和孵化率，在蛋禽日粮中加入适量的草粉，可使禽蛋色泽加深，从而提高其商品价值，在肉禽日粮中混入适量的草粉，可明显改善其健康状况，特别是在集约化高密度饲养条件下，能有效地减少家禽相互啄毛现象，改善家禽羽毛色泽，提高其商品价值。

2. 太空早花品系 2001-7

太空品系'2001-7'柱花草是太空搭载'热研 2 号'柱花草种子返回地面后经多次单株选择法选育而成的高产、早花、抗病柱花草新品种。为多年生半直立亚灌木，喜潮湿的热带气候，适合我国热带、亚热带地区推广种植。太空品系'2001-7'柱花草牧草产量比其亲本提高 15.37%，比'热研 5 号'柱花草提高 30.39%；营养生长期粗蛋白含量为 17.07%，粗脂肪 7.17%，粗纤维 38.45%，无氮浸出物 24.91%，具有较高的营养价值。抗柱花草炭疽病，多年观测其柱花草炭疽病级 1.62 级，发病高峰期最大病级 2，比其亲本'热研 2 号'柱花草分别低 0.26 级和 3 级，比'热研 5 号'柱花草分别低 1.34 级和 4 级，说明其抗病性更强；极耐干旱，可耐 4～5 个月的连续干旱；适应各种土壤类型，尤耐低肥力土壤、酸性土壤（pH 4～7）和低磷土壤，能在 pH 4.0～5.0 的强酸性土壤和贫瘠的砂质土壤上良好生长；耐阴性较强，可耐受一定程度遮阴；具有较好的放牧与刈割性能，植株存活率较高。太空品系'2001-7'柱花草开花期比其亲本'热研 2 号'柱花草提前 36 天，一般当年种植 9 月中旬开始开花，11 月上旬盛花，12 月种子成熟，种子产量中等，一般为 100～300kg/hm²。适合我国长江以南、年降水 600mm 以上的热带、亚热带地区种植，在海南、广东、广西、云南、福建等省（区）表现最优，适合用于草地改良、固土护坡，也适合刈割利用。

第四节
禾本科牧草航天育种研究进展

一、披碱草属牧草航天育种研究进展

1. 披碱草属简介

我国是世界上披碱草属（*Elymus*）分布较多的国家之一，主要分布于长江以北的广大地区，而以黄河以北的干旱地区种类最多，密度亦最大。从水平分布来看，其分布范围广阔，在东经 81°～132°，横跨 50°。东起东北草甸草原，经内蒙古、华北地区，向西南成带状一直延伸至青藏高原高寒草原区，在我国北方 14 个省区范围内，形成一个连续的分布区，在西北地区多分布于高山草原地带。其水热条件大体保持温带半干旱至半湿润的指标：年均温为 −9～−3℃，≥10℃年积温 1600～3200℃，降水量不多，为 150～600mm，且常集中在夏季，干旱度为 1～3。随着气候及生境条件的不同，在我国不同地区，披碱草属牧草不仅分布密度不同，种类也有所不同。我国东北地区分布有 4 个种，它们是披碱草、垂穗披碱草、圆柱披碱草和肥披碱草；华北地区主要有 5 个种，分别是披碱草、垂穗披碱草、圆柱披碱草、肥披碱草、老芒麦；西北地区主要有 6 个种，它们是披碱草、老芒麦、圆柱披碱草、垂穗披碱草、黑紫披碱草、短芒披碱草。

2. 披碱草属育种进展

披碱草属的栽培与育种始于俄罗斯、英国等国家，20 世纪 60 年代开始，我国河北坝上地区的原察北牧草场首先将披碱草引入栽培，而后在内蒙古锡林郭勒盟试种并推广。同时，垂穗披碱草在西北地区、短芒披碱草在四川首先得以引入，并逐步试种、推广栽培。目前，我国草业科学家通过野生种驯化、杂交等方法培育出'农牧'老芒麦、'山丹'老芒麦、'吉林'老芒麦、'黑龙江'老芒麦、'多叶'老芒麦、'公主岭'老芒麦、'北高加索'老芒麦、'川草 1 号'老芒麦、'川草 2 号'老芒麦、'青牧 1 号'老芒麦、'察北'披碱草、'甘南'垂穗披碱草、'同德'短芒老芒麦、'康巴'垂穗披碱草等披碱草属新品种 20 余个。与作物、蔬菜、花卉等航天育种相比较，我国披碱草属牧草航天育种研究工作起步较晚，先后两次搭载披碱草属品种 3 份。

2006 年 9 月黑龙江省农科院草业研究所将加拿大披碱草干种子搭载于我国首颗航天育种卫星"实践八号"，卫星参数：2006 年 9 月 9 日 15 时，在酒泉卫星发射中心，长征二号丙运载火箭成功地将我国首颗航天育种卫星"实践八号"卫星送入近地点 187km、远地点 463km 的近地轨道，轨道共运行 355h，航程 900 多万公里，在轨运行 15 天后，返回舱于 9 月 24 日上午 10 时 43 分在四川遂宁成功返回。经过 4 年的研究现已选育出披碱草航天诱变育种新材料 3 份，新品系 1 个，总结出披碱草太空环境诱变、目标突变体定向筛选和重要突变特性鉴定等关键技术，建立披碱草航天诱变与突变体筛选技术体系，为披碱草属诱变育种提供技术支撑。

2008 年 9 月四川省草原科学研究院利用"神舟七号"运载火箭搭载老芒麦、垂穗披碱草，开展航天诱变材料的评价。以未诱变的材料为对照，在 40cm×30cm×15cm 的塑料篮内，按 3cm×3cm 的间距对材料进行育苗。同时，在光照培养箱内进行了发芽试验。目前，进入分蘖初期的幼苗已移栽至四川省草原科学研究院红原县二农场核心试验示范基地种质资源圃，将进一步开展观察评价工作。2009 年四川省草原科学研究院申报的"老芒麦的航天育种及其优异种质创新"项目已获得省科技厅立项批准，并于 2010 年起正式开展相关技术研究。

3. 披碱草属航天效应

（1）**披碱草属航天诱变 SP1 代细胞学效应**　研究发现，与地面对照组相比，空间诱变可有效促进牧草根尖细胞有丝分裂，诱发根尖细胞产生微核，诱导染色体发生畸变。在 3219 个地面对照种子细胞中，有丝分裂细胞数为 235 个，有丝分裂指数为 7.30%。在 3863 个空间诱变处理的披碱草种子细胞中，有丝分裂细胞数 347 个，有丝分裂指数为 8.98%，空间诱变处理有丝分裂指数比对照高 1.68%。太空诱变处理披碱草种子根尖细胞有丝分裂时期发现单微核和双微核，单微核畸变率为 0.83%，双微核少于单微核，其畸变率为 0.31%，核总畸变率为 1.14%。地面对照组种子细胞在有丝分裂期只有少数单微核，畸变率为 0.09%。有丝分裂指数和细胞核畸变表明空间诱变对披碱草种子细胞核有显著的诱变效应，核畸变的主要类型为单核畸变。观察空间诱变和地面对照组根尖细胞染色体变化，结果显示在空间诱变种子根尖细胞中出现染色体单桥＋断片、染色体双桥、游离染色体、落后染色体、桥染色体断片、染色体粘连等多种畸变，染色体单桥畸变率为 0.73%，染色体双桥畸变率为 0.57%，游离染色体畸变率为 0.14%，落后染色体畸变率为 0.48%，染色体断片畸变率为 1.77%，染色体粘连畸变率为 0.8%，染色体总畸变率为 3.69%，在地面对照组中未发现染色体畸变。

（2）**披碱草属航天诱变 SP1 代种子发芽及幼苗生长特征**　在披碱草属航天诱变种子发芽与幼苗生长研究中发现，空间诱变降低披碱草种子的发芽率，抑制幼苗的生长发育，空间诱变处理抑制幼苗叶的生长，促进根的发育。发芽试验期内 100 粒地面对照种子全部发芽，发芽率为 100%，而 100 粒空间诱变种子只有 74 粒，发芽率为 74%，比地面对照低 26%。在幼苗生长阶段内，空间诱变处理的苗长平均长度为 9.82cm，比对照低 2.53cm，根的平均长度为 6.61cm，比对照低 0.92cm，根冠比为 0.6731，地面对照组的根冠比为 0.6097，表明空间诱变处理披碱草对幼苗根的促进作用强于苗。如表 5-18 所示。

表 5-18　空间诱变披碱草发芽及幼苗生长

项　目	发芽率/%	苗长/cm	根长/cm	根/冠
地面对照	100	12.35	7.53	0.6097
空间诱变	74	9.82	6.61	0.6731

（3）**披碱草属航天诱变 SP1 农艺性状变异研究**　植物航天育种研究中 SP1 代

植株的主要农艺性状一般都会表现出一定程度的变异（也称作生理损伤），但由于生理损伤所致的形态变异一般不遗传，因此 SP1 代不进行变异选择。观察记载 SP1 代的生理损伤表现是披碱草航天育种前期试验的一个重要步骤，观察方法为田间或温室种植 SP1 群体，调查记录群体出苗率、存活率、生育期、株高、分蘖、叶片数、叶宽、叶长、茎粗、室内考种等。

2006 年研究披碱草 SP1 代农艺性状变异，温室建立披碱草航天诱变 SP1 代和地面的对照组群体，航天诱变种植 1000 粒种子，出苗 794 株，存活 599 株，出苗率为 79.4%，存活率 59.9%。对照群体种植 300 粒，存活 210 株。当年收获披碱草 SP1 种子 3740 粒种子。农艺学性状变异研究表明，航天诱变处理后披碱草的生育期、株高、茎粗、分蘖、叶片长度等出现变异，主要表现为生育期缩短（早熟）、株高变高、茎秆变粗、分蘖降低、叶片变长、叶被蜡质等。

① 生育期变化。航天诱变缩短披碱草的生育期。其中航天诱变 SP1 代披碱草从出苗到种子成熟经历 109 天，比对照少 6 天。SP1 代出苗至分蘖时间为 23 天，分蘖到拔节 19 天，拔节至抽穗 22 天，开花到种子完熟时间为 45 天。航空诱变缩短披碱草的生殖生长时间（航天诱变生殖生长期为 45 天，对照是 51 天），而对营养生长时间影响不大（航天诱变营养生长期为 65 天，地面对照 66 天），经航天诱变的披碱草其生殖生长缩短，在较短的时间内完成种子成熟的生理要求。

② 株高和生长速率。航天诱变使得披碱草的株高增加，在生育期内，自分蘖期开始披碱草 SP1 代群体的平均株高都高于地面对照。航天诱变处理植株的成熟期株高变动范围为 90.5~135.5cm，地面对照株高变动范围为 83.5~121.5cm，诱变后代株高变异幅度高于对照，说明太空条件对披碱草植株生长有较明显的促进作用。另外，航天诱变可加快披碱草的生长，且营养生长速率大于生殖生长速率。T 测验结果显示航天诱变 SP1 代与地面对照组的株高差异不显著。

③ 分蘖数。空间条件诱变披碱草 SP1 代群体的平均分蘖数和单株分蘖数变动范围较对照增加，SP1 代群体的平均分蘖数为 41 个/株，地面对照分蘖数为 24 个/株。SP1 代单株分蘖变动范围为 17~54 个，对照为 13~47 个。披碱草航天处理低分蘖植株（17~30 个）所占比例为 32.5%，明显少于对照，在一定意义上表明太空诱变对披碱草的分蘖产生了影响，提高分蘖能力。

④ 茎粗和茎节数。空间诱变披碱草 SP1 代群体的平均茎粗大于地面对照，SP1 代群体的平均茎粗为 1.9416mm，比对照高 23.22%。太空诱变对披碱草茎节数的影响不大，空间诱变群体和地面对照群体的平均茎节数没有明显差异。

⑤ 叶片性状特征。对空间诱变披碱草 SP1 代群体和地面对照群体的叶片数和叶片长度进行了比较分析。空间诱变披碱草 SP1 代群体平均叶片数为 16，叶片数的变异范围为 12~23，叶片数是对照的 131.5%，叶片数的变异范围明显高于对

照。调查发现空间诱变披碱草 SP1 代群体的叶片长度和宽度都高于对照，且与对照间差异显著，SP1 代群体的叶片长度为 26.7cm、宽度是 0.98cm。

（4）披碱草属航天诱变 SP1 抗逆性研究

① 抗寒性。室内对披碱草航天诱变 SP1 代植株抗寒性进行测定，发现空间环境对披碱草抗寒性有一定的影响，可提高披碱草的抗寒性，但不能认定某单株就具有比对照较强的抗旱能力，且这种抗旱性是否可稳定遗传还需进行连续多代的鉴定才能得出结论。但从总体上来看，太空诱变对披碱草植株的抗寒能力产生了一定的正面影响。

② 抗旱性。第二年春季将披碱草航天诱变 SP1 代单株群体移栽田间，进行模拟抗旱试验研究。研究结果表明，航天诱变可显著提高披碱草的抗旱能力，在同样的水分调控下 SP1 代群体表现出比对照群体更强的抗旱能力。例如在生长季内只灌溉 1 次（$0.5m^3/m^2$）的处理，SP1 代植株长势明显优于对照，植株叶片浓绿，分蘗数也高于对照。

③ 抗病性。2008 年、2009 年试验地披碱草发生黑穗病，而空间诱变 SP1 代植株上未发现病害，表明太空诱变可提高披碱草的抗病能力。

（5）加拿大披碱草航天诱变育种过程及成果　SP1 代种子混收后单粒种植，建立 SP2 代单株群体，单株间的距离以 1m 为宜，披碱草 SP2 代单株群体数量应在 300 株以上。在种植 SP2 代群体时应每隔一定距离插播对照，以利于进行单株的鉴别与选择。

SP2 代突变体的选择以田间选择为主，选择方法同常规育种。以单株为研究对象，记录单株生育期、各生育期内的主要形态学指标（株高、分蘗数、叶宽、叶长、叶色、茎粗、叶片数、茎节数、茎节距离）、成熟期单株鲜重及室内考种，筛选和鉴定变异单株。入选的 SP2 代突变体作为重点单株全收。变异单株的筛选和鉴定：田间观测与实际育种经验相结合。

2007 年种植 SP2 代单株 1200 份，地面对照单株 200 份，从 SP2 代单株种选择出早熟变异、株高变异、叶色变异、叶片质地变异及抗逆性变异等变异单株材料。

在约 1200 份披碱草航天诱变 SP2 群体中出现频率不同的熟期、株高、分蘗、叶片大小和茎秆粗细等突变。各种突变类型间变异丰富，表现在早熟程度、多分蘗和植株高度不同，叶形出现长叶、宽叶等类型。其中一个突变体同时表现早熟、高植株和叶变长 3 个突变性状，同时也发现了熟期和耐旱性的变异。数量性状变异中，早熟突变的频率最高，达到了 5.31%，其次是高植株变异，变异频率为 2.57%，分蘗变异的频率最低。大部分的诱变单株均表现出很强的抗寒性和抗病性。

（6）披碱草属航天诱变 SP3 代有益突变体的筛选和鉴定　因 SP1 代损伤出现

不良遗传效应、外界条件所导致的形状反常植株，以及严重畸变与高度不育，在选择出的 SP2 代变异单株存在一些不利方面的变异，如鲜草产量低、分蘖能力降低、营养品质下降、抗性差（不适应当地气候或土壤立地条件）等，因此继续进行有益突变体的筛选。

有益突变体的筛选应根据当地的气候特征和土壤条件进行，筛选适宜当地种植的耐寒、抗旱、高产优异材料。在黑龙江地区优良牧草选育的最基本目标是耐寒性，选育耐寒性强的牧草品种是最需解决的问题。2008 年初结合返青从 SP2 代变异单株种筛选返青早、返青好的单株材料，春季种植 SP3 代单株群体，选择出抗旱、高大、分蘖能力强、早熟、高产等性状优良的变异单株材料。对表现最好的单株进行加代处理，以缩短育种周期（有条件可在海南进行加代鉴定和扩繁）。

（7）披碱草属航天诱变 SP4 代优异突变体遗传稳定性鉴定　SP4 代优异突变体遗传稳定性鉴定是将选择出的 SP3 代优异变异单株种植成穗系，单株种植，每一穗系种植 5m，单株 20～30 个，在一定间隔内应种植地面对照材料。鉴定方法主要通过田间调查株高、叶的质量和数量性状、熟期等一致性，选择时与对照材料进行比较，选择性状遗传一致、稳定的变异材料。在确定为优异稳定的变异材料中选择优异单株 5～8 个混收、扩繁转入品比试验。

2009 年对筛选出的优异变异单株进行遗传稳定测定，每个材料种植 5m 行长，随机排列，3 次重复。通过田间调查、室内考种，选择、鉴定出 11 份遗传稳定的优异变异材料。

（8）披碱草属航天诱变 SP5 代品比试验　对上一年选择出的遗传稳定材料进行品比试验，主要目的是决选出综合性状（产量、品质和抗性）优良的材料作为新品系进行扩繁。品比试验种植 3～6 行区，比较内容有生育期、鲜草产量、干草产量、种子产量和质量、营养品质、抗旱性和抗病虫害能力等。

2010 年对上一年选择出的遗传稳定的优异变异材料进行了品比试验，通过产量比较、品质分析、熟期对比、抗性鉴定等方面的综合比较，决选出优异披碱草新品系 1 个。

二、新麦草属航天育种研究进展

1. 新麦草属简介

新麦草属（*Psathyrostachys nevski*）是前苏联植物学家 S. Nevski 从大麦属（*Hordeum*）中分离出来的，原产于中亚和西伯利亚，全世界约 10 种，主要分布于欧亚地区的草原及半荒漠地区。在我国，自然分布区位于天山、阿尔泰山和青藏高原等地。我国新麦草属现有 4 个种，分别为华山新麦草（*Psathyrostachys huas-*

hanica）、新麦草（*Psathyrostachys juncea*）、毛穗新麦草（*Psathyrostachys ianuginosa*）以及单花新麦草（*Psathyrostachys kronenburgii*），其中华山新麦草产于我国陕西华山、甘肃等地，是我国特有种。毛穗新麦草产于我国新疆、甘肃等省区。新麦草产于新疆及内蒙古地区。单花新麦草产于新疆、甘肃等省区（郭本兆，1987；苏加揩，2004）。

新麦草是一种异花授粉、长寿命的多年生丛生禾草，秆直立，高 60～120cm，具有丰富的基生叶，叶片舒松，有明显的叶脉，长 15～30cm，叶宽能达到 0.6cm（云锦凤，2006）。新麦草具有分蘖多，叶量大，抗寒、耐旱、耐牧、耐盐碱，粗蛋白含量较高等优良特性，对解决我国北方地区人工种草、退耕还草和生态重建具有重要意义。

国外新麦草育种工作已经取得了很大成绩，美国和加拿大相继培育出许多新品种，如 'Sawki'、'Mayak'、'Cabree'、'Swift'、'Bozoisky-Select'、'Mankota'、'Tetracan'、'Tom'、'Bozoisky-Ⅱ'。新麦草的育种工作在我国还处于起步阶段，与国外同领域研究相差较远。一般是从美国、加拿大引进新麦草品种，在内蒙古地区进行试验，筛选出适合本地种植的优良品种。王勇等（2005）对从原始群体 'Bozoisky' 中利用多次混合选择法选育的优良新麦草新品系进行了生物学特性及生产利用性能的研究，希望选育出优良品种，缓解我国北方干旱、半干旱地区的优良牧草资源短缺的现状。

我国对新麦草的研究虽然取得了一些成绩，但是对新麦草的研究较其他牧草如苜蓿、冰草、黑麦草、羊草、高羊茅等起步较晚，科研涉及领域狭窄，而且研究内容单一，新麦草研究主要集中于田间管理以及作为人工草地使用和细胞学特性上，而新麦草育种工作稍微欠缺，育种工作的滞后很大程度上限制了新麦草在我国的利用。借鉴国外同领域的育种经验，培育出适合我国不同地区生长的优良的新麦草品种是我国新麦草育种工作中的重要方向。

我国自 1987 年利用卫星首次搭载植物种了以来，已经从中筛选出许多优良的新品种，在生产上发挥了积极的作用。目前，在全国范围内通过空间诱变培育成的高产优质新品种的种植面积已达百万亩以上，产生了良好的经济效益和社会效益。因此，目前航天诱变育种技术研究在我国受到了广泛的重视。

2003 年 11 月 3 日，中国农业大学草地所和北京市飞鹰公司合作利用我国发射的第 18 颗返回式卫星搭载了包括新麦草在内的 17 份种子材料。

2. 新麦草属航天诱变效应

（1）卫星搭载对新麦草生物学特性的影响

① 卫星搭载对新麦草发芽指标的影响。任卫波等在研究卫星搭载对新麦草二

代种子活力的影响时发现，'山丹'新麦草卫星搭载二代种子的发芽指数、活力指数低于地面对照，且差异显著（$P<0.05$），标准发芽率和种子发芽势没有显著差异；'Bozoisky'搭载二代种子的发芽指数和活力指数高于地面对照，且差异显著（$P<0.05$）。总之，卫星搭载对新麦草二代种子发芽率没有显著影响。二代种子发芽指数、活力指数与地面对照有显著差异，而且这种影响因品种而异，'山丹'搭载后活力指数、发芽指数降低，而'Bozoisky'则表现为增加，这可能与2个品种的遗传背景不同有关。如表 5-19 所示。

表 5-19　卫星搭载对新麦草发芽指标的影响

品种	处理	标准发芽率%	种子发芽势%	活力指数	发芽指数
山丹	对照	76.66a	69.33b	276.30b	58.33b
	搭载	78.33a	68.67b	168.78a	39.72c
Bozoisky	对照	50.00a	53.33b	232.92b	43.22b
	搭载	54.00a	78.33a	297.17a	62.31a

注：a、b、c 不同字母之间表示具有显著性差异；下同。

卫星搭载后二代种子发芽早期（发芽第 5 天）幼苗种芽生长受到抑制，根生长受到促进，表现为根长增加，芽长、芽根比显著降低；发芽后期（发芽第 14 天）种芽生长的抑制得到恢复，表现为芽长无显著差异，但根长的促进效应依然存在，表现为根长的显著增加。与地面对照相比，'山丹'新麦草搭载二代种子发芽第 5 天根长增加，芽长、芽根比降低，差异显著（$P<0.05$）。在发芽第 14 天时，根长显著增加，芽根比显著降低，芽长无显著差异。新麦草'Bozoisky'发芽第 5 天的种芽芽长显著降低（$P<0.05$），根长、芽根比增加。发芽第 14 天种苗根长显著增加，芽根比显著降低（$P<0.05$），芽长无显著差异。如表 5-20 所示。

表 5-20　卫星搭载对新麦草后二代发芽指标的影响

品种	处理	幼苗生长期			
		第 5 天		第 14 天	
		芽长/cm	根长/cm	芽长/cm	根长/cm
山丹	对照	4.7333a	2.3667b	8.6667ab	3.7333c
	搭载	4.2333b	2.7667c	8.6000b	5.0000a
Bozoisky	对照	5.4000a	3.7000a	10.9667a	5.2667b
	搭载	4.7667b	3.8000a	10.5667a	6.3000a

电导率测定是间接评价种子质膜完整性的方法。与对照相比，新麦草'山丹'搭载二代种子的浸出液电导率高于地面对照，差异显著（$P<0.05$）；新麦草'Bozoisky'的则显著低于地面对照。说明卫星搭载对新麦草二代种子浸出液电导率的影响因品种而异。如表 5-21 所示。

表 5-21　卫星搭载对新麦草电导率的影响

品种	处理	电导率/[μs/(cm·g)]	品种	处理	电导率/[μs/(cm·g)]
山丹	对照	222.81b	Bozoisky	对照	286.36a
	搭载	246.27a		搭载	209.09b

不同含水量处理组与地面对照组之间各项发芽指标如发芽率、发芽势、活力指数、发芽指数等都存在显著差异。其中，含水量 14％组二代种子发芽率、发芽势、发芽指数、活力指数最低，差异显著（$P<0.05$）；含水量 10％组、12％组的发芽率、发芽势、发芽指数和活力指数最高，差异显著（$P<0.05$）。不同含水量处理组与地面对照组之间二代种子浸出液电导率存在显著差异。其中含水量 14％组浸出液电导率最高，差异显著（$P<0.05$）；含水量 10％组、12％组的浸出液电导率最低，差异显著（$P<0.05$）。

②卫星搭载对新麦草种苗特性的影响。与地面对照相比，'山丹'新麦草搭载二代种苗干重、种苗干物质含量略有降低，差异不显著；新麦草'Bozoisky'搭载二代种子的种苗干重、种苗干物质含量增加，种苗鲜重、种苗含水量降低，差异均达显著水平（$P<0.05$）。结果表明，卫星搭载对新麦草二代种子种苗干鲜重的影响因品种而异，'Bozoisky'种苗生物量增加，表现为种苗干重增加，种苗含水量降低（表 5-22）。

表 5-22　卫星搭载对新麦草种苗特性的影响

品种	处理	种苗鲜重/g	种苗干重/g	种苗含水量/%	种苗干物质含量/%
山丹	对照	0.1478b	0.2029b	84.55b	15.44b
	搭载	0.1563ab	0.2025b	85.60ab	14.39bc
Bozoisky	对照	0.2189a	0.2063b	87.96a	12.03b
	搭载	0.1513b	0.2079a	81.51b	18.49a

水分处理结果表明，不同含水量处理组与地面对照组之间干鲜重有显著差异。其中含水量 12％组种苗干重、干物质含量最高，差异显著（$P<0.05$）；原始含水量和 14％含水量组种苗干重、干物质含量最高，差异显著（$P<0.05$）。总之，种子含水量与卫星搭载的诱变效应存在互作。当种子含水量接近 10％～12％时，搭载种子对空间飞行条件有较强的抗性，表现为搭载效应最低；当种子含水量远离这一范围时，搭载种子对空间条件渐为敏感，表现为诱变效应增加，这说明搭载种子含水量对空间诱变效应有重要影响。当然随着含水量的进一步增加，诱变效应是否会随着增加还有待于进一步研究。

③卫星搭载对新麦草株高的影响。于晓丹 2010 年对航天搭载的新麦草的诱变当代单株中目测选择植株高、叶片大、丛幅宽的植株 25 个，测定 25 个航天诱变新麦草种质材料的株高，发现 25 个航天诱变新麦草种质材料的株高之间存在一定的

差异，株高在 88.85～126.59cm 之间，其中 15 号、21 号、24 号的植株较高，分别达到 126.59cm、122.36cm、119.50cm，18 号、13 号的植株相对较矮，显著低于其他新麦草（$P<0.05$），分别为 89.48cm、88.85cm，15 号新麦草的株高是 13 号新麦草的 1.42 倍。如图 5-18 所示。

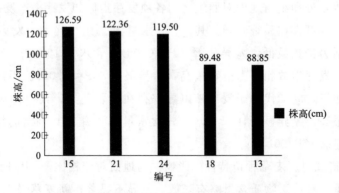

图 5-18　部分航天诱变新麦草种质材料的株高

④ 卫星搭载对新麦草分蘖的影响。研究发现卫星搭载组新麦草当代株高显著增加，与对照间差异显著；分蘖数有所增加，但差异不显著；但搭载组单株分蘖数的极差和变异系数远大于对照组，结果表明搭载后单株分蘖数的变异范围增加。

⑤ 卫星搭载对新麦草叶片性状的影响。于晓丹 2010 年对航天搭载的新麦草的诱变当代单株中目测选择植株高、叶片大、丛幅宽的植株 25 个，测量 25 个航天诱变新麦草种质材料的叶片，发现 25 个航天诱变新麦草材料的叶片宽度和长度之间存在一定的差异。21 号、7 号、17 号叶片较宽，分别是 0.62cm、0.60cm 和 0.59cm。15 号叶片最窄，仅为 0.42cm。最宽的 21 号是 15 号的 1.5 倍（表 5-23）。15 号、21 号和 11 号叶片长，分别是 38.34cm、35.57cm 和 34.07cm。22 号叶片最短，是 24.30cm，15 号的叶片显著长于其他（$P<0.05$），15 号叶片长度是 22 号的 1.58 倍（图 5-19）。

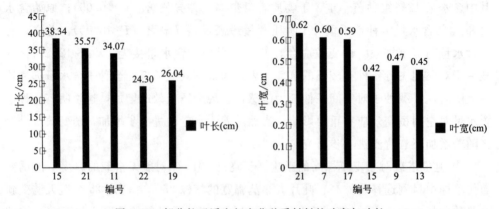

图 5-19　部分航天诱变新麦草种质材料的叶宽与叶长

⑥ 卫星搭载对新麦草丛幅的影响。于晓丹 2010 年对航天搭载的新麦草的诱变当代单株中目测选择植株高、叶片大、丛幅宽的植株 25 个，测量 25 个航天诱变新麦草种质材料的丛幅，发现 25 个航天诱变新麦草种质材料的丛幅之间存在一定的差异，其中 10 号、21 号的丛幅显著大于其他（$P < 0.05$），达到 82.44cm 和 79.70cm。22 号的丛幅最小，仅为 49.35cm，10 号的丛幅是 22 号的 1.67 倍（表 5-23，图 5-20）。

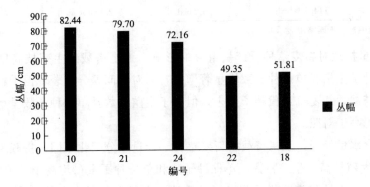

图 5-20　部分航天诱变新麦草种质材料的丛幅

表 5-23　25 个航天诱变新麦草材料种质材料的田间指标分析

材料编号	株高/cm	叶宽/cm	叶长/cm	丛幅/cm
1	105.82bcdefg	0.52abcdef	31.72bcdefgh	69.62bc
2	97.96defg	0.55abcde	28.35cdefghi	59.81fghij
3	100.3cdefg	0.56abcde	29.85bcdefghi	59.75fghij
4	96.54defg	0.55abcde	29.65cdefghi	56.32jk
5	103.98defg	0.53abcdef	31.81bcdefgh	66.22bcdefg
6	96.93defg	0.5abcdef	30.86bcdefgh	61.35defghij
7	94.84efg	0.60ab	32.11bcdefg	59.22ghijk
8	93.05fg	0.54abcdef	27.22efghi	58.47ghijk
9	103.01bcdefg	0.47cdef	28.03defghi	64.77bcdefghi
10	116.86abcd	0.56abcde	30.61bcdefgh	82.44a
11	110.92abcdef	0.52abcdef	34.07abc	57.28ijk
12	91.68fg	0.55abcde	26.89fghi	65.81bcdefgh
13	88.85g	0.45def	29.37cdefghi	63.68cdefghij
14	101.56cdefg	0.56abcde	31.81bcdefgh	65.11bcdefghi
15	126.59a	0.42f	38.34a	67.66bcde
16	94.65efg	0.52abcdef	29.72cdefghi	67.54bcdef
17	106.58bcdefg	0.59abc	26.21ghi	60.35efghij
18	89.48g	0.48bcdef	28.62cdefghi	51.81kl
19	103.37bcdefg	0.53abcdef	26.04hi	58.01hijk

材料编号	株高/cm	叶宽/cm	叶长/cm	丛幅/cm
20	103.64bcdefg	0.45ef	33.18abcd	68.92bcd
21	122.36ab	0.62a	35.57ab	79.70a
22	103.79bcdefg	0.51abcdef	24.3i	49.35l
23	115.29abcd	0.56abcde	32.63bcdef	70.41bc
24	119.50abc	0.55abcde	29.16cdefghi	72.16b
25	114.73abcde	0.59abcd	32.98abcde	70.03bc

注：同列中标有不同字母表示差异显著（$P<0.05$）。

⑦ 卫星搭载对新麦草种子产量组分的影响。卫星搭载组生殖枝高度、生殖枝数、单株种子重量和单株种子数均显著增加，与对照间差异显著，但千粒重则呈减少趋势。搭载后新麦草当代种子变小，但由于生殖枝数及单株种子数量增加，单株种子重量仍高于对照。

不同含水量处理，卫星搭载后新麦草种子产量组分变化不同。搭载组种子含水量14%的生殖枝高、生殖枝数、单株种子数和单株种子重量均高于其他水分处理，其中单株种子重量和单株种子数间差异显著；搭载组种子含水量10%的各项指数均低于其他处理，其中单株种子数与其他水分处理间差异显著。总之，搭载组以新麦草种子产量组分为指标，种子含水量14%的诱变敏感性最高，以含水量10%最低。

(2) 卫星搭载对新麦草抗旱生理指标的影响　于晓丹2010年对航天搭载的新麦草的诱变当代单株中目测选择植株高、叶片大、丛幅宽的植株25个，测定25份材料的相对含水量、丙二醛含量、脯氨酸含量、可溶性糖含量，综合比较其抗旱性能，期望挑选出耐旱植株，为航天诱变新麦草耐旱品种选育提供基础，结果表明15号、21号、24号新麦草植株较高，15号、21号和11号新麦草叶片长较长，21号、7号、17号叶片较宽，10号、21号新麦草丛幅较大。1号和3号在干旱胁迫下可维持叶片较高的含水量，2号、3号、6号和23号通过提高可溶性糖的含量来保护植物体少受害，11号和12号可以将丙二醛水平控制在较低水平，11号和24号新麦草的叶片中积累的脯氨酸含量比较高，具有较高的耐旱性。采用聚类分析，根据抗旱性，这25份新麦草材料分为三个抗旱级别，较强抗旱：23号、25号、24号、10号、21号和15号；中度抗旱：11号、18号、22号；较弱抗旱：12号、13号、16号、6号、7号、2号、3号、4号、8号、17号、9号、1号、20号、5号、14号和19号。

25个航天诱变新麦草种质材料的丙二醛含量：25个航天诱变新麦草材料的丙二醛含量之间存在一定的差异，其中23号和25号的丙二醛含量比较高，其中23号（3.19%）与其他种质差异显著（$P<0.05$）。11号和12号丙二醛含量显著低于

其他（$P<0.05$），分别为 0.26％和 0.27％（表 5-24，图 5-21）。丙二醛含量最高的 23 号种质是含量最低的 11 号种质的 12 倍多。

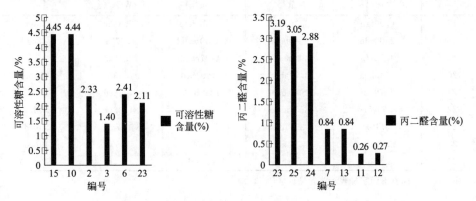

图 5-21　部分航天诱变新麦草种质材料的丙二醛、可溶性糖含量

25 个航天诱变新麦草种质材料的可溶性糖含量：25 份航天诱变新麦草种质材料中，15 号和 10 号可溶性糖含量显著高于其他，分别为 4.45％和 4.44％，而 2 号、3 号、6 号和 23 号比较低，其中 3 号种质最低（1.40％），与其他种质相比具有显著性差异（$P<0.05$）。15 号种质可溶性糖含量是 3 号种质的 3.2 倍（表 5-24，图 5-21）。

表 5-24　25 个航天诱变新麦草种质材料的生理生化指标分析

材料编号	丙二醛（MDA）含量/％	可溶性糖（SSC）含量/％	脯氨酸含量/(mg/g)	相对含水量（RWC)/％	叶色值 SPAD
1	2.02cde	2.65bcde	0.1253bcdef	93.55a	53abcd
2	2.16bcde	2.33de	0.0536g	83.89abc	52bcd
3	2.29bcde	1.40e	0.1395bcd	88.46ab	48bcd
4	2.05cde	2.74bcde	0.1256cdefg	78.60bc	55abcd
5	2.10cde	3.75abcd	0.0829defg	76.59c	47d
6	0.99fgh	2.41de	0.0627fg	84.00abc	49bcd
7	0.84gh	3.61abcd	0.0683defg	78.48bc	54abcd
8	0.90fgh	3.37abcd	0.0882cdefg	79.75bc	52bcd
9	0.93fgh	2.48cde	0.0786defg	79.78bc	50bcd
10	0.94fgh	4.44a	0.1336bcde	80.02bc	59a
11	0.26h	2.91abcde	0.1892ab	80.98bc	52bcd
12	0.27h	4.33ab	0.1426bcd	79.47bc	53abcd
13	0.84gh	2.63cde	0.1293bcde	78.29bc	52bcd
14	2.38abcde	3.03abcde	0.1268bcdef	76.26c	50bcd
15	1.58efg	4.45a	0.1067cdefg	64.39d	51bcd
16	1.52efg	3.04abcde	0.1740bcd	74.71c	54abcd

材料编号	丙二醛(MDA)含量/%	可溶性糖(SSC)含量/%	脯氨酸含量/(mg/g)	相对含水量(RWC)/%	叶色值 SPAD
17	0.90fgh	3.36abcd	0.0839defg	77.85bc	55abcd
18	2.00cde	2.73bcde	0.1140bcdef	76.78c	48cd
19	1.52efg	3.06abcde	0.1137cdefg	74.12cd	56ab
20	2.34abcde	3.70abcd	0.1407bcd	77.63bc	55abc
21	1.79def	3.04abcde	0.1268bcdef	74.12cd	47d
22	2.53abcd	3.56abcd	0.1329bcd	81.32bc	54abcd
23	3.19a	2.11de	0.1332bcde	84.87abc	50bcd
24	2.88abc	4.14abc	0.2058a	75.50c	49bcd
25	3.05ab	3.00abcde	0.1524abc	78.24bc	52abcd

注：同列中标有不同字母表示差异显著（$P<0.05$）。

25 个航天诱变新麦草种质材料的脯氨酸含量：11 号和 24 号脯氨酸含量比较高，其中 24 号显著高于其他（$P<0.05$），含量为 0.2058mg/g。而 2 号和 6 号脯氨酸含量比较低，其中 2 号脯氨酸含量最低，仅为 0.0536mg/g，显著低于其他（表 5-24，图 5-22，$P<0.05$）。24 号种质脯氨酸含量是 2 号的 3.8 倍。

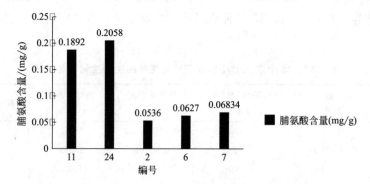

图 5-22　航天诱变新麦草种质材料的脯氨酸含量

25 个航天诱变新麦草种质材料的叶片相对含水量：1 号和 3 号叶片相对含水量较高，分别为 93.55% 和 88.46%，其中 1 号种质显著高于其他。5 号、13 号、14 号、16 号、18 号、24 号和 15 号种质的叶片相对含水量比较低，其中 15 号表现最差（64.39%），显著低于其他（表 5-24，图 5-23，$P<0.05$），仅为相对含水量最高的 1 号的 68.83%。

25 个航天诱变新麦草种质材料的叶色值：25 个航天诱变新麦草种质材料的叶色值之间存在一定的差异性，叶色值在 47～59 之间。其中 10 号和 19 号的叶色值较大，分别为 59 和 56。5 号和 21 号的叶色值较小，分别为 47 和 47，显著低于 10 号和 19 号（表 5-24，图 5-24，$P<0.05$）。叶色值最大的 10 号是叶色值最小的 19 号的 1.26 倍。

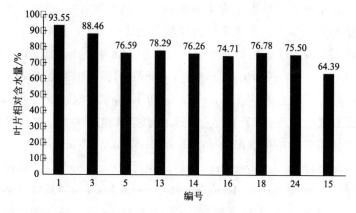

图 5-23　部分航天诱变新麦草种质材料的叶片相对含水量

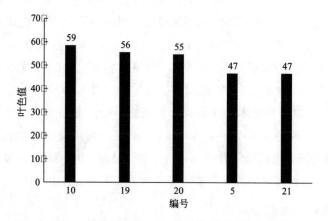

图 5-24　部分航天诱变新麦草种质材料的叶色值

（3）新麦草航天诱变育种过程及成果　在航天诱变新麦草群体中，以产草量高、株丛大为选育目标，经过一代的单株选择和二代的混合选择，初步选育出一个航天诱变新麦草新品系，进一步的测定还在进行中。

三、冰草属航天育种研究进展

1. 冰草属简介

冰草属（*Agropyron*）牧草是禾本科小麦族中的多年生草本植物，是改良退化的天然草地和建立人工放牧地时的优良牧草。广布于草甸草原、典型草原和荒漠草原区，具有广泛的地理分布和多变的生态幅度。冰草具有极强的抗旱、耐寒、耐贫瘠土壤等生物学特性，它返青早、枯黄晚、青绿持续期长，茎叶柔软，适口性好，营养成分含量高，为各类家畜所喜食。冰草属多年生疏丛型中寿命禾草。生产性能好，一旦建植可利用数年，分蘖能力和再生性强。

前苏联是冰草属牧草资源最为丰富的国家，拥有世界上 86％的冰草种类。广义冰草属包括约 100 多种，狭义冰草属仅包括约 15 个种，主要分布在前苏联、蒙古和中国等一些欧亚国家，中国有 5 个种，分别为冰草 [A. cristatum（L.）Geartn.]、沙生冰草 [A. desertorum（Fisch.）Schult.]、西伯利亚冰草 [A. sibiricus（Willd.）Beauv.]、蒙古冰草（A. mongolicum Keng）、米氏冰草（A. michnoi Roshev.）。人工育成品种共有 17 个，主要来自于美国和加拿大。中国培育出 3 个品种，分别为'内蒙'沙芦草（A. mongolicum Keng cv.'Neimeng'）、'蒙农'杂种冰草（A. cristatum×A. desertorum cv. Hycrest'Mengnong'）、'蒙农 1 号'蒙古冰草（Agropyron mongolicum Keng cv. Mengnong No. 1）。'蒙农'杂种冰草以美国的杂种冰草'Hycrest'为选择的原始群体，'Hycrest'是由诱导四倍体扁穗冰草（A. cristatum cv. Fairway，2n＝28）和天然四倍体沙生冰草（A. desertorum，2n＝28）种间杂交育成，1984 年，由美国农业部农业研究所、犹他州农业试验中心和土壤保护所育成（云锦凤等，1999）。1985 年，内蒙古农业大学从美国引进'Hycrest'并在呼和浩特试种。1987 年，以植株整齐高大、分蘖数多为目标，进行 2 次单株选择和 1 次混合选择（王润莲，2007）。1992～1994 年，在呼和浩特进行品种比较试验，以原始群体'Hycrest'作对照，确定其适应性、丰产性及抗逆性均强于对照。1994～1996 年，在呼和浩特、东胜、固阳县、白旗进行区域试验。1996 年，开始进行多点试验，并进行种子扩繁。1999 年，通过全国牧草品种审定委员会审定，登记为育成品种'蒙农'杂种冰草（霍秀文，2004）。

2. 冰草属航天搭载情况

2006 年实践八号搭载的'蒙农'杂种冰草，其为多年生疏丛型禾草，根系多集中于 5～25cm 土层中，须根粗壮，具沙套。茎秆直立，较粗，株高 90～105cm。叶深绿色，叶鞘光滑无毛，短于节间。穗状花序排列紧密，顶端两小花不育。外稃具短芒，芒长约 3～6mm。颖果披针形，黄褐色。春季返青早，秋季枯黄期晚，生育期 138 天左右。'蒙农'杂种冰草种子播种后 7～10 天就能出苗，遇上雨天 5 天左右就能出苗；不同贮藏年限的'蒙农'杂种冰草种子有不同程度的休眠和生活力下降的现象。'蒙农'杂种冰草抗逆能力强，具有耐旱、耐寒性强、耐盐性强、适应性强、青绿期长、饲用价值高的特点，是我国北方干旱、半干旱地区人工草地建设的良好禾草材料。

3. 冰草属航天诱变效应

（1）种子发芽情况 由于'蒙农'杂种冰草种子经过太空处理以后，种子某些酶活性增强，造成前期发芽特性没有受影响，但是随着贮藏时间的延长，空间处理的种子消耗呼吸物质过多，促使后期某些种子失去生理活性，导致整体发芽势和发芽率降低。因此，空间环境影响'蒙农'杂种冰草种子寿命。搭载后的'蒙农'杂种冰草种子应该及时种植，贮藏时间不宜过长。

空间环境诱变后的'蒙农'杂种冰草种子活力随着贮藏时间的延长而降低，在搭载后贮藏 2 年内，随贮藏时间延长，发芽率、发芽势、发芽指数均降低，差异显著（$P<0.05$）；发芽速度也降低，差异不显著（$P>0.05$）。未搭载种子随贮藏时间延长，发芽率、发芽势、发芽指数和发芽速度均没有显著变化（$P>0.05$）（表 5-25）。

表 5-25　空间环境对'蒙农'杂种冰草诱变后不同贮藏时间发芽情况

项　目		发芽率	发芽势	发芽指数	发芽速度
19 个月	对照	95%a	90%a	5.71a	0.19a
	处理	94%a	87%a	5.64a	0.18ab
25 个月	对照	93%a	90%a	5.86a	0.16ab
	处理	83%b	79%b	4.84b	0.15b

注：小写字母代表在 0.05 水平显著。

（2）植株生长情况　搭载后植株明显矮化，叶片变短、叶片增宽、单株鲜重明显增加。空间环境对叶片数和分蘖数没有显著影响，对株高、叶片长、叶片宽、单株鲜重影响较大。种子播种 60 天后发现，经过搭载后 2.1% 的植株高度低于222mm，3.2% 的植株叶片长低于 145mm，5.3% 的植株叶片宽超过 3.73mm，8.4% 的植株单株重超过 0.9337g。

① 叶片。平均叶片长变化不大，未搭载的植株叶片长 252.8mm，搭载的叶片长为 247.4mm；叶片长变幅增大：未搭载的植株叶片长为 146～350mm，搭载的叶片长为 90～334mm。搭载后出现了一些叶片短的突变株。

平均叶片宽增加：未搭载的植株宽为 2.38mm，搭载的叶片宽为 2.59mm，叶片宽增加 0.21mm；叶片宽变幅增大：未搭载的植株叶片宽为 1.10～3.72mm，搭载后叶片宽为 1.00～4.08mm；搭载后出现了一些叶片较宽的突变株。

空间环境对'蒙农'杂种冰草各生长阶段叶片数没有显著影响（$P>0.05$）。未搭载的植株平均叶片数为 9，搭载后植株叶片数为 10；叶片数变化范围也没有显著变化。刈割后再生植株的叶片数也没有显著变化。

② 分蘖数。空间环境对'蒙农'杂种冰草各生长阶段分蘖数没有显著影响（$P>0.05$），但搭载后植株分蘖提前，群体分布没发现特殊分蘖数的个体植株。刈割后，各阶段二者再生植株分蘖数差异均不显著（$P>0.05$）。

③ 株高。搭载处理对'蒙农'杂种冰草植株生长速度影响不显著。平均株高变小：未搭载植株平均株高为 336.6mm，搭载后平均株高为 330.5mm，株高减小6.1mm；株高变幅减小：未搭载植株株高为 223～443mm，搭载后株高为 171～340mm；搭载后出现一些矮化植株。

④ 鲜重。平均单株鲜重增加：未搭载植株平均单株鲜重为 0.4002g，搭载后为 0.4771g，增加 0.0769g；单株鲜重变幅增大：未搭载植株单株重为 0.0779～0.9336g，搭载后单株重为 0.0779～1.172g；搭载后出现了单株鲜重增加的突变株。

⑤ 抗旱性。在干旱胁迫下，叶片失水率低、保水力强的品种比较抗旱；膜伤害的程度可通过电导率值反映，其值的大小与品种的抗旱性有关；抗旱性强的品种能维持相对较高的光合速率；在干旱胁迫下，可溶性糖的含量可作为衡量抗旱性强弱的指标，脯氨酸高峰期出现迟且含量高者为抗旱力强；丙二醛含量减少能降低对细胞的伤害。植物抗旱性是由多因素作用的综合性状，鉴定一个品种的抗旱性强弱应取若干指标进行综合评价。

干旱胁迫的前 3 天，二者各项生理指标变化不大，主要是因为在水分胁迫的初期，植物处于自身调节的保护状态，不会影响正常生长发育。干旱胁迫的 3～9 天，随着水分胁迫继续进行，植物组织内水分继续减少，细胞与组织受到破坏，相对电导率增加，叶绿素、游离脯氨酸、可溶性糖和丙二醛含量都逐渐增加。综上，空间环境作用后在干旱胁迫下，'蒙农'杂种冰草抗旱性略有增强的趋势。

a. 叶片相对含水量。空间环境作用后'蒙农'杂种冰草细胞或者组织受损较轻，保水能力增强。在整个胁迫过程中，搭载处理的叶片相对含水量一直高于未搭载的，叶片相对含水量均随着干旱胁迫的加重而下降。在干旱胁迫的前 3 天，搭载和未搭载处理的叶片相对含水量变化不大；干旱胁迫 3～9 天，二者叶片相对含水量迅速下降，搭载后下降速度较未搭载慢，胁迫到第 9 天，二者相对含水量差异显著（$P < 0.05$）（图 5-25）。

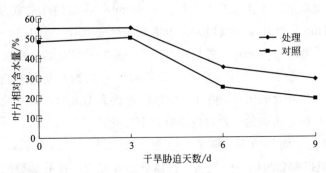

图 5-25　空间环境对'蒙农'杂种冰草干旱胁迫下叶片相对含水量的影响

b. 相对电导率。空间环境对'蒙农'杂种冰草叶片相对电导率没有影响。在整个胁迫过程中，搭载处理和未搭载的差异均不显著（$P > 0.05$），相对电导率均随着干旱胁迫的加重而上升。在干旱胁迫的前 3 天，二者相对电导率变化不大；干旱胁迫 3～9 天，搭载处理的相对电导率上升较未搭载的慢，胁迫到第 9 天，两者的相对电导率值趋于一致（图 5-26）。

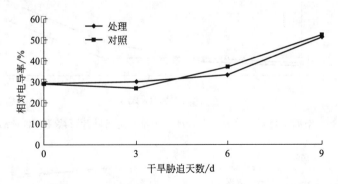

图 5-26　空间环境对'蒙农'杂种冰草干旱胁迫下叶片相对电导率的影响

c. 叶绿素含量。空间环境作用后叶片光合速率增强。在整个胁迫过程中，搭载后的叶片叶绿素含量高于未搭载的，叶绿素含量均随着干旱胁迫的加重而上升。在干旱胁迫的前 3 天，二者叶绿素含量变化不大；干旱胁迫 3～9 天，二者叶绿素含量缓慢上升，搭载后植株叶片叶绿素含量增加较快，胁迫到第 9 天，二者叶绿素含量差异显著（$P < 0.05$）（图 5-27）。

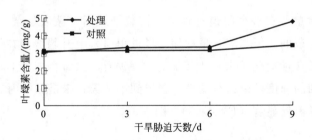

图 5-27　空间环境对'蒙农'杂种冰草干旱胁迫下叶片叶绿素含量的影响

d. 可溶性糖含量。空间环境作用后'蒙农'杂种冰草可溶性糖的调节能力减弱。可溶性糖含量均随干旱进程呈上升趋势。在干旱胁迫的前 3 天，二者可溶性糖含量变化不大，干旱胁迫 3～9 天，二者可溶性糖含量都呈上升趋势，处理上升速度较对照慢，胁迫到第 9 天，搭载处理后可溶性糖含量低于未搭载的，二者可溶性糖含量差异显著（$P < 0.05$）（图 5-28）。

e. 脯氨酸含量。空间环境对'蒙农'杂种冰草脯氨酸的调节能力没有显著影响。叶片脯氨酸含量均随干旱进程而呈先上升后又下降趋势。在干旱胁迫的前 3 天，二者脯氨酸含量平稳上升；胁迫到第 6 天，两者脯氨酸含量急剧上升，处理上升速度小于对照，二者出现峰值，处理的峰值大于对照，二者差异不显著（$P > 0.05$）；水分胁迫到第 9 天，二者脯氨酸含量都呈下降趋势，搭载后脯氨酸含量下降速度较未搭载快，二者脯氨酸含量几乎相等（图 5-29）。

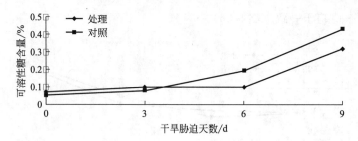

图 5-28　空间环境对'蒙农'杂种冰草干旱胁迫下叶片可溶性糖含量的影响

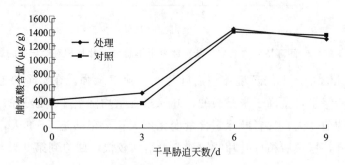

图 5-29　空间环境对'蒙农'杂种冰草干旱胁迫下叶片脯氨酸含量的影响

f. 丙二醛含量。在整个胁迫过程中，搭载处理后'蒙农'杂种冰草叶片丙二醛含量低于未搭载的。丙二醛含量均随干旱进程而呈上升趋势。在干旱胁迫的前 3 天，二者丙二醛含量变化不大；干旱胁迫 3～9 天，二者丙二醛含量都急剧上升，搭载处理后增加的速度较未搭载的慢；胁迫到第 9 天，未搭载的丙二醛含量高于搭载处理的，二者差异显著（$P<0.05$）（图 5-30）。

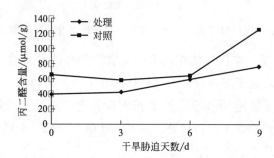

图 5-30　空间环境对'蒙农'杂种冰草干旱胁迫下叶片丙二醛含量的影响

⑥ 细胞有丝分裂。空间环境对'蒙农'杂种冰草植株根尖细胞分裂指数没有显著影响。细胞前期分裂指数显著高于中期、后期和末期的指数（$P<0.05$）；未搭载处理的中期分裂指数显著高于末期分裂指数（$P<0.05$），而搭载处理后中期、后期和末期分裂指数间没有明显的差异（$P>0.05$）。二者在同一时期细胞分裂指数以及有丝分裂指数差异均不显著（$P>0.05$）（表 5-26）。

表 5-26 空间环境对'蒙农'杂种冰草有丝分裂指数影响

项　目	对　照	处　理	项　目	对　照	处　理
前期分裂指数	0.030993a	0.031779a	末期分裂指数	0.005502c	0.005020bc
中期分裂指数	0.012541b	0.009052b	有丝分裂指数	0.058988a	0.051816a
后期分裂指数	0.009953bc	0.005964b			

注：小写字母代表在 0.05 水平显著。

⑦ 同工酶。有学者研究发现，植物的高度与过氧化物酶有一定的相关性，原因可能是细胞中吲哚乙酸（IAA）被氧化，影响了生长速度。过氧化物酶具有氧化分解吲哚乙酸的功能，而 IAA 在调节植物细胞伸长、顶端优势、生根、休眠及春花作用等方面具有重要作用（梁艳荣，2003；张维强，1987）。'蒙农'杂种冰草太空诱变后的矮化突变株与未搭载处理的材料间的过氧化物酶酶谱显著不同，诱变后未矮化植株谱带分布没有变化，酶活性减弱。太空诱变后矮化突变株，过氧化物酶谱带减少，酶活性明显增强或减弱，这可能与空间环境改变了部分植株的过氧化物酶的功能，从而影响了细胞中吲哚乙酸的氧化分解，使生长速度受到影响有关。

酯酶同工酶是一种非特异性的酶，维持细胞的正常生理代谢（张明龙，1998）。一方面它能水解植物体内有害的酯类化合物，如植物种子中的苯酚或萘酚的酯，延缓种子衰老；另一方面，参与植物的异化作用，与磷代谢和脂代谢有关（晋坤贞，1994）。酯酶同工酶酶带的差异是有关基因表达和调控的结果。酯酶同工酶活性强、种类多预示着磷、脂代谢的加强。太空诱变后各材料与未诱变材料间酯酶同工酶酶谱谱带显著不同，谱带数增加，部分材料酶活性增强。矮化突变株谱带数明显增加，诱变后未矮化的植株谱带数变化不明显。空间诱变可能使磷、脂类代谢变得活跃，所以酯酶活性强、种类也多。

a. 过氧化物酶同工酶。太空诱变后过氧化物酶谱带数没有增加，材料 1、2、3、4、5、8、9 谱带数减少，材料 6、7、10、11、12 谱带数没有变化，6、7、10 酶活性增强，11 和 12 酶活性减弱。说明太空诱变后的矮化突变株与未搭载处理的材料间的过氧化物酶酶谱显著不同，诱变后未矮化植株谱带分布没有变化，酶活性减弱。经太空诱变后酶活性明显增加或减弱（图 5-31）。矮化突变株与对照植株酶谱相似系数小于诱变后未矮化植株与对照植株的相似系数（表 5-27）。太空诱变影响了'蒙农'杂种冰草部分植株的生理生化代谢过程，导致矮化突变株的出现。

表 5-27 太空诱变后'蒙农'杂种冰草开花期叶片过氧化物酶同工酶酶谱相似系数

材料编号	1	2	3	4	5	6	7	8	9	10	11	12
CK1	0.25	0.33	0.67	0.67	0.40	0.60	0.60	0.67	0.67	0.60	0.60	0.60
CK2	0.33	0.20	0.40	0.40	0.80	1.00	1.00	0.40	0.40	1.00	1.00	1.00
CK3	0.33	0.20	0.40	0.40	1.00	1.00	1.00	0.40	0.40	1.00	1.00	1.00

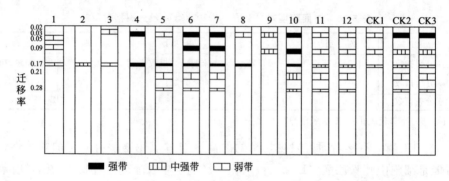

图 5-31　太空诱变后'蒙农'杂种冰草开花期叶片过氧化物酶同工酶酶谱

1~9 为太空诱变处理后的矮化植株；10~12 为诱变后未矮化植株；

CK1~CK3 为未进行太空诱变的植株（对照）

b. 酯酶同工酶分析。太空诱变后各材料与未诱变材料间酯酶同工酶酶谱谱带显著不同，谱带数增加，部分材料酶活性增强。1 号材料增加了 3 条酶活性较强的谱带；材料 4、8、5、6 丢失了对照材料原有的谱带，出现了数量不等的新谱带；2、3、7、9、10、11、12 号材料在对照材料原有谱带上增加了新的谱带；10、11、12 号材料谱带变化不显著。综上，矮化突变株谱带数明显增加，诱变后未矮化的植株谱带数变化不明显（图 5-32）。矮化突变株与对照植株酯酶酶谱相似系数明显小于未矮化的诱变株与对照植株酶谱相似系数（表 5-28）。

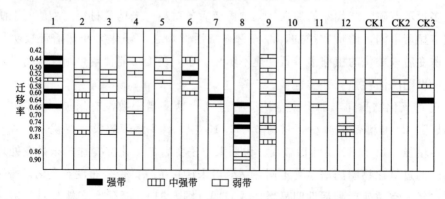

图 5-32　太空诱变后'蒙农'杂种冰草开花期叶片酯酶同工酶酶谱

1~9 为太空诱变处理后的矮化植株；10~12 为诱变后未矮化植株；

CK1~CK3 为未进行太空诱变的植株（对照）

表 5-28　太空诱变后'蒙农'杂种冰草开花期叶片酯酶同工酶酶谱相似系数

材料编号	1	2	3	4	5	6	7	8	9	10	11	12
CK1	0.00	0.00	0.00	0.00	0.00	0.00	0.00	0.00	0.25	0.67	0.67	0.40
CK2	0.00	0.00	0.00	0.00	0.00	0.00	0.00	0.00	0.25	0.67	0.67	0.40
CK3	0.40	0.40	0.00	0.17	0.25	0.50	0.33	0.00	0.00	0.00	0.00	0.00

四、其他禾本科属牧草航天育种研究进展

1. 雀麦属航天育种简介

（1）雀麦属简介　雀麦属是禾本科中较大的一个属，文献对雀麦属物种数量的估计从 100～400 不等。雀麦属植物适于生长在温度适中的地区，在世界各地均有分布，一年生或多年生草本，多为优良饲料植物。雀麦属在我国约有 20 多种，分布区域十分广泛，主要是在温带区域。雀麦属植物不同种差异很大，雀麦属植物大部分时间叶鞘关闭；芒通常生于外稃近尖端；子房附有许多毛状物；叶和叶鞘有些无毛，有些稀少毛，有些多毛；花序松散，开放式的圆锥花序通常下垂，有时伸展。

一些雀麦品种在防治水土流失上有利用价值，但必须谨慎利用，因为它有很强的蔓延能力，要防止它成为入侵的杂草。美国及欧洲一些国家都曾发生过一年生雀麦大肆入侵、繁殖现象，给当地畜牧业和草地生态农业带来了严重的负面影响。随着对雀麦研究的不断深入，人们也发现雀麦具有许多利用价值。有些雀麦由于其优良的品质而被广泛利用，如无芒雀麦耐寒性很强，可作为草皮材料和干草饲料；河边雀麦丛生且适于低温生长，主要用作人工草地。

（2）雀麦属育种进展　国内外雀麦属的育种与栽培研究的主要品种是无芒雀麦。无芒雀麦原产于欧洲，广布于欧亚大陆温带地区，在中国东北、华北、西北等地有广泛分布，并有栽培品种。无芒雀麦是世界著名的、高产优质的、栽培最有前途的优良牧草之一。经过选育无芒雀麦已成为亚洲、欧洲和北美洲干旱寒冷地区的一种重要栽培牧草。

美国自 1884 年以来先后从匈牙利、奥地利、俄罗斯及中国引入，培育出了不同的栽培优良品种，其中适宜于美国北部栽培的品种‘满克尔’（cv. Manchar）就是从我国东北搜集的种质资源而培育成的。我国东北 1923 年开始引种栽培，1949 年后各地普遍进行种植，是北方地区一种很有栽培价值的禾本科牧草。我国的无芒雀麦种质资源搜集和研究工作开始于 20 世纪 60 年代，到 80 年代中期前，发展极为缓慢。从"七五"开始，才列入了国家科技攻关研究行列，并使其得到了空前、高速的发展。到目前为止，在国家长期库、国家牧草中期库和国家多年生牧草圃保存的无芒雀麦种质资源有 126 份，并对其进行了农艺性状的初步鉴定，还对部分种质进行了抗逆性鉴定和评价，筛选出一批高产、优质的种质，已在生产中推广利用。经全国牧草品种审定委员会审定通过并予以登记及地方选育的无芒雀麦品种已有‘卡尔顿’无芒雀麦、‘公农’无芒雀麦、‘林肯’无芒雀麦、‘奇台’无芒雀麦、‘锡林郭勒’无芒雀麦、‘新雀 1 号’无芒雀麦、‘乌苏 1 号’无芒雀麦、‘农菁 6 号’无芒雀麦等，近年还培育出了优良的杂交种雀麦，如‘S-9073M’，杂交的新品

种具有产量增加、凋谢晚、再生能力强、匍匐根减少和种子产量增高等优良性状。

(3) 雀麦属卫星搭载　目前，我国只进行了一次卫星搭载研究，2005 年 8 月黑龙江省农科院草业研究所将保加利亚引进的无芒雀麦'nica'干种子搭载于第 21 颗返回式科学试验卫星，卫星参数为：2005 年 8 月 2 日搭载我国第 21 颗返回式科学试验卫星。卫星轨道倾角为 63°，轨道近地点高度约 170km，远地点高度约 490km，回收舱舱内温度为 15～25℃，太空飞行 27 天回收。经过 6 年的研究现已选育出无芒雀麦航天诱变育种新材料 14 份，新品系 4 个，总结出无芒雀麦太空环境诱变、目标突变体定向筛选和重要突变特性鉴定等关键技术，建立无芒雀麦航天诱变与突变体筛选技术体系 1 套。

(4) 雀麦属航天诱变效应研究

① 雀麦属航天诱变 SP1 代细胞学效应。当年对卫星搭载种子和地面对照种子根尖细胞有丝分裂、细胞核畸变、细胞染色体畸变进行了研究分析，研究发现，与地面对照组相比，空间诱变可有效促进雀麦根尖细胞有丝分裂，诱发根尖细胞产生微核，诱导染色体发生畸变。在 2335 个地面对照种子细胞中，有丝分裂细胞数为 153 个，有丝分裂指数为 6.55%。在 3017 个空间诱变处理的无芒雀麦种子细胞中，有丝分裂细胞数 226 个，有丝分裂指数为 7.49%，空间诱变处理有丝分裂指数比对照高 0.94%，航天诱变可促进无芒雀麦根尖细胞的有丝分裂。在太空诱变处理无芒雀麦种子根尖细胞有丝分裂时期发现单微核，核畸变率为 0.38%，地面对照组种子细胞在有丝分裂期没有发现单微核，畸变率为 0。有丝分裂指数和细胞核畸变表明空间诱变对无芒雀麦种子细胞核有显著的诱变效应，核畸变的主要类型为单核畸变。观察空间诱变和地面对照组根尖细胞染色体变化，结果显示在空间诱变种子根尖细胞中出现染色体单桥、染色体双桥、游离染色体、落后染色体和染色体粘连等畸变类型，染色体单桥率为 0.23%，染色体双桥率为 0.41%，游离染色体率为 0.10%，落后染色体率为 0.27%，染色体粘连率为 0.33%，染色体总畸变率为 1.34%，在地面对照组中未发现染色体畸变，表明空间环境下无芒雀麦染色体发生畸变，其后代群体中有发生变异的可能。

② 雀麦属航天诱变 SP1 代种子发芽及幼苗生长特征。在植物航天诱变育种研究中发现，大多数植物经航天诱变处理后期发芽率表现一定的抑制或促进作用。无芒雀麦航天诱变种子发芽率试验结果显示，航天诱变处理抑制无芒雀麦种子的发芽率，航天诱变处理种子发芽率为 48%，只有地面对照的 52.17%。航天诱变处理无芒雀麦幼苗生长研究结果为：航天诱变处理促进无芒雀麦幼苗生长，无论是苗长还是根长都大于对照，而根冠比小于对照，表明航天诱变处理对幼苗生长的促进作用大于对对根的促进作用。室内幼苗生长实验结果为：空间诱变处理的苗长平均长度为 11.21cm，比对照高 1.94cm，根的平均长度为 7.75cm，比对照高 0.04cm，根冠比

为 0.6931，地面对照组的根冠比为 0.7562（表 5-29）。

表 5-29　空间诱变无芒雀麦发芽及幼苗生长

项　　目	发芽率/%	苗长/cm	根长/cm	根/冠
地面对照	92	9.27	7.71	0.7562
空间诱变	48	11.21	7.75	0.6931

③ 雀麦属航天诱变 SP1 代农艺性状变异研究。植物航天育种研究中 SP1 代植株的主要农艺性状一般都会表现出一定程度的变异（也称作生理损伤），但由于生理损伤所致的形态变异一般不遗传，因此 SP1 代不进行变异选择。观察记载 SP1 代的生理损伤表现是无芒雀麦航天育种前期试验的一个重要步骤，观察方法为田间种植 SP1 群体，调查记录群体出苗率、存活率、生育期、株高、分蘖、叶片数、叶宽、叶长、茎粗、室内考种等。SP1 代的生理损伤的观测要注意以下两方面：ⓐ种植。种子经航天诱变处理后，与地面对照种子同时播种，SP1 代和对照应单粒种植，株行距均为 1m，单株群体数量应在 100 株以上。播种、苗期管理应精细，以保证幼苗有较高的成活率，同时还应注意设置隔离，防止混杂。ⓑ收获。无芒雀麦 SP1 代种子收获时采用一穗一粒或一穗少粒法。即 SP1 代经除伪去劣后，从每一株主穗上随机采收 1 粒或少粒种子，收后混合。

搭载种子回收当年在温室建立航天诱变 SP1 代和地面对照单株群体，研究 SP1 代农艺性状变异。航天诱变种植 1000 粒种子，出苗 515 株，存活 360 株，出苗率为 51.5%，存活率 36.0%。对照群体种植 300 粒，存活 226 株。当年收获无芒雀麦 SP1 种子 4800 粒。农艺学性状变异研究表明，航天诱变处理后无芒雀麦的熟期、株高、茎粗、分蘖、叶片宽度、穗型等出现变异，主要表现为生育期延长（晚熟）、株高变高、茎秆变粗、分蘖增加、叶片变宽、叶被蜡质等。

a. 生育期变化。航空诱变延长无芒雀麦的生育期。航空诱变 SP1 代从出苗到种子成熟经历 102 天，比对照多 4 天。SP1 代各个生育期天数分别为：苗期 20 天，分蘖期 13 天，拔节期 27 天，孕穗期 6 天，抽穗期 15 天，开花期 5 天，成熟期 21 天。地面对照生育期天数为：苗期 20 天，分蘖期 13 天，拔节期 27 天，孕穗期 5 天，抽穗期 15 天，开花期 8 天，成熟期 23 天。生育期调查发现航天诱变对无芒雀麦生殖生长时间没有影响，缩短营养生长时间（航空诱变营养生长期为 47 天，地面对照为 51 天）。

b. 株高和生长速率。航天诱变增加无芒雀麦 SP1 代的株高，株高调查显示在生育期内，自拔节期开始无芒雀麦 SP1 代群体的平均株高都高于地面对照，成熟期株高平均比对照高 12.3cm。航天诱变处理后植株的株高（成熟期）变动范围大于对照（SP1 代变异范围为 90～143.5cm，地面对照株高变动范围为 91.5～

130cm），诱变后代株高变异幅度高于对照，说明太空条件对无芒雀麦植株生长有较明显的促进作用。另外，航天诱变可加快无芒雀麦的生长速度，且营养生长速率大于生殖生长速率。T测验结果显示航天诱变 SP1 代与地面对照组的株高差异不显著。

c. 分蘖数。空间条件诱变无芒雀麦 SP1 代群体的平均分蘖数和单株分蘖数变动范围都高于对照，调查数据统计 SP1 代群体的平均分蘖数为 128 个/株，地面对照分蘖数为 103 个/株。SP1 代单株分蘖变动范围为 46～216 个，对照为 45～175 个。航天诱变处理无芒雀麦的高分蘖植株（100～2164）所占比例为 27.8%，明显高于对照，在一定意义上表明太空诱变提高无芒雀麦分蘖能力。

d. 茎粗、茎高和茎节数。空间诱变无芒雀麦 SP1 代群体的平均茎粗和茎节数与对照差异不明显，茎高差异显著，明显高于对照。

e. 叶片性状特征。航天诱变无芒雀麦 SP1 代群体和地面对照群体的叶片数、叶片长度和叶片宽度的分析结果显示，航天诱变无芒雀麦 SP1 代群体平均叶片数为 47，叶片数的变异范围为 31～59，叶片数和变异范围与对照没有差异；叶片长度和宽度明显高于对照，与对照差异极显著（$P<0.01$），SP1 代的叶片长度平均为 29.8cm，宽度为 11.5mm，其中长度比对照多 7.31cm，宽度比对照高 31.2%。

f. 穗长和小穗数。在农艺学性状研究中发现，航天诱变 SP1 代在穗长、穗颜色和小穗数上均发生变异，群体穗部性状表现为：穗长和小穗数高于对照，穗的颜色呈现深紫色或金黄色。

④ 雀麦属航天诱变 SP1 代抗逆性研究

a. 抗寒性。室内对无芒雀麦航天诱变 SP1 代植株抗寒性进行测定，$-10℃$、$-15℃$、$-20℃$、$-25℃$处理下航天诱变后代的超氧化物歧化酶（SOD）、叶绿素、丙二醛、可溶性糖和游离脯氨酸含量均高于对照（图 5-33）。田间调查无芒雀麦 SP1 代返青期较对照提前 4 天，返青率比对照稍高，表明航天诱变处理可提高无芒雀麦的抗寒性，但不能认定某单株就具有比对照较强的抗寒能力，且这种抗寒性是否可稳定遗传还需进行连续多代的鉴定才能做出结论。但从总体上来看，太空诱变对无芒雀麦植株的抗寒能力产生了一定的正面影响。

b. 抗旱性。随机选取 30 株航天诱变 SP1 代单株进行模拟抗旱试验研究。研究结果表明，航天诱变处理后无芒雀麦的抗旱性降低，在持续干旱的情况下，航天处理后代叶片先开始萎蔫、变黄，而对照在 48h 后才出现萎蔫现象，植株死亡也比航天诱变后代慢。2006 年试验区旱情严重，大田移栽的 SP1 代群体的抗旱性亦低于对照。

c. 抗病性。抗病性鉴定结果显示，航天诱变对无芒雀麦的抗病性影响不大，无论是航天诱变后代还是地面对照群体都出现褐斑病。

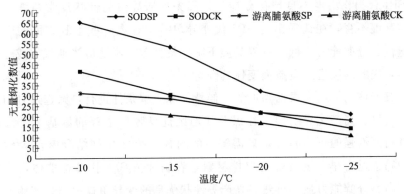

图 5-33　太空诱变低温处理 SOD 与游离脯氨酸含量

⑤ 雀麦属航天诱变育种过程及成果。将 SP1 代种子混收后单粒种植，建立 SP2 代单株群体，无芒雀麦航天诱变突变体选择时，田间单株间的距离应大于 1m，SP2 代单株群体数量应在 500 株以上，因为在 SP1 代农艺学性状观察中发现，在 SP1 代中出现多种质量性状变异类型。另外，在种植 SP2 代群体时应每隔一定距离插播地面对照，以利于进行单株的鉴别与选择。

SP2 代突变体的选择以田间选择为主，选择方法同常规育种。以单株为研究对象，记录单株生育期、各生育期内的主要形态学指标（株高、分蘖数、叶宽、叶长、叶色、茎粗、叶片数、茎节数、茎节距离）、成熟期单株鲜重及室内考种，筛选和鉴定变异单株。入选的 SP2 代突变体作为重点单株全收。变异单株的筛选和鉴定同田间观测与实际育种经验相结合。

2006 年种植 SP2 代单株 1500 份，穿插种植地面对照单株 300 份，从 SP2 代单株中选择出早熟变异、晚熟变异、株高变异、分蘖变异、茎秆变异、叶片长度变异、叶片宽度变异、小穗颜色变异、小穗种子数量变异及抗逆性变异等变异单株材料。

在约 1500 份无芒雀麦航天诱变 SP2 群体中出现频率不同的熟期、株高、分蘖、叶片大小、茎秆粗细、小穗颜色和种子数量等突变。各种突变类型间变异丰富，表现在熟期程度、高分蘖和植株高度不同，叶形出现长叶、宽叶等类型。其中有些突变体同时表现早熟、高植株、叶变长及小穗颜色等多个突变性状，同时也发现了熟期和耐旱性的变异。统计各性状变异率结果为：高植株变异率 6.55％、矮株变异率 0.07％、早熟变异率 2.87％、晚熟变异率 0.09％、多分蘖变异率 1.20％、茎粗变异率 1.81％、叶宽变异率 1.35％、叶长变异率 8.95％、小穗颜色变异率为 0.85％、种子数增加变异率 1.13％，有些单株同时表现多个变异类型，统计无芒雀麦航天诱变 SP2 代总变异率为 12.55％，其中变异类型最大的是叶长变异。另外，在 SP2 代单株群体中发现抗旱单株变异材料。

因 SP1 代损伤出现不良遗传效应、外界条件所导致的性状反常植株，以及严重畸变与高度不育，在选择出的 SP2 代变异单株中存在一些不利方面的变异，如鲜草产量低、分蘖能力降低、营养品质下降、抗性差（不适应当地气候或土壤立地条件）等，因此继续进行有益突变体的筛选。

有益突变体的筛选应根据当地的气候特征和土壤条件进行，筛选适宜当地种植的耐寒、抗旱、高产优异材料。在黑龙江地区优良牧草选育的最基本目标是耐寒性，选育耐寒性强的牧草品种是最需解决的问题。2008 年初结合返青从 SP2 代变异单株中筛选返青早、返青好的单株材料，春季种植 SP3 代单株群体，选择出抗旱、株高高、分蘖能力强、早熟、高产等性状优良的变异单株材料。实验室对选择出的有益突变体进行营养成分分析，筛选品种优良的单株材料。对表现最好的单株进行加代处理，以缩短育种周期（有条件可在海南进行加代鉴定和扩繁）。

SP4 代优异突变体遗传稳定性鉴定是将选择出的 SP3 代优异变异单株种植成穗系，单株种植，每一穗系种植 5m，每米单株 20～30 个，在一定间隔内应种植地面对照材料。鉴定方法主要通过田间调查株高、叶部质量和数量性状、熟期等一致性，选择时与对照材料进行比较，选择性状遗传一致、稳定的变异材料。在确定为优异稳定的变异材料中选择优异单株 5～8 个混收、扩繁转入品比试验。

对上一年选择出的遗传稳定材料进行品比试验，主要目的是决选综合性状（产量、品质和抗性）优良的材料作为新品系进行扩繁。品比试验种植 3～6 行区，比较内容有生育期、鲜草产量、干草产量、种子产量和质量、营养品质、抗旱性和抗病虫害能力等。

2010 年对上一年选择出的遗传稳定的优异变异材料进行了品比试验，通过产量比较、品质分析、熟期对比、抗性鉴定等方面的综合比较，决选出优异无芒雀麦新品系 4 个。

2. 鹅观草属航天育种简介

（1）鹅观草属简介　鹅观草属（*Roegneria* spp.）是禾本科小麦族（Triticeae）中最大的属。全世界约 130 余种，分布于北半球温寒地带，我国有 70 余种，主要分布于西北、西南和华北地区。鹅观草属多变异、多形性，多年生草本，丛生而无根茎，种类稀少可具短根头。叶片扁平或内卷；穗状花序顶生，直立或弯曲、下垂；穗轴节间延长，不逐节断落，顶生小穗正常发育；小穗无柄，或具极短的柄，含 2～10 朵小花；颖背部扁平或呈圆形而无脊，先端无芒或具短芒；外稃背部呈圆形而无脊，平滑、糙涩或被毛，先端无芒或往往延伸成长芒，芒直立或反曲；内稃具 2 脊，脊上粗糙或具纤毛；花药等于或短于内稃长度之半。颖果顶端具毛茸，腹面微凹陷或具浅沟。

鹅观草属植物喜生于草地、山坡、沟谷、河滩、路旁、灌丛、田边，个别种类能在比较极端的环境下生存，如小河中、戈壁、沙滩、石灰岩、沼泽地等。虽然鹅观草属植物生长的环境多样，但是该属却是一类具温寒特性的植物，仅分布于北半球温带和寒带，主要分布于北温带的亚洲、欧洲和北美洲，其中亚洲中部分布最普遍。在我国，鹅观草属植物在大部分省区都有分布，但主要分布于西北、西南、华北和东北。相对密集的地域是青藏高原植物亚区，有 4 组、13 系、38 种，还有 14 个特有种。其中该地区又以唐古特地区分布最多，有 3 组、12 系、30 种，分布有不同等级、不同演化水平的类群，该地区多汇聚鹅观草属许多原始类群和与原始类群很近缘的短柄草属植物，因此蔡联炳推测唐古特地区可能就是该属的现代分布中心和可能的起源地。

鹅观草属物种形态变异复杂，在属的范围、属内次级划分和物种概念等问题上，不同学者意见分歧很大。该属在形态上与冰草属（Agropyron）、偃麦草属（Elytrigia）等相近，基因组构成上与披碱草属（Elymus）同具有 St 基因组和 H 基因组，同时还与短柄草属（Brachypodium）存在系统联系，因而是个分类上很难处理的类群。杨锡麟（1987）在耿以礼（1959）分组的基础上新增 1 新组、15 新系、32 新种和 16 新变种，编写了《中国植物志》，确定鹅观草为 29 系、70 种、24 变种。

近年来，随着生物技术的发展，许多学者不仅从形态学上区分鹅观草属与冰草属、披碱草属和偃麦草属，同时在细胞学、分子学和同工酶水平上进行分类学区分，对鹅观草属物种的分类不断进行修订。修订后，鹅观草属以花序狭长、穗轴节间延伸，单生小穗纤瘦，颖、无脊，小花非逐节脱落等性状为基本特征。蔡联炳（1997）根据这些修改再次对鹅观草属进行了修订，按照"颖分组、芒分系"的原则在中国共划分了 4 组、18 系、79 种、22 变种，并且后来经查认为中国类群的组、系划分也基本上包罗了国外类群的隶属等级，相差数额仅在 1、2 系之间。

（2）鹅观草属育种进展　鹅观草属具有高产、优质、抗寒、抗旱、抗病、抗虫等优良性状，为麦类作物和牧草育种提供了丰富的基因库，是农业上重要的种质资源，具有重要的经济价值。目前，鹅观草属植物的研究多集中在形态学、细胞学、同工酶等方面。这些研究为鹅观草属物种的分类研究和优异基因的挖掘、利用提供了可靠的理论依据，但对于具有 130 余种的大属来说，这些研究远远不够。鹅观草属的分类问题仍存在很大的分歧，鹅观草属内的很多物种的基因组构成还不清楚等，这些都阻碍了鹅观草属的深入研究。

鹅观草属植物多为草原和草甸的组成成分，是优良的牧草，饲用价值极高，有的物种具有麦类作物的抗病、抗寒、耐旱、耐碱等特性及长穗、多粒的优点，而且能够通过现代遗传和生物技术的方法把这些基因转移到栽培麦类作物遗传背景中来，是农业上重要的种质资源。因此，作为丰富麦类作物和牧草遗传多样性的基因资源库，其具有重要的经济价值。鹅观草属主要作为麦类作物基因资源库，而作为牧草育种研究很少，现报道选育的鹅观草属品种很少，只有'青海'鹅观草和'林西'鹅观草两个。目前我国鹅观草只进行了一次卫星搭载研究，2005 年 8 月黑龙江省农科院草业研究所将野生采集的垂穗鹅观草干种子搭载于第 21 颗返回式科学试验卫星，开始鹅观草属航天育种研究。2005～2010 年经单株、株行、株系及海南加代，选育出产量高、株高高、品质好、种子产量高的垂穗鹅观草新品系 3 个，总结出垂穗鹅观草太空环境诱变、目标突变体定向筛选和重要突变特性鉴定等关键技术，建立鹅观草属航天诱变与突变体筛选技术体系，为鹅观草属诱变育种提供技术支撑。

（3）搭载情况　2005 年 8 月 2 日搭载我国第 21 颗返回式科学试验卫星。卫星轨道倾角为 63°，轨道近地点高度约 170km，远地点高度约 490km，回收舱舱内温度为 15～25℃，太空飞行 27 天回收。搭载野生采集的垂穗鹅观草，同批未搭载作为地面对照。

（4）鹅观草属航天诱变效应

① 鹅观草属航天诱变 SP1 代细胞学效应。垂穗鹅观草航天诱变 SP1 代细胞学效应研究发现，与地面对照组相比，空间诱变可有效促进垂穗鹅观草根尖细胞有丝分裂，诱发根尖细胞产生微核，诱导染色体发生畸变。在 2654 个地面对照种子细胞中，有丝分裂细胞数为 127 个，有丝分裂指数为 4.78%（表 5-30）。

表 5-30　航天诱变垂穗鹅观草微核变化

项　目	有丝分裂指数/%	细胞总数/个	单核率/%	双核率/%	核总畸变率/%
对照 CK	4.78	3150	0.14	0	0.14
航空诱变	8.55	3625	12.23	3.14	15.37

② 鹅观草属航天诱变 SP1 代种子发芽及幼苗生长特征。在垂穗鹅观草航天诱变种子发芽与幼苗生长研究中发现，空间诱变降低垂穗鹅观草种子的发芽率，促进幼苗的生长发育，空间诱变处理促进幼苗叶的生长，抑制根的发育。航天诱变处理垂穗鹅观草的发芽率为 73%，地面对照为 91%，航天诱变处理的发芽率比对照低18%。在幼苗生长阶段，空间诱变处理的苗长平均长度为 8.49cm，比对照低1.75cm，根的平均长度为 7.94cm，比对照高 0.46cm。航天诱变的根冠比为0.9352，地面对照组的根冠比为 0.7305，表明空间诱变处理对垂穗鹅观草苗的抑制作用强于根（表 5-31）。

表 5-31　空间诱变垂穗鹅观草发芽及幼苗生长

项　目	发芽率/%	苗长/cm	根长/cm	根/冠
地面对照	91	8.49	7.48	0.7305
空间诱变	73	10.24	7.94	0.9352

③ 鹅观草属航天诱变 SP1 代农艺性状变异研究。一般情况下 SP1 代植株会表现出一定程度的生理损伤，但由于生理损伤所致的形态变异一般不遗传，因此 SP1 代不进行变异选择。观察记载 SP1 代的生理损伤表现是垂穗鹅观草航天育种前期试验的一个重要步骤，观察方法为田间种植 SP1 代群体，调查记录群体发芽率、出苗率、存活率、幼苗高度、生育期、株高、分蘖、叶片数、叶宽、叶长、茎粗、室内考种等。

2005 年温室种植垂穗鹅观草航天诱变 SP1 代群体 286 个单株，对照群体 103 个单株，研究 SP1 代生理损伤，并收获种子 890 粒。生理损伤研究表明，航天诱变处理后垂穗鹅观草的熟期、株高、茎粗、叶色等出现损伤，主要表现为熟期延长（晚熟）、株高变高、叶色加深出现蜡被。

航天诱变延长垂穗鹅观草的生育期。航天诱变 SP1 代垂穗鹅观草的生育期为 94 天，地面对照为 89 天，生育期延长 5 天。

④ 鹅观草属航天诱变 SP1 代抗逆性变异研究

a. 抗旱性。第二年春季将垂穗鹅观草航天诱变 SP1 代单株群体移栽田间，进行模拟抗旱试验研究。研究结果表明，航天诱变对垂穗鹅观草的抗旱能力没有太大影响，无论是对照还是航天诱变处理抗旱能力都较强。

b. 抗病性。2008 年、2009 年试验地发生黑穗病，而空间诱变 SP1 代植株上未发现病害，表明太空诱变可提高垂穗鹅观草的抗病能力。

c. 耐盐碱性。2008 年春季（5 月 3 日）将航天诱变处理的 SP1 代种子和地面对照种子种植在黑龙江省农科院草业研究所绥化研究基地，每个处理种植 24m²，3 次重复，设置碱斑为对照。在整个生长期内严格控制杂草，调查生育期、株高、密度、地上生物量、地下生物量及土壤理化性质（土壤 0~30cm 的混合样），研究辐射处理后代的盐碱化土壤条件下的生长适应性差异，比较航天诱变后代的耐盐碱能力。调查数据统计结果为：航天诱变处理 SP1 代在盐碱化草地上的株高、盖度、生物产量（地上、地下）都高于对照，对盐碱化土壤理化性质的改变作用也好于对照，表明航天诱变处理增强垂穗鹅观草在盐碱化土壤条件的生长适应性，提高垂穗鹅观草的耐盐碱能力。无论是航天诱变处理还是地面对照都能在盐碱化草地上生长，在一定程度上说明垂穗鹅观草是一适宜盐碱化土地生长的优良牧草品种。如图 5-34 所示。

（5）航天诱变鹅观草属植物的选育过程和成果　SP2 代突变体的选择以田间选择为主，选择方法同常规育种。以单株为研究对象，记录单株生育期、各生育期内的主要形态学指标（株高、分蘖数、叶宽、叶长、叶色、茎粗、叶片数、茎节数、茎节距离）、成熟期单株鲜重及室内考种，筛选和鉴定变异单株。入选的 SP2 代突变体作为重点单株全收。变异单株的筛选和鉴定与田间观测和实际育种

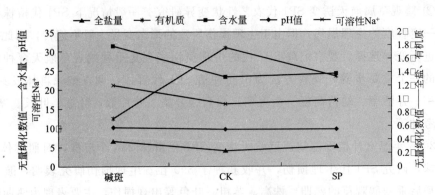

图 5-34　航天诱变处理鹅观草盐碱地生长适应性

经验相结合。

2006 年种植 SP2 代单株 553 份，对照单株 100 份，从 SP2 代单株中选择出晚熟变异、株高变异、叶色变异、叶片质地变异等变异单株材料 111 份。

在约 553 份垂穗鹅观草航天诱变 SP2 代群体中出现频率不同的熟期、株高、分蘖、叶色、叶片质地等突变。各种突变类型间变异丰富，表现在熟期程度、分蘖数和植株高度不同，叶出现有毛、无毛、光滑等类型。其中一个突变体同时表现早熟、高植株和叶片光滑 3 个突变性状，同时也发现了熟期和耐旱性的变异。数量性状变异中，晚熟突变的频率最高，达到了 37.31%，其次是高植株变异，变异频率为 12.57%，分蘖变异的频率最低。大部分的诱变单株均表现出很强的抗寒性和抗病性。

因 SP1 代损伤出现不良遗传效应、外界条件所导致的性状反常植株，以及严重畸变与高度不育，在选择出的 SP2 代变异单株中存在一些不利方面的变异，如鲜草产量低、分蘖能力降低、营养品质下降、抗性差（不适应当地气候或土壤立地条件）等，因此继续进行有益突变体的筛选。

黑龙江地区优良牧草选育的最基本目标是耐寒性，选育耐寒性强的牧草品种是最需解决的问题。2007 年初结合返青从 111 份 SP2 代变异单株中筛选返青早、返青好的单株材料 72 份，春季种植 SP3 代单株群体（72 份 SP2 代单株，每份单株种植 30 粒，得到 1645 个单株），选择出抗旱、株高高、分蘖能力强、晚熟、高产等性状优良的变异单株材料 54 份。对表现最好的单株进行加代处理，以缩短育种周期（本研究主要在海南进行加代鉴定和扩繁）。

经连续多年的垂穗鹅观草航天诱变育种研究发现，航天诱变处理对垂穗鹅观草熟期影响最大，主要表现为延长垂穗鹅观草的生育期，增加持绿期，增加刈割次数，增加产量。在 111 份 SP2 代变异单株材料中，晚熟变异有 63 份，占总变异的 56.76%。其次是茎秆和叶片质地变化，主要表现为茎秆和叶片质地柔软，但抗倒伏能力没有改变，植株粗纤维含量大大降低（平均是对照的 81.73%）。再次是株高变高，调查发现最高的变异单株株高达到 138.33cm（成熟期），比对照多近 17cm。另外，航天诱变处理后垂穗鹅观草叶色也发生变异，在变异的单株材料中发现 1 份叶色明显改变的材料，且其叶被蜡质附绒毛。

航天诱变可使垂穗鹅观草产生多种变异，最主要的变异类型是晚熟变异，对其他牧草及植物航天育种具有一定的指导意义。具体可参见表 5-32。

表 5-32　垂穗鹅观草航天诱变主要变异类型及变异率

变 异 类 型		晚熟	株高	叶色	叶片、茎秆质地	其他
航天诱变处理	变异数/个	63	7	13	22	6
（111 个单株）	变异率/%	56.76	6.31	11.71	19.82	4.40

SP4 代优异突变体遗传稳定性鉴定是将选择出的 SP3 代优异变异单株种植成穗系，单株种植，每一穗系种植 5m，单株 20～30 个，在一定间隔内应种植地面对照材料。鉴定方法主要通过田间调查株高、叶部质量和数量性状、熟期等一致性，选择时与对照材料进行比较，选择性状遗传一致、稳定的变异材料。在确定为优异稳定的变异材料中选择优异单株 5～8 个混收、扩繁转入品比试验。

2008 年对筛选出的优异变异单株进行遗传稳定测定，每个材料种植 5m 行长，随机排列，3 次重复。通过田间调查、室内考种，选择、鉴定出 26 份遗传稳定的优异变异材料。

对上一年选择出的遗传稳定材料进行品比试验，主要目的是决选综合性状（产量、品质和抗性）优良的材料作为新品系进行扩繁。品比试验种植 3～6 行区，比较内容有生育期、鲜草产量、干草产量、种子产量和质量、营养品质、抗旱性和抗病虫害能力等。

2009 年对上一年选择出的 26 份遗传稳定的优异变异材料进行了品比试验，通过产量比较、品质分析、熟期对比、抗性鉴定等方面的综合比较，决选出优异垂穗鹅观草新品系 3 个，即'龙饲 040108'、'龙饲 040112'和'龙饲 040116'，3 个新品系均进入黑龙江省农作物新品种审定程序。

总体而言，垂穗鹅观草航天育种需 6 年的时间可选育出新的品系或遗传材料，在条件允许的情况下，进行加代处理可大大缩短新品种的选育时间。

第五节
草坪草航天诱变育种研究进展

随着草坪业的发展，草坪草航天育种的研究日益受到重视，中国科学院遗传所、中国农业大学草地所、中国农科院畜牧所、中国林科院花卉研究中心、黑龙江省农科院草业所、江苏省中国科学院植物研究所草业研究中心、北京中种草业公司、北京克劳沃集团等科研院所和公司均开展了草坪草航天育种研究。自 2001 年以来，分别利用"神舟二号"、"神舟三号"、"神舟四号"、"神舟五号"、"第 18 颗卫星"以及"实践八号"飞船等空间飞行器搭载了一批草坪草种子，而且在地面观察中发现了诸如生长低矮、叶宽变细等有利突变体，目前草坪草航天育种及利用工作正在进行中。与其他作物相比，尽管草坪草航天育种方面的研究起步晚，成果较少，但其必定会有广阔的发展空间和前景。韩蕾等于 2004 年利用"神舟三号"飞船搭载草地早熟禾干种子，分别观察了发芽率及播种 80 天后植株的叶片数、分蘖数、叶片宽及株高等指标。张振环认为航天诱变草坪草种质中可获得至少 2 种不同有益变异类型植株：①植株明显矮化，可有效减少生长季内刈割次数，降低管理养护成本；②生长速度快，分蘖增多，叶片数明显增加，可有效缩短成坪期。江苏省中国科学院植物研究所草业研究中心在第 18 颗科学试验卫星（尖兵四号）上搭载了结缕草、狗牙根、假俭草和高羊茅 4 个属的 8 个品种，这是我国首次进行暖季型草坪草的搭载。

本节主要对草地早熟禾、紫羊茅、高羊茅、多年生黑麦草等草坪草种的航天诱变效应进行介绍，筛选优异突变体，为草坪草的航天育种提供优异材料。

一、草地早熟禾

1. 草地早熟禾概述

草地早熟禾为禾本科多年生草本，原产于欧亚大陆、中亚细亚区，广泛分布于北温带冷凉湿润地区。在中国分布于东北、河北、山东、山西、内蒙古、甘肃、新疆、青海、西藏、四川、江西等省（区），自然分布在冷湿生境，常成为山地草甸的建群种，或为其他草甸性草原群落的伴生种。在北美、加拿大潮湿地区和美国北部是适应良好牧草，并有大面积的栽培。在美国，称为肯塔基兰草，著名的栽培良种，全国都有栽培，是北部年平均 15℃ 等温线附近适应最好的品种。其也是北温带利用广泛、优质的冷季草坪草。

草地早熟禾喜光耐阴，喜温暖湿润，又具很强的耐寒能力，但耐旱较差，夏季炎热时生长停滞，春秋生长繁茂；在排水良好、土壤肥沃的湿地生长良好；根茎繁殖迅速，再生性好，较耐践踏。

草地早熟禾全部生育期为 104～110 天，生长期约 200 天左右。在西北地区 3～4 月返青，11 月上旬枯黄；在北京地区 3 月开始返青，12 月中下旬枯黄。在 -30℃ 的寒冷地区也能安全越冬。在高寒地区，受寒冷的影响，一般在 4 月中旬植物返青，6～7月抽穗开花，9月种子成熟。因为草地早熟禾抗寒能力强，耐旱性稍差，耐践踏。根茎繁殖迅速，再生力强，耐修剪。所以在北方及中部地区、南方部分冷凉地区广泛用于公园、机关、学校、居住区、运动场等地绿化。

2. 草地早熟禾航天搭载情况

我国草地早熟禾航天育种研究工作始于2001年，先后4次搭载了'纳苏'、'巴润'、'公园'等草地早熟禾品种6个，研究太空诱变效应，筛选有益变异突变体并创制一批优良育种材料。我国航天搭载情况见表5-33。

表 5-33　草地早熟禾航天搭载情况

搭载品种	航天器名称	搭载单位	搭载时间	备 注
草地早熟禾	神舟二号	中国林科院	2001年	
纳苏（Nassu）	神舟三号	中国林科院	2002年	种子分别用蒸馏水和
巴润（Baron）	神舟四号	北京林业大学	2002年	硼酸处理
公园、肯塔基、巴林	实践八号	黑龙江省农科院草业研究所	2006年	

3. 草地早熟禾航天诱变效应研究

（1）细胞学效应　"实践八号"卫星搭载处理的3个草地早熟禾品种，根尖细胞有丝分裂和细胞核畸变研究结果表明（见表5-34），航天诱变处理增加细胞有丝分裂，核畸变率明显高于对照（$P<0.01$），'公园'和'肯塔基'2个品种对照中没有发现微核，'巴林'处理后核总畸变率最高为0.95%。

表 5-34　"实践八号"卫星搭载处理对3个草地早熟禾品种细胞学效应的影响

不同处理		观察根尖细胞数	有丝分裂细胞数	有丝分裂指数/%	单微核数	双微核数	多微核数	核总畸变率/%
公园	航天	2016	351	17.4	8	3	2	0.64
	CK	2063	234	11.6	0	0	0	0
巴林	航天	1469	196	13.3	10	3	1	0.95
	CK	1470	182	12.4	1	0	0	0.07
肯塔基	航天	2120	346	16.3	7	0	1	0.52
	CK	2305	213	10.1	0	0	0	0

（2）生物学效应

① 对种子发芽的影响。航天诱变草地早熟禾的发芽率因搭载航天器、搭载品种及种子处理而异。"神舟三号"（SZ-3）飞船搭载草地早熟禾'纳苏'的发芽率没有明显变化；"神舟四号"搭载经蒸馏水浸泡的'巴润'种子，其发芽率、幼苗长、根长明显高于对照，将测定的数据先进行反正弦转换再进行方差分析，结果显示，硼酸浸泡的'巴润'种子发芽势、发芽率、活力指数明显高于其对照，在5%、1%水平上显著差异。说明空间条件作用对'巴润'种子发芽起到了一定的促进作

用。"实践八号"卫星搭载的 3 个早熟禾品种 SP1 发芽率结果也基本呈相同趋势，即 3 个品种发芽率、发芽势、发芽指数均高于对照，'肯塔基'航天处理的种子发芽率、发芽势、发芽指数均最高，而每个品种的平均芽长、根长较对照均有所增加（表 5-35）。

表 5-35　空间条件对草地早熟禾发芽率的影响

不同处理		发芽势/%	发芽率/%	发芽指数	平均芽长/cm	平均根长/cm	活力指数
公园	航天	23	66	4.71	1.12	1.84	5.28
	CK	14	61	4.36	0.96	1.67	4.18
肯塔基	航天	27	75	5.36	1.18	1.91	6.32
	CK	17	68	4.86	1	1.76	4.86
巴林	航天	18	61	4.36	1.1	1.79	4.79
	CK	12	54	3.86	0.92	1.53	3.55

② 对株高的影响。航天诱变处理后草地早熟禾株高的变异幅度较大，出现了较对照更矮或更高的植株，表明空间条件对草地早熟禾植株生长有较明显的促进或抑制作用。'纳苏'航天诱变后代群体株高变异范围为 3～155cm，对照为 9～108cm，变异范围明显增加；"实践八号"卫星搭载'肯塔基'诱变后代植株的株高变动范围为 5.5～63.0cm，'公园'为 4.9～54.4cm，'巴林'是 5.1～58.1cm。'肯塔基'后代出现 2 株明显高于对照的单株 KT1（63cm）和 KT2（61cm），'公园'后代出现 1 株更高单株 GY1（55cm），'巴林'出现 1 株更高单株 BL1（58cm）。'巴润'硼酸航天处理的植株株高变动幅度最大，而'巴润'蒸馏水航天处理的植株的株高变动幅度也较其对照的大。空间条件作用对草地早熟禾'巴润'的植株生长速度有一定影响，其中对'巴润'硼酸航天处理的植株生长速度起到了较明显的促进作用，而'巴润'蒸馏水航天处理的植株生长速度却明显低于对照。

③ 对分蘖数的影响。航天诱变处理对草地早熟禾的分蘖产生了影响，分蘖数变动范围增加，易出现高分蘖的育种材料。'纳苏'航天诱变后代分蘖数最多达到 26 个（对照最多为 5 个分蘖）；'巴润'植株的分蘖数变动范围为 0～15 个，对照为 0～10 个；'巴润'蒸馏水航天处理低分蘖植株所占比例（61.3%）明显少于对照，但是高分蘖植株所占比例明显高于对照；"实践八号"搭载的 3 个品种植株的分蘖数变动范围增加，处理为 0～31 个，对照植株分蘖数为 0～15 个，分蘖数明显增加。低分蘖植株（0～10 个）为 58%～65%，比对照（89%～95%）明显减少，而高分蘖植株（11～25 个）却高达 15%～21%，比对照（5%～7%）明显增加。分蘖数的研究结果表明，航天诱变对草地早熟禾的分蘖产生了影响，我们可以选择出高分蘖的植株，并对该植株的其他性状进行测定，从中选出优良的植株，用于草坪草遗传育种方面的研究。

④ 对叶片的影响。航天诱变处理后代叶片变化研究表明，航天诱变可增加草地早熟禾的平均叶片数，提高叶片数的变动范围，叶片宽度增加。经过"神舟三号"飞船搭载的'纳苏'品种，其植株平均叶片数增加了 6 片，并出现了叶片数 81 片的变异植株（对照植株叶片数最多为 21 片）。平均叶片宽增加到 2.43mm（对照为 1.96mm），其中 17.8％的植株叶片宽超过 3.3mm（对照植株叶片宽均小于 3.2mm），最宽达 5.5mm；"实践八号"卫星搭载处理结果为：a. 叶片变异幅度增加，'公园'处理植株叶片为 4～79 片，对照植株叶片为 8～25 片。'肯塔基'处理植株叶片为 4～75 片，对照植株叶片为 8～33 片。'巴林'处理植株叶片为 4～70 片，对照植株叶片为 10～22 片；b. 平均叶片数均增加，'公园'处理为 18 片，对照是 11 片，'肯塔基'处理为 22 片，对照是 14 片，'巴林'处理为 19 片，对照是 10 片；c. 航天诱变处理后出现了在对照中不存在的植株群体，'公园'占群体的 7.9％，'肯塔基'占 13.3％，'巴林'占 10.2％。

⑤ 对生育期和返青率的影响。航天诱变可增加草地早熟禾的生育期，延长其生育天数。返青率研究表明，航天诱变可提高草地早熟禾的返青率，使其返青期提前，在一定程度上提高耐寒能力。"实践八号"卫星搭载的 3 种早熟禾，返青期均提前，'肯塔基'返青提前 3 天，'公园'和'巴林'均提前 2 天。搭载后整个生育期均延后 3～4 天；'肯塔基'处理后返青率为 75.4％，对照为 51.1％，比对照提高 24.3％，'公园'处理后返青率为 66.3％，对照为 47.3％，比对照提高 19.0％，'巴林'处理后返青率为 61.2％，对照为 38.7％，比对照提高 22.5％。

⑥ 对抗旱性的影响。通过对草地早熟禾'巴润'子一代的植株抗旱指标的测定，发现空间条件作用对草地早熟禾植株的抗旱能力起到了一定的刺激作用，但是由于存在试验误差，我们不能认定某单株就具有了较对照高的抗旱性，且这种抗旱性是否可稳定遗传还需进行连续多代的鉴定才能做出结论。但从总体上来看，太空条件作用确实对草地早熟禾植株的抗旱能力产生了一定影响，可初步选择抗旱的草地早熟禾植株。

⑦ 对同工酶的影响。分析"神舟四号"飞船搭载'巴润'子一代 POD 酶谱和 EST 酶谱的变化，发现有的植株酶带数增加，有的植株酶带数减少，且酶带深浅也有变化，说明太空条件作用使得草地早熟禾的遗传物质发生了一定的变化，在基因结构或 DNA 的某些区上可能发生了变异。其原因可能是微重力或空间粒子辐射引起了 DNA 或染色体损伤所致。可以此作为航天处理后植株的变异体筛选和鉴定指标，也可以筛选出表观形态未出现明显变化但内部生理发生变异的植株。

4. 草地早熟禾航天诱变育种过程及成果

（1）SP1 代突变体表型性状描述　"实践八号"卫星搭载的 3 个品种，在 SP1

代根据田间表型性状直接观测筛选出了 7 株优异的变异单株,表现在植株矮化、株高变高、早熟、迟熟、穗型、叶色、叶宽等类型,有的一个突变体表现几种突变类型。其中'肯塔基'中筛选 3 株,'公园'中筛选 2 株,'巴林'中选出 2 株。将 SP1 代筛选出的 7 株优异变异株种成株行,对各株系抽穗期田间农艺性状进行观察,表 5-36 结果表明:

表 5-36 "实践八号"卫星搭载的 3 个早熟禾品种 SP1 代突变体表型性状描述

不同处理		发芽率/%	株高/cm	叶片宽度/mm	生育期 (返青至成熟天数)
公园	CK	61.0	26.6	3.81	84
	GSP2-1	55.8	21.5	4.12	85
	GSP2-2	54.5	22.8	3.47	87
肯塔基	CK	68.0	29.4	3.25	89
	KSP2-1	55.4	33.5	4.1	86
	KSP2-2	75.8	38.6	3.91	91
	KSP2-3	58.3	25.2	3.74	96
巴林	CK	54.0	29.1	3.7	87
	BSP2-1	61.2	35.4	3.41	92
	BSP2-2	60.8	25.4	3.66	83

① 发芽率。对变异株种子进行发芽率调查发现 GSP2-1、GSP2-2 两个株系发芽率均低于对照,分别比对照低 8.5%、10.7%;KSP2-1、KSP2-3 两个株系发芽率均降低,分别比对照低 18.6%、14.2%,而 KSP2-2 株系发芽率高于对照 11.4%;BSP2-1、BSP2-2 两个株系发芽率均高于对照,分别比对照高 13.4%、12.6%。

② 株高。'公园'SP2 代 2 个株系株高均降低,'肯塔基'SP2 代 KSP2-1、KSP2-2 两个株系株高显著高于对照(29.4cm),KSP2-3 株系株高降低,'巴林'2 个株系中 BSP2-1 株高高于对照,BSP2-2 株高低于对照。

③ 叶片宽度。'公园'GSP2-1 株系叶片变宽,GSP2-2 叶片宽度变窄;'肯塔基'KSP2-1、KSP2-2、KSP2-3 三个株系叶片宽度均高于对照叶片宽度;'巴林'BSP2-1 株系叶片宽度变窄,BSP2-2 株系叶片宽度和对照相比无明显变化。

④ 生育期。'公园'GSP2-2 株系成熟期延后 3 天,GSP2-1 成熟期变化不大;'肯塔基'KSP2-1 株系成熟期提前 3 天,KSP2-2 成熟期延后 2 天,KSP2-3 成熟期延后 7 天;'巴林'BSP2-1 成熟期延后 5 天,BSP2-2 株系成熟期提前 4 天。

(2)突变体筛选及新品系选育

①"实践八号"搭载的草地早熟禾 SP1 代种子混收后单粒种植,建立 SP2 代单株群体。2008 年种植 SP2 代单株 1000 份及 SP1 代筛选的 7 个优异单株群体,对照单株 500 份,从 SP2 代群体中出现频率不同的株高、穗型、叶形、株型和熟期等

突变，各种突变类型间变异丰富，表现在植株矮小，高大；茎秆有蜡、颜色微红；叶形出现细叶和宽叶；叶片颜色出现灰绿、深绿、黄绿；熟期明显提前、延后；穗型直立、水平、半外折等突变。上述突变类型中，几个突变性状同时出现在一个突变体中，共筛选出 11 株优异突变单株。

优异突变株系的筛选应根据当地的气候特征和土壤条件进行，筛选适宜当地种植的耐寒、抗旱优异材料。在黑龙江地区草坪草选育的最基本目标是耐寒性。2009 年初结合返青从 SP2 代变异单株中筛选返青早、返青好的单株材料，春季种植 SP3 代单株群体，筛选出的 11 株优异突变单株中仅有 8 株表现出返青早、返青率高的特性，将这 8 株田间种成株系，每一株系种植 50 株，主要通过田间调查株高、叶片质量和数量性状、扩展性、绿期等一致性，选择时与对照材料进行比较，选择性状遗传一致、稳定的变异材料。通过 SP3 代株系选择，最终选择了 2 个优良株系进行 SP4 代遗传稳定性鉴定试验。

对决选出的航天诱变处理的 2 个优良株系进行 SP4 代遗传稳定性鉴定试验，每个株系种植 5 行，通过返青期、返青率、低矮、绿期、扩展性等综合比较，决选出优异草地早熟禾新品系 1 个。

②"神舟三号"搭载草地早熟禾'纳苏'突变体筛选及鉴定。综合分析各生长指标的变化，获得不同有益变异株系 PM：a. PM1 株系叶片明显增宽，分蘖明显增加，生长快速，用于草坪生产，可有效提高成坪速度；b. PM2 株系叶片皱缩扭曲，叶色浓绿，植株明显矮化，用于绿化，可有效提高滞尘能力，改善草坪颜色，减少人工修剪草坪的频率，节省养护管理费用；c. PM3 株系具有多个嵌合体分集，叶片颜色新奇，成坪后可有效提高草坪的观赏价值。

通过分株扩繁出突变株系。对这三个草地早熟禾'纳苏'突变株系 PM1、PM2 和 PM3 的叶片表面结构、叶肉细胞超微结构进行观察，结果表明，与对照（CK）相比，3 个突变株系的叶片气孔密度增大，气孔面积减少，单位视野中气孔所占面积比则变化不大；叶肉细胞中叶绿体体积增大、形状变圆，并移向细胞中央；PM3 株系白绿相间叶片的白色部分，其叶肉细胞中叶绿体多数正在或已经消解，结构不完整。在各突变株系中淀粉粒数量却有不同程度的增加；3 个变异株系由于细胞数目的增加使叶片宽度明显增加；叶肉细胞平均直径降低使叶片厚度减少；PM2、PM3 株系叶片泡状细胞的增多，改变了叶片的形态。

对突变株系 PM1、PM2 和 PM3 分别测定其光合作用光响应曲线、CO_2 响应曲线及叶绿素含量。结果表明，PM1 和 PM3 株系与对照相比，叶绿素 a 与 b 绝对含量降低，且光合能力有所降低；PM2 株系比对照叶绿素含量显著增加，且叶绿素 a/b 比值比对照明显降低，但其表观量子效率较 CK 低，光合能力也有所降低；3 个突变株系的近 CO_2 饱和点均比 CK 高，CO_2 补偿点差异不大，羧化效率 PM2＜CK＜PM3＜PM1。

"神舟三号"飞船搭载'纳苏'干种子，在地面种植后经筛选获得一个运动细胞异常的皱叶突变株系 PM2，以其为材料，进行了蛋白质组学的研究。利用蛋白质组学技术对 PM2 突变株系叶片中表达的蛋白质进行解析（未搭载植株为对照），发现基本保持不变的蛋白质点有 181 个，上调节表达蛋白质点有 15 个，下调节表达蛋白质点有 15 个，失去表达蛋白质点有 116 个。选择 19 个蛋白质点进行肽质谱分析，同源性查询后其中 10 个蛋白质点得到阳性结果，且 PM2-058 为谷氨酸合成酶类似蛋白，PM2-175 为磷酸丙糖异构酶类似蛋白；CK-103 为 ATP 酶依赖型 26S 蛋白酶体类似蛋白；CK-330 为 1,5-二磷酸核酮糖羧化酶/加氧酶类似蛋白；CK-376 为硫氧还蛋白 M 前体类似蛋白；CK-391 为二磷酸核酮糖羧化酶类似蛋白。草地早熟禾 PM2 株系光合特性的测定结果显示，其光合能力与 CK 相比明显降低，这可能与 CK-330、CK-391 和 CK-376 3 个蛋白质点的缺失有关。

二、紫羊茅

1. 紫羊茅概述

紫羊茅原产于欧亚大陆，广泛分布于北半球温寒带地区。在中国分布于东北、华北、华中、西南及西北等省区。自然分布在稍湿润的生境，常成为山区草坡的建群种。在我国内蒙古呼伦贝尔、锡盟、大兴安岭多有分布，为冷湿地牧场重要草种。南方各省多分布于山地上部，如贵州梵净山上部等形成山地草甸。北京附近常见于林缘灌丛之间。紫羊茅喜湿润，耐阴，具有很强的耐寒能力，不耐炎热。能耐瘠薄土壤，在砂质土壤生长良好，根系充分发育，在黏土、砂壤土均可种植生长；能耐酸性土壤，在土壤 pH 4.5 时，能够生长。根茎性中生禾草，分蘖能力极强，再生性好。在气温达 4℃时，种子开始萌发。生长最适温度约 10～25℃。我国南方，夏季炎热、干旱，影响紫羊茅的生长。在华北、华东地区，4 月初返青，5 月下旬抽穗，花期 6 月上旬，7 月中旬种子成熟。绿色期长，约到 11 月上、中旬始枯黄越冬。耐寒性较强，耐旱性稍差。根茎繁殖迅速，再生力强，耐修剪。在中国主要应用于北方地区以及南方部分冷凉地，因其寿命长，色美，广泛用于机场、庭院、花坛、林下等作观赏用，亦可用于固土护坡、保持水土或与其他草坪种混播建植运动场草坪。

2. 紫羊茅航天搭载情况

我国紫羊茅航天育种研究工作始于 2006 年 9 月，黑龙江省农科院草业研究所将 2 个紫羊茅品种（普通紫羊茅、本杰明）干种子搭载于我国首颗航天育种卫星

"实践八号"，开始紫羊茅航天育种研究。经过 4 年的研究现已筛选出一批有益变异突变体。

3. 紫羊茅航天诱变效应研究

（1）细胞学效应 "实践八号"卫星搭载处理的 2 个紫羊茅品种，根尖细胞有丝分裂和细胞核畸变研究结果表明（见表 5-37），航天诱变处理增加了 2 种紫羊茅细胞有丝分裂，核畸变率明显高于对照，处理后普通紫羊茅的核畸变率是对照的 10 倍，本杰明处理后核总畸变率最高为 1.07%。

表 5-37 "实践八号"卫星搭载处理对 2 个紫羊茅品种细胞学效应的影响

不同处理		观察根尖细胞数	有丝分裂细胞数	有丝分裂指数/%	单微核数	双微核数	多微核数	核总畸变率/%
普通紫羊茅	航天	2393	449	18.8	9	2	1	0.5
	CK	1862	257	13.8	1	0	0	0.05
本杰明	航天	2530	523	20.7	16	8	3	1.07
	CK	2737	451	16.5	5	2	0	0.26

（2）生物学效应

① 对种子发芽的影响。空间条件作用对紫羊茅种子发芽起到了一定的促进作用，紫羊茅'本杰明'处理发芽率为 92.3%，对照为 83.1%，紫羊茅'普通'处理发芽率为 88.5%，对照为 81.4%，航天处理后发芽率明显高于对照；2 个品种发芽指数均高于对照，紫羊茅'本杰明'处理发芽指数为 14.8%，对照为 12.6%，紫羊茅'普通'处理发芽指数为 15.5%，对照为 13.4%。

② 对株高的影响。'本杰明'处理分蘖期的株高变动范围为 7.5～31.9cm，对照为 12.0～25.5cm，'普通'紫羊茅处理的株高变动范围为 8.3～27.4cm，对照为 10.5～24.3cm，航天处理后紫羊茅'本杰明'株高变动幅度较大，出现了较对照更矮或更高的植株，在 8～12cm 范围植株比例 5.3%、25～30cm 范围植株比例 7.1%。

③ 对分蘖数的影响。紫羊茅'本杰明'处理分蘖数最多达到 21 个（对照最多为 7 个分蘖），'普通'紫羊茅处理分蘖数最多达到 19 个（对照最多为 8 个分蘖）。

④ 对叶片的影响。经过空间搭载后'本杰明'的植株平均叶片数增加了 2 片，并出现了叶片数 54 片的变异植株（对照植株叶片数最多为 16 片），'普通'紫羊茅处理后的植株平均叶片数变化不大。

⑤ 对小穗数、小花数及叶片宽度等的影响。对搭载后单株收获室内考种，结果表明（见表 5-38），空间处理后，2 种紫羊茅平均小穗数/穗、小花数/小穗均低于对照，有效穗数增加，叶片宽度变窄。

表 5-38　"实践八号"卫星搭载处理对 2 个紫羊茅小穗数、小花数等的影响

不同处理		小穗数/穗	小花数/小穗	有效穗数	叶片宽度/mm
普通	航天	43.1	4.8	35	2.7
	CK	46	5.1	22.67	3.4
本杰明	航天	43.92	4.6	37.4	3.02
	CK	45.5	5.5	24.3	3.6

⑥ 对生育期和返青率的影响。两种紫羊茅空间搭载后，返青期提前 5～8 天，成熟期提前 2～3 天；紫羊茅'本杰明'处理后返青率为 76.5%，对照为 58.8%，比对照提高 17.7%；'普通'紫羊茅处理后返青率为 64.3%，对照为 48.6%，比对照提高 15.7%。

4. 紫羊茅航天诱变突变体的筛选及性状描述

(1) SP1 代突变体表型性状描述　"实践八号"卫星搭载的 2 个品种，在 SP1 代根据田间表型性状直接观测结合单株收获室内考种结果，筛选出了 9 株优异的变异单株，表现在植株矮化、株高变高、早熟、迟熟、穗型、叶色、叶宽等类型，有的一个突变体表现几种突变类型。其中'本杰明'中筛选 5 株，'普通'紫羊茅中选出 4 株。将 SP1 代筛选出的 9 株优异变异株种成株行，对各株系抽穗期田间农艺性状进行观察，表 5-39 结果表明：

① 发芽率。对变异株种子进行发芽率调查发现 BSP2-2、BSP2-5、BSP2-6 三个株系发芽率均降低，分别比对照低 30%、16.7%、26.6%，而 BSP2-1、BSP2-4 两个株系发芽率比对照分别高 13.5%、16.3%；PSP2-2、PSP2-5 两个株系发芽率均低于对照，分别比对照低 3.5%、17.5%，PSP2-3、PSP2-4 两个株系发芽率

表 5-39　"实践八号"卫星搭载的 2 个紫羊茅品种 SP1 代优异的变异单株性状表

不同处理		发芽率/%	株高/cm	分蘖数/个	叶片宽度/mm	生育期（返青至成熟天数）
普通紫羊茅	CK	81.4	43.4	6	3.12	92
	PSP2-2	78.6	32.9	11	3.52	95
	PSP2-3	93.2	41.3	19	3.01	95
	PSP2-4	90.1	26.2	9	3.09	97
	PSP2-5	67.2	34.7	14	3.15	89
本杰明	CK	83.1	37.8	5	3.48	91
	BSP2-1	94.3	36.1	13	3.67	95
	BSP2-2	58.2	38.6	17	3.70	94
	BSP2-4	96.6	35.2	21	3.76	89
	BSP2-5	69.2	43.1	16	3.94	96
	BSP2-6	61.0	44.6	19	4.12	86

高于对照，分别比对照高 14.5%、10.7%。

② 株高。紫羊茅‘本杰明’SP2 代 BSP2-5、BSP2-6 两个株系株高显著高于对照，其他三个株系株高变化不明显；紫羊茅‘普通’SP2 代四个株系株高均降低，PSP2-3 株高（41.3cm）与对照（43.4cm）相比变化不明显，其他三个株系株高与对照相比有极显著变化，其中 PSP2-5 株系株高为 34.7cm、PSP2-2 株系株高为 32.9cm、PSP2-4 株系株高 26.2cm。

③ 分蘖数。处理后，9 个变异单株分蘖数均增加，‘本杰明’BSP2-4 分蘖数最高为 21 个蘖，对照为 5 个；紫羊茅‘普通’PSP2-3 分蘖数为 19 个，对照为 6 个。

④ 叶片宽度。‘本杰明’5 个株系叶片宽度均高于对照（3.48mm），BSP2-6＞BSP2-5＞BSP2-4＞BSP2-2＞BSP2-1，BSP2-6 叶片最宽为 4.12mm；‘普通’紫羊茅 PSP2-2 株系叶片变宽为 3.52mm，PSP2-3 株系叶片宽度变窄为 3.01mm，其他两个株系叶片宽度和对照（3.12mm）相比无明显变化。

⑤ 生育期。紫羊茅‘本杰明’BSP2-6 成熟期比对照提前 5 天，BSP2-4 株系提前 2 天，BSP2-5 成熟期延后 5 天，BSP2-1、BSP2-2 成熟期均延后 3～4 天；‘普通’紫羊茅 PSP2-5 成熟期比对照提前 3 天，PSP2-2、PSP2-3 成熟期均延后 3 天，PSP2-4 成熟期延后 5 天。

（2）SP2 代突变体筛选　由于紫羊茅在黑龙江地区种植，当年不能完成整个生育期，导致两年才能收到种子进行下一代筛选。

2009 年种植 SP2 代单株 1200 份及 SP1 代筛选的 9 个优异单株，对照单株 500 份，从 SP2 代群体中出现频率不同的株高、穗型、叶形、株型和熟期等突变。各种突变类型间变异丰富，表现在植株矮小、高大；茎直立、半匍匐；茎秆颜色淡紫色、有蜡背、微红；叶形出现细叶、宽叶和短叶；叶片颜色出现灰绿、黄绿；熟期明显提前、延后；穗型直立、水平、半外折等突变。上述突变类型中，几个突变性状同时出现在一个突变体中，其中一个突变体同时表现矮秆、细叶、穗直立、茎秆蜡背和晚熟 5 个突变性状，一个突变体表现叶层较矮，熟期较其他株晚 12 天的突变性状，共筛选出 27 株优异突变单株，下一步将进行 SP3 代优异突变株系的筛选。

三、高羊茅

1. 高羊茅概述

高羊茅是禾本科羊茅属多年生草本植物，原产于西欧。在中国主要分布于北方，适宜于温暖湿润的中亚热带至中温带地区栽种。高羊茅喜寒冷潮湿、温暖的气候，在肥沃、潮湿、富含有机质、pH 值为 4.7～8.5 的细壤土中生长良好。不耐高温，最耐旱和践踏；喜光，耐半阴，对肥料反应敏感，抗逆性强，耐酸、耐瘠薄，抗病性强。高羊茅是亚热带常用冷季型草坪草种,其突出的抗旱特性和耐热性在冷季型草坪中首屈一指,适于高尔夫球场高草区、运动场、庭院、公园、城市绿化、公路护坡、水土保持及草皮卷生产。同时它还可以与多年生黑麦草、早熟禾混播。

2. 高羊茅航天搭载情况

我国高羊茅航天育种研究工作始于 2001 年,先后 2 次搭载了'Ninja'、Testuca、'新秀'、'猎狗 5 号'等高羊茅品种 4 个,研究太空诱变效应,筛选有益变异突变体并创制一批优良育种材料。我国航天搭载情况见表 5-40。

表 5-40　高羊茅航天搭载情况

搭　载　品　种	航天器名称	搭　载　单　位	搭载时间
Ninja、Testuca	尖兵四号	江苏省中国科学院植物研究所草业研究中心	2003 年
猎狗 5 号	实践八号	黑龙江省农科院草业研究所	2006 年
新秀	实践八号	北京林业大学	2006 年

3. 高羊茅航天诱变效应研究

(1) 细胞学效应　"实践八号"卫星搭载处理的高羊茅'猎狗 5 号',根尖细胞有丝分裂和细胞核畸变研究结果表明(见表 5-41),'猎狗 5 号'经卫星搭载处理后,有丝分裂指数明显高于对照,核总畸变率是对照的 8 倍多,对照中没有观察到双微核和多微核。

表 5-41　"实践八号"卫星搭载处理对高羊茅'猎狗 5 号'细胞学效应的影响

不同处理		观察根尖细胞数	有丝分裂细胞数	有丝分裂指数 /%	单微核数	双微核数	多微核数	核总畸变率 /%
猎狗 5 号	航天	2437	451	18.5	11	3	3	0.7
	CK	2525	313	12.4	2	0	0	0.08

(2) 生物学效应

① 对种子发芽的影响。航空诱变高羊茅的发芽率因搭载航天器和搭载品种而异。"第十八颗卫星"飞船搭载 2 种高羊茅的发芽率和成苗率没有明显变化;"实践八号"搭载的高羊茅'新秀'种子的发芽势小于对照,而发芽率略大于对照,但两者间无明显差异。"实践八号"卫星搭载的'猎狗 5 号'种子发芽率有所降低,处理后发芽率为 81.2%,对照为 89.5%,变化不明显,但空间处理后推迟了'猎狗 5 号'的萌发初始时间和发芽高峰期,对照的初始萌发时间是第 3 天,萌发高峰期在 4~5 天;处理后初始萌发时间是第 5 天,萌发高峰期在 6~7 天,发芽高峰期推迟,导致发芽过程延缓,在草坪建植过程中势必给杂草的入侵提供了很大机会,严重影响了草坪质量。

② 对株高的影响。航天诱变处理后高羊茅株高的变化因搭载航天器和搭载品

种而异。"第十八颗卫星"搭载 2 种高羊茅的株高没有明显变化；"实践八号"搭载的高羊茅'新秀'和'猎狗 5 号'的植株高度明显高于对照，处理株高的变动范围增加，高植株所占比例显著增加。说明太空环境对高羊茅'新秀'和'猎狗 5 号' SP1 代植株的株高产生了显著性影响（表 5-42）。

表 5-42 "实践八号"卫星搭载后对 2 种高羊茅株高的影响

不同处理		平均株高/cm	株高变动范围/cm	不同处理		平均株高/cm	株高变动范围/cm
猎狗 5 号	航天	40.8	21.5～60.8	新秀	航天	24.33	15～30
	CK	36.4	25～51.2		CK	18.71	8～25

③ 对分蘖数的影响。"实践八号"搭载对高羊茅'新秀'多数个体的分蘖数没有显著性影响，但在处理中发现了 2 株多分蘖的突变体 M1 和 M2，分蘖数分别为 39 个和 43 个，是对照植株分蘖平均值的 4 倍；"实践八号"搭载处理后的高羊茅'猎狗 5 号'单株分蘖数有较大下降，与对照相比存在显著差异，处理植株的平均分蘖数为 36.5 个/株，对照植株的平均分蘖数为 42.3 个/株，平均下降 5.8 个/株；也出现了高分蘖的突变体 LG1、LG2、LG3，分蘖数分别为 59 个/株、63 个/株和 82 个/株。分蘖数的研究结果表明，相同的搭载航天器因高羊茅品种不同对分蘖数的整体影响不同，但均选择出了高分蘖的植株，可以对高分蘖植株的其他性状进行测定，从中选出优良植株，用于草坪草遗传育种方面的研究。

④ 对叶片的影响。"实践八号"卫星搭载处理后代的 2 个高羊茅品种叶片数均值及变动范围比对照均有所增加，但差异不显著。'新秀'处理的平均叶片数为 37.96 片，对照为 36.77 片，突变体 M1 和 M2 的叶片数分别达到了 121 片和 132 片；'猎狗 5 号'处理的平均叶片数为 43.2 片，对照为 40.7 片，对照植株叶片数多集中在 40～45 片的范围内，占 41%，45 片叶以上的占 27.6%，而处理 45 片叶的植株占 39.7%。这说明太空环境对 2 个高羊茅品种 SP1 代植株叶片数在总体水平上没有产生显著性影响，但使叶片数呈增加趋势，同时能够引起个别植株叶片分生能力有极突出的变异表现。

⑤ 叶片宽度。"实践八号"卫星搭载处理的 2 个高羊茅品种叶片宽度因品种不同而异。'新秀'经过太空诱变处理的植株叶片宽度明显高于对照，处理叶片宽度的变动范围增加，宽叶片植株所占比例显著增加。对照的平均叶片宽为 4.7mm，处理为 5.1mm，最宽可达 7.6mm。'猎狗 5 号'处理的植株叶片宽度明显低于对照，处理叶片宽度的变动范围增加为 3.5～7.1mm，对照叶片宽度为 4.6～7.9mm，窄叶片植株所占比例显著增加。对照的平均叶片宽为 6.8mm，处理为 5.2mm，最窄叶片 3.5mm。叶片宽度在 5.2mm 以下范围的，处理占 31.2%，而对照仅为 9.2%。

⑥ 对生育期的影响。航天诱变可延长高羊茅的生育期。"第十八颗卫星"搭载对生育期和育性有显著影响，育性显著下降，结实率为 65.5%，对照为 78.4%，生育期 173 天，对照为 166 天。"实践八号"卫星搭载的'猎狗 5 号'成熟期延后 4 天。

4. 高羊茅航天诱变突变体的筛选及性状描述

以下介绍高羊茅'猎狗 5 号'航天诱变体的筛选及新品系选育。"实践八号"卫星搭载的 2 个高羊茅品种，在 SP1 代根据田间表型性状直接观测筛选出了 5 株优异的变异单株，表现在植株矮化、株高变高、早熟、迟熟、穗型、叶色、叶宽等类型，有的一个突变体表现几种突变类型，其中高羊茅'猎狗 5 号'中筛选 3 株，高羊茅'新秀'中筛选 2 株；"第十八颗卫星"搭载 2 个高羊茅品种在 SP1 代筛选出 6 株变异单株，表现在植株矮秆、细叶、迟熟等类型。

（1）高羊茅'猎狗 5 号'SP1 代突变体表型性状描述　将 SP1 代筛选出的 3 株优异变异株种成株行，对各株系抽穗期田间农艺性状进行观察，表 5-43 结果表明，突变体 LG1、LG2、LG3 与对照相比，分蘖数和叶片数都大大增加，其中突变体 LG2、LG3 生育期均延后，同时植株矮小、叶片变细的特性是高羊茅作为草坪草的优良育种性状。

表 5-43　高羊茅'猎狗 5 号'SP1 代优异突变体表型性状描述

变异株系	株高/cm	分蘖数/(个/株)	叶片数	叶宽/mm	叶色	生育期/d
CK	36.4	42.3	40.7	6.8	深绿	122
LG1	60.8	59.0	63.0	7.0	深绿	120
LG2	21.5	63.0	81.0	3.5	浅绿	128
LG3	24.1	82.0	93.0	4.6	灰绿	131

2008 年种植 SP2 代单株 1000 份及 SP1 代筛选的 3 个优异单株，对照单株 500 份，从 SP2 代群体中出现频率不同的株高、分蘖、株型、叶色、叶形和熟期等突变。各种突变类型间变异丰富，表现在植株矮小；叶形出现细叶、短叶；叶片颜色出现灰绿、黄绿、深绿；熟期明显提前、延后等突变。上述突变类型中，几个突变性状同时出现在一个突变体中，其中一个突变体同时表现矮小、晚熟和叶宽变窄 3 个突变性状。大部分的诱变单株均表现出很强的耐寒性和抗病性。SP2 代共筛选出 21 株优异突变单株，下一步将进行 SP3 代有益突变体的筛选和鉴定。

高羊茅'猎狗 5 号'在哈尔滨地区种植，返青率仅为 10%～25%，因此筛选适宜当地种植的耐寒的高羊茅优异材料是育种的最基本目标。2009 年初结合返青从 SP2 代变异单株中筛选返青早、返青好的单株材料，春季种植 SP3 代单株群体，筛选出的 21 株优异突变单株，仅有 4 株表现出返青率较高的特性，有 2 株表现返青早的特性，将这 4 株田间种成株系，每一株系种植 50 株，主要通过田间调查株高、叶片质量和数量性状、扩展性、绿期等一致性，选择时与对照材料进行比较，选择性状遗传一致、稳定的变异材料。通过对搭载后的高羊茅形态及耐热性鉴定，筛选出 4 个优异突变株系，其特征见表 5-44。

表 5-44　"第 18 颗卫星"搭载高羊茅 SP3 代优异突变株系的特征

优异突变株系	特性	株高/cm	叶形	播种至抽穗时间/天	分蘖	耐热性
TF-1	半矮秆	15	窄短	166	好	一般
TF-3	细叶	34	窄长	171	中等	提高
TF-4	迟熟	39	宽长	181	中等	提高
TF-5	耐热型	19	窄短	198	好	好

对决选出的航天诱变处理的 1 个优良株系进行 SP4 代遗传稳定性鉴定试验，2010 年 4 月初，调查株系 GY1 返青率为 47.6%，对照返青率为 4.2%，5 月初种植株系 GY1，继续对其耐寒性进行鉴定。

(2) 高羊茅'新秀'突变体筛选及鉴定　经过太空诱变后，处理植株在整体生长水平上呈现出更高、更壮的生长趋势，同时处理中还出现了 2 株外观形态与对照有较大差别的个体，即突变体 M1 和 M2。

2 株突变体与对照相比，分蘖数和叶片数都大大增加（表 5-45）。M2 突变体叶片细、叶片数和分蘖数均显著增加，是高羊茅作为草坪草良种选育的标准，弥补了普通高羊茅在草坪应用方面密度小、叶质粗糙的缺点。

表 5-45　高羊茅'新秀'SP1 代优异突变体表型性状描述

变异株系	分蘖数/(个/株)	叶片数	叶宽/mm	变异株系	分蘖数/(个/株)	叶片数	叶宽/mm
CK	11	36.8	4.7	M2	43	132	2.5
M1	39	121	4.8				

M1、M2 和 CK 3 个株系的气孔分布在叶脉之间，与叶脉的方向一致，较规则地排列成行，每行内相邻的气孔交错排列，叶片的表皮细胞呈长柱形，排列整齐。M1 和 CK 的气孔都呈长圆形，M2 呈卵圆形。3 个株系的气孔密度为 M2＞M1＞CK。

突变体 M1、M2 的叶片单位面积光合速率均大于对照，说明在相同的外界环境下，M1、M2 单位面积的叶片能够固定更多的 CO_2。通过叶面积的计算得出，3 个株系的整株叶面积为 M2＞CK＞M1。M2 叶形虽然短且细，但叶片数远多于对照，使其整株叶面积大于对照；M1 整株叶面积则比对照要小。综合 3 个株系叶面积与叶片单位面积光合速率得出，整株光合能力为 M2＞M1＞CK。

气孔导度和胞间 CO_2 浓度与 Pn 和 Tr 成正相关，M1、M2 的气孔开放度大，单位时间通过气孔进入叶片内的 CO_2 分子就更多，导致了其胞间 CO_2 浓度增大，提高了叶片固定 CO_2 的能力，最终导致 M1、M2 的叶片净光合速率大于 CK。因此初步推断突变株系相对于对照的高光合速率很可能是由于叶片气孔形态的差异而导致了气孔导度的不同。

四、多年生黑麦草

1. 多年生黑麦草概述

多年生黑麦草是禾本科黑麦属多年生疏丛型草本植物，原产西南欧、北非和西南亚的温带。在中国主要分布于华东、华中和西南等地，以长江流域的高山地区生长最好。目前世界各国均有栽培。多年生黑麦草喜温暖湿润气候。不耐高温，不耐严寒。遇35℃以上的高温生长受阻，甚至枯死，遇−15℃以下低温越冬不稳，或不能越冬。性喜肥，适宜在肥沃、湿润、排水良好的壤土或黏土上种植，亦可在微酸性土壤上生长，适宜的 pH 值为 6～7。但不宜在砂土或湿地上种植。生育期100～110 天，全年生长天数 250 天左右。坪用型多年生黑麦草建植速度快，再生性好，分蘖力强，可形成稠密、健康的草坪。抗寒、抗旱性强，色泽亮丽。在北京地区，单播的草坪 4 年后密度仍非常好，适用于各类高强度使用的运动场及家庭草坪，可与草地早熟禾、紫羊茅等混播。

2. 多年生黑麦草航天搭载情况

我国多年生黑麦草航天育种研究工作始于 2002 年，先后 2 次搭载了多年生黑麦草品种'超级德比'、'百宝'、'匹克威'等 3 个品种，研究太空诱变效应，筛选有益变异突变体并创制一批优良育种材料。我国航天搭载情况见表 5-46。

表 5-46　多年生黑麦草航天搭载情况

搭载品种	航天器名称	搭载单位	搭载时间
超级德比	神舟四号	北京林业大学	2002 年
百宝、匹克威	实践八号	黑龙江省农科院草业研究所	2006 年

3. 多年生黑麦草航天诱变效应研究

（1）细胞学效应　"实践八号"卫星搭载处理多年生黑麦草，根尖细胞有丝分裂和细胞核畸变研究结果表明（见表 5-47），2 种多年生黑麦草处理后有丝分裂指数均提高，微核数极显著增加，其中匹克威的核总畸变率是对照的 12 倍以上。

表 5-47　"实践八号"卫星搭载处理对 2 个多年生黑麦草品种细胞学效应的影响

不同处理		观察根尖细胞数	有丝分裂细胞数	有丝分裂指数/%	单微核数	双微核数	多微核数	核总畸变率/%
匹克威	航天	3020	594	19.7	21	8	4	1.09
	CK	3221	531	16.4	2	1	0	0.09
百宝	航天	2738	558	20.4	31	10	7	1.75
	CK	2802	491	17.5	5	2	1	0.29

（2）生物学效应

① 对种子发芽的影响。航天诱变对多年生黑麦草的发芽起到了一定的抑制作用，不因搭载航天器不同而异。"神舟四号"飞船搭载，对多年生黑麦草'超级德比'的种子发芽率有一定抑制作用，但对其发芽势及活力指数的影响却是正向的，表明空间飞行对多年生黑麦草'超级德比'子一代幼苗生长有较好的促进作用，有利于迅速成坪，搭载后多年生黑麦草 SP1 代中出现 40%的黄化苗，而对照中没有。

"实践八号"搭载的多年生黑麦草种子发芽率也降低，'匹克威'处理发芽率为80.1%，对照为 93.2%，'百宝'处理发芽率为 85.3%，对照为 94.4%，航天处理后发芽率明显低于对照；2 个品种发芽指数也低于对照，'匹克威'处理发芽指数为 22.6%，对照为 28.4%，'百宝'处理发芽指数为 24.8%，对照为 29.4%。

② 对株高的影响。航天诱变处理后多年生黑麦草株高的变化因搭载航天器和搭载品种而异。"神舟四号"飞船搭载多年生黑麦草的株高变异幅度较大，出现较对照更多的高植株和低矮植株，对照的植株株高变动范围为 0.5～8.3cm，而处理植株的株高变动范围为 0.9～9.4cm；"实践八号"搭载的多年生黑麦草分蘖期的平均株高变矮，但变动幅度较大（见表 5-48）。'匹克威'处理后出现了 1 株株高为36.5cm 的变异株（PK1）。

表 5-48 "实践八号"卫星搭载后对 2 种多年生黑麦草株高的影响

不同处理		平均株高/cm	株高变动范围/cm	不同处理		平均株高/cm	株高变动范围/cm
匹克威	航天	13.6	7.1～36.5	百宝	航天	18.1	11.3～28.4
	CK	16.7	9.5～32.4		CK	18.5	16.5～23.1

③ 对生长速度的影响。"神舟四号"飞船搭载对多年生黑麦草植株生长有促进作用，且在子一代表现明显，有利于多年生黑麦草迅速生长、快速建坪。

④ 对分蘖数的影响。航天诱变对多年生黑麦草的分蘖起到了一定的促进作用，不因搭载航天器不同而异。"神舟四号"飞船搭载多年生黑麦草较高分蘖数（7～8个）处理占 10%，而对照为 5%，处理植株大部分集中在 3～4 个分蘖数，比对照植株高 13.3%，所以应对分蘖数增多的植株进一步观察，选出分蘖数多的变异单株；"实践八号"搭载多年生黑麦草'匹克威'处理分蘖数变动范围 2～9 个，对照为 2～3 个，处理后分蘖数明显增多，突变体 PK1 分蘖数为 9 个，'百宝'处理分蘖数变动范围 2～11 个，对照为 2～3 个，处理后分蘖数明显增多，出现了 1 株达到 11 个蘖的优异单株（BB1）。

⑤ 叶片宽度。"实践八号"卫星搭载处理的 2 种多年生黑麦草叶片宽度变动幅度均增大，'匹克威'处理植株叶片宽度变动范围 1.9～5.4mm，对照叶片宽度2.3～3.9mm，其中叶片宽度低于 2.3mm 的植株占 5.2%，高于 4.5mm 的植株比

例为 13.5%；'百宝'叶片宽度变动范围 1.4～5.8mm，对照叶片宽度 2.5～4.1mm，并出现了叶片宽度为 5.8mm 的变异植株（BB2）。

⑥ 对生育期的影响。"实践八号"卫星搭载处理可延长 2 种多年生黑麦草的生育期。'匹克威'整个生育期延长 3 天，突变体 PK1 成熟期延后了 8 天；'百宝'整个生育期延长 4 天，突变体 BB1 成熟期延后 6 天，BB2 成熟期变化不大。

⑦ 对抗旱性的影响。通过对"神舟四号"飞船搭载多年生黑麦草'超级德比' SP1 代的植株抗旱指标的测定，发现空间条件作用对草坪草植株的抗旱能力起到了一定的刺激作用，但是由于存在试验误差，我们不能认定某单株就具有了较对照高的抗旱性，且这种抗旱性是否可稳定遗传还需进行连续多代的鉴定才能做出结论。但从总体上来看，空间条件作用确实对草坪草植株的抗旱能力产生了一定影响，可初步选择抗旱的草坪草植株。

4. 多年生黑麦草航天诱变突变体的筛选及性状描述——以"实践八号"卫星搭载为例

（1）SP1 代突变体表型性状描述 "实践八号"卫星搭载的 2 个多年生黑麦草品种，在 SP1 代根据田间表型性状直接观测筛选出了 3 株优异的变异单株，表现在植株矮化、分蘖、叶色、叶宽等类型，有的一个突变体表现几种突变类型，其中多年生黑麦草'匹克威'中筛选 1 株，多年生黑麦草'百宝'中筛选 2 株。将 SP1 代筛选出的 3 株优异变异株种成株行，对各株系抽穗期田间农艺性状进行观察，表 5-49 结果表明，突变体 PK1、BB1、BB2 与对照相比，分蘖数和叶片宽度都有较大增加，BB2 株高变矮，叶片最宽。

表 5-49　多年生黑麦草 SP1 代优异突变体表型性状描述

变异株系		发芽率/%	株高/cm	分蘖数/(个/株)	叶宽/mm	叶色	生育期/d
匹克威	CK	92.5	16.7	2.6	3.7	绿	105
	PK1	83.1	36.5	9	5.4	深绿	113
百宝	CK	93.6	15.4	2.4	3.1	深绿	106
	BB1	84.3	25.5	11	4.9	浅绿	112
	BB2	80.7	12.5	8	5.8	灰绿	107

（2）SP2 代突变体筛选 2008 年种植 SP2 代单株 800 份及 SP1 代筛选的 3 个优异单株，对照单株 500 份，从 SP2 代群体中出现频率不同的株高、株型、穗型、叶形和熟期等突变。各种突变类型间变异丰富，表现在植株矮小、高大；茎秆颜色淡紫色、有蜡背；叶形出现细叶、宽叶和短叶；叶片颜色出现灰绿、黄绿、深绿；熟期明显提前、延后；穗型直立、水平、半外折等突变。上述突变类型中，几个突变性状同时出现在一个突变体中，其中一个突变体同时表现矮小、匍匐、晚熟和叶

宽变窄 4 个突变性状。数量性状变异中，矮小突变的频率最高，频率达到了 5.9%。大部分的诱变单株均表现出很强的抗病性。共筛选出 18 株优异突变单株，下一步将进行 SP3 代有益突变体的筛选和鉴定。

（3）优异突变株系的选择及特性 在黑龙江地区草坪草选育的最基本目标是耐寒性。2009 年初结合返青从 SP2 代变异单株中筛选返青早、返青好的单株材料，春季种植 SP3 代单株群体，筛选出的 18 株优异突变单株，仅有 1 株出现了返青，而且返青率仅为 12.4%，将这一株田间种植 30 株，选择时与对照材料进行比较，主要通过调查返青情况来选择耐寒材料。

（4）优异突变体遗传稳定性鉴定 对决选出的航天诱变处理的 1 个优良株系进行 SP4 代遗传稳定性鉴定试验，2010 年 4 月初，调查株系 HM1 返青率为 35.2%，对照返青率为 0，5 月初种植株系 HM1，继续对其耐寒性进行鉴定。

五、野牛草

1. 野牛草简介

野牛草（*Buchloe dactyloides*）是生长在北美草原上最古老的禾本科植物之一，起源于美洲中南部，自然群落主要分布在美国、加拿大、墨西哥中部的干旱地带，常与格兰马草、侧穗格兰马草一起种植而构成草原景观。

近 100 年里它主要被当做牧草种植，但因其具有很多优良特性及较好的坪用价值（如耐旱、植株低矮、叶片纤细柔软等）而逐渐被用于草坪种植，同时与其他草坪草种相比没有较明显的病害。随着水资源的日益短缺及公众对环境要求的日益重视，野牛草草坪由于具有很强的耐旱性而逐渐受到人们的重视。由于其有着优越的抗旱性及适应性，日益成为我国华北、东北、西北等地区园林绿化、环境保护、水土保持的主要草种之一。

2. 野牛草育种及航天搭载情况

由于应用不多，野牛草的选育工作在我国开展得很少，相关的遗传研究多集中于成花机制、雌花雄花的分化等方面，在分了标记和辐射诱变方面有一些研究报道。目前，我国有 2 个品种：'京引 1 号'，是国外引进品种，经过国内栽培驯化审定的品种；'中坪 1 号'，中国农科院北京畜牧兽医研究所杂交选育的品种。搭载材料：2003 年"第 17 颗返回式卫星"和 2006 年"实践八号"2 次搭载。

3. 野牛草航天诱变效应

（1）航天诱变对野牛草基本坪用性状的影响 太空诱变后，野牛草的部分性状指标出现了一定的差异（见表 5-50）。其中，搭载野牛草单株叶长的平均值为 17.40cm，低于对照 6.40%，差异不大；叶宽平均值为 1.81mm，低于对照

10.40%，搭载单株的叶片变得纤细，差异显著（$P=0.034$）；单株分蘖数的平均值为 302，高于对照 3.42%，差异不明显；茎粗平均值为 0.96mm，低于对照 13.51%，搭载后茎秆明显变细，差异较大（$P=0.010$）；株高平均值为 26.69cm，低于对照 6.61%，搭载植株相比对照整体变矮，差异达到显著性水平（$P=0.005$）；匍匐茎数目的平均值为 31.4，比对照高出 6.44%，没有明显差异；匍匐茎平均长度为 73.82cm，比对照低 6.39%，差异不显著；匍匐茎平均节数为 9.2，比对照低 4.17%，差异不明显；叶色平均值为 22.52，高于对照 61.09%，差异很显著（$P=0.002$），可见搭载后野牛草叶片叶色明显加深；枯黄程度的平均值为 3.77，高于对照 8.96%，差异不显著。

表 5-50　太空诱变对野牛草基本坪用性状的影响

处　理	太空诱变	CK	P	SEM	处　理	太空诱变	CK	P	SEM
叶长/cm	17.40a	18.59a	0.370	0.58	匍匐茎数目	31.4a	29.5a	0.531	1.31
叶宽/mm	1.81b	2.02a	0.034	0.04	匍匐茎长度/cm	73.82a	78.86a	0.245	1.91
分蘖数	302a	292a	0.622	8.92	匍匐茎节数	9.2a	9.6a	0.635	0.36
茎粗/mm	0.96b	1.11a	0.010	0.03	叶色 SPAD	22.52a	13.98b	0.002	0.99
株高/cm	26.69b	28.58a	0.005	0.31	枯黄程度	3.77a	3.46a	0.725	0.39

　　（2）航天诱变野牛草单株的形态学效应　太空搭载后的野牛草单株之间一些坪用性状如叶宽、株高等存在一定差异，对所选取的 21 份变异突出的材料在叶长、叶宽、茎粗、株高、匍匐茎数、叶色和叶片枯黄程度 7 个性状上分析筛选出与对照相比差异显著的变异单株，包括叶片明显变长的变异单株 1 株，叶片明显变矮的变异单株 6 株；叶宽明显变宽的 1 株，叶片明显变窄的单株 9 株；茎粗明显变细的变异单株 9 株；株高明显变矮的变异材料 11 株；匍匐茎数目明显增多的变异材料 7 株；叶色 SPAD 值明显增大的变异材料 15 株。如图 5-35～图 5-40 所示。

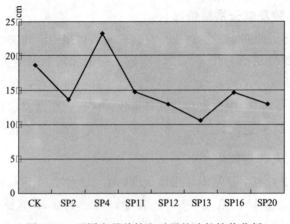

图 5-35　不同变异单株和对照的叶长性状分析

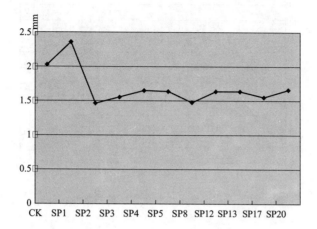

图 5-36　不同变异单株和对照的叶宽性状分析

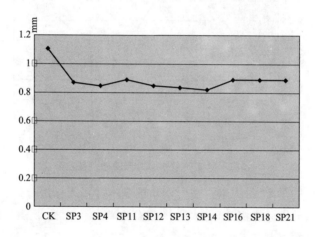

图 5-37　不同变异单株和对照的茎粗性状分析

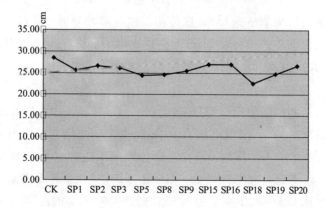

图 5-38　不同变异单株和对照的株高性状分析

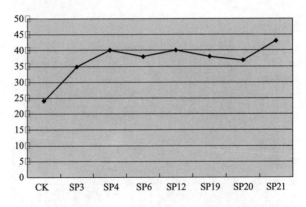

图 5-39 不同变异单株和对照的匍匐茎性状分析

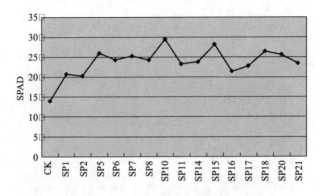

图 5-40 不同变异单株和对照的叶色性状分析

采用 SAS 软件对 21 份太空搭载野牛草的基本坪用指标进行聚类分析表明（图 5-41），根据形态学指标能将 21 份太空搭载野牛草分为 4 类，第一类材料有 2 份，包括 1、2；第二类材料 7 份，包括 3、4、5、7、11、13、17；第三类材料 5 份，包括 6、8、12、19、21；第四类材料 7 份，包括 9、10、14、15、16、18、20。

（3）航天诱变野牛草单株 ISSR 遗传相似性与聚类分析 通过聚丙烯酰胺凝胶电泳，利用筛选出的 7 条引物对 21 份太空诱变野牛草材料进行 PCR 扩增（部分结果如图 5-42 所示），共获得 44 个扩增位点，其中多态性位点 37 个，多态性比率为 84.09%。

通过计算材料间的遗传相似系数（GS 值），从表 5-51 中可以看出这 21 份太空搭载野牛草材料间的 GS 值变化范围在 0.364～0.773 之间，其中材料 7 和材料 13 间的遗传相似性最高，GS 值为 0.773，遗传距离最近；材料 7 和 12、材料 3 和 21、材料 12 和 21 的遗传相似性最低，GS 值为 0.364，遗传距离最远。21 份供试材料中，各材料间 GS 值大于 0.7 的占 6.16%、0.6～0.7 的占 40.28%、0.5～0.6 的占 42.18%、0.4～0.5 的占 9.95%、小于 0.4 的占 1.43%。

表 5-51　基于 ISSR 标记的 21 份太空诱变野牛草的遗传相似系数

No.	1	2	3	4	5	6	7	8	9	10	11	12	13	14	15	16	17	18	19	20	21
1	1																				
2	0.682	1																			
3	0.659	0.553	1																		
4	0.659	0.704	0.545	1																	
5	0.523	0.659	0.5	0.682	1																
6	0.705	0.659	0.682	0.636	0.591	1															
7	0.659	0.659	0.591	0.591	0.682	0.636	1														
8	0.636	0.682	0.477	0.614	0.614	0.659	0.614	1													
9	0.5	0.636	0.523	0.659	0.659	0.659	0.614	0.545	1												
10	0.636	0.636	0.614	0.523	0.568	0.705	0.75	0.682	0.636	1											
11	0.523	0.75	0.409	0.682	0.591	0.682	0.682	0.705	0.659	0.705	1										
12	0.432	0.568	0.545	0.545	0.591	0.5	0.364	0.477	0.523	0.432	0.5	1									
13	0.705	0.659	0.591	0.636	0.682	0.682	0.773	0.568	0.659	0.659	0.591	0.455	1								
14	0.545	0.682	0.477	0.614	0.523	0.523	0.614	0.545	0.591	0.5	0.659	0.477	0.568	1							
15	0.568	0.523	0.591	0.636	0.545	0.545	0.5	0.614	0.614	0.568	0.591	0.591	0.636	0.523	1						
16	0.591	0.591	0.659	0.659	0.568	0.75	0.614	0.545	0.636	0.5	0.614	0.523	0.659	0.682	0.568	1					
17	0.682	0.636	0.522	0.659	0.477	0.659	0.568	0.5	0.545	0.5	0.568	0.432	0.659	0.591	0.568	0.636	1				
18	0.568	0.659	0.591	0.682	0.682	0.682	0.682	0.659	0.568	0.705	0.636	0.409	0.591	0.614	0.5	0.659	0.614	1			
19	0.545	0.636	0.477	0.568	0.568	0.614	0.614	0.682	0.545	0.455	0.659	0.477	0.568	0.545	0.432	0.545	0.545	0.477	1		
20	0.523	0.568	0.409	0.591	0.682	0.5	0.682	0.523	0.659	0.614	0.682	0.5	0.727	0.523	0.727	0.568	0.568	0.455	0.523	1	
21	0.523	0.523	0.364	0.636	0.591	0.5	0.5	0.523	0.614	0.477	0.545	0.364	0.545	0.614	0.636	0.477	0.614	0.591	0.477	0.636	1

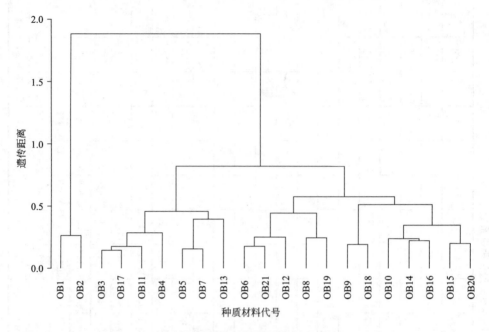

图 5-41 21 份太空诱变野牛草资源的表型 UPGMA 聚类图

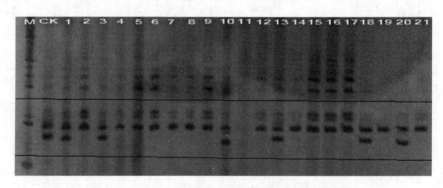

图 5-42 引物 TP3 聚丙烯酰胺凝胶电泳的扩增图谱

根据遗传相似系数进行聚类分析表明（图 5-43），利用 ISSR 分子标记能够将 21 份太空诱变野牛草资源分为 4 大类，第一类 GS 值分布范围在 0.614～0.773 之间，包括 9 份材料（1、3、6、7、10、13、16、17、18）；第二类 GS 值分布范围在 0.659～0.750 之间，包括 8 份材料（2、4、5、8、9、11、14、19）；第三类 GS 值分布范围在 0.636～0.727 之间，包括 3 份材料（15、20、21）；第四类为材料 12。

（4）品系选育　2003 年搭载的野牛草以叶色和绿期为主要目标进行混合选择，通过 5 年的筛选和扩繁，筛选出 1 个叶色较绿、绿期延长的新品系。后续的品比试验等工作有待展开。

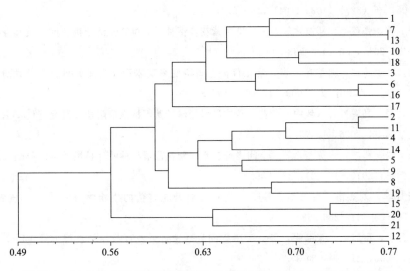

图 5-43　21 份太空诱变野牛草资源基于遗传相似系数的 UPGMA 聚类图

参 考 文 献

[1] 杜连莹, 韩微波, 张月学, 等. "实践八号"搭载 8 个苜蓿品种细胞学效应研究 [J]. 草业科学, 2009, 26 (12): 46-49.

[2] 范润钧, 陈本建, 邓波, 等. 航天搭载紫花苜蓿 SSR-PCR 反应体系的优化以及引物的筛选 [J]. 草原与草坪, 2010, 30 (2): 22-26.

[3] 范润钧, 邓波, 陈本建, 等. 航天搭载紫花苜蓿连续后代变异株系选育 [J]. 山西农业科学, 2010, 38 (5): 7-9, 64.

[4] 冯鹏, 李健, 张蕴薇, 等. 不同含水量紫花苜蓿种子空载后当代叶片显微和超微结构研究 [J]. 核农学报, 2009, 23 (4): 561-565.

[5] 冯鹏, 刘荣堂, 厉卫宏, 等. 紫花苜蓿种子含水量对卫星搭载诱变效应的影响 [J]. 草地学报, 2008, 16 (6): 605-608.

[6] 冯鹏. 紫花苜蓿种子含水量对卫星搭载诱变效应的影响 [D]: [学位论文]. 兰州: 甘肃农业大学, 2008: 23-25.

[7] 任卫波, 韩建国, 张蕴薇. 几种牧草种子空间诱变效应研究 [J]. 草业科学, 2006, 23 (3): 72-76.

[8] 任卫波, 韩建国, 张蕴薇, 等. 卫星搭载不同紫花苜蓿品种的生物学特性反应 (简报) [J]. 草业科学, 2008, 25 (10): 75-77.

[9] 任卫波, 王蜜, 陈立波, 等. 卫星搭载对苜蓿种子 PEG 胁迫萌发及生长的影响 [J]. 草地学报, 2008, 16 (4): 393-395.

[10] 任卫波, 徐柱, 陈立波, 等. 紫花苜蓿种子卫星搭载后其根尖细胞的生物学效应 [J]. 核农学报, 2008, 22 (5): 566-568.

[11] 任卫波, 赵亮, 王蜜, 等. 苜蓿种子空间诱变生物学效应研究初报 [J]. 安徽农业科学,

2008，36（32）：14039-14041，14045.

[12] 任卫波，张蕴薇，邓波，等.卫星搭载紫花苜蓿种子的拉曼光谱分析［J］.光谱学与光谱分析，2010，30（4）：988-990.

[13] 王蜜，魏建民，郭慧琴，等.紫花苜蓿空间诱变突变体筛选及其 RAPD 多态性分析（简报）［J］.草地学报，2009，17（6）：841-844.

[14] 晏石娟，马晖玲，营致中.紫花苜蓿抗旱耐盐碱转基因抗性苗耐盐性研究［J］.甘肃农业大学学报，2006，10（5）：91-94.

[15] 张文娟，邓波，张蕴薇，等.空间飞行对不同紫花苜蓿品种叶片显微结构的影响［J］.草地学报，2010，18（2）：233-236.

[16] 张月学，刘杰淋，韩微波，等.空间环境对紫花苜蓿的生物学效应［J］.核农学报，2009，23（2）：266-269.

[17] 张月学，唐凤兰，张弘强，等.零磁空间处理选育紫花苜蓿品种农菁 1 号［J］.核农学报，2006，21（1）：34-37.

[18] 张蕴薇，韩建国，任卫波，等.植物空间诱变育种及其在牧草上的应用［J］.草业科学，2005，22（10）：59-63.

[19] Mckersie B D, Chen Y, Beus M de, et al. Superoxide dismutase enhances tolerance of freezing stress in transgenic alfalfa (*Medicago sativa* L.) ［J］.Plant Physio, 1993, 103 (4): 1155 -1163.

[20] Mckersie B D, Murnaghan J, Jones K S, et al. Iron supemxlde dismutase expression in transgenic alfalfa increaseswinter survival without a detectable increase in photosynthetic oxidative stress tolerance ［J］.Plant Physio, 2002, 122: 1427-1437.

[21] Winicov I, Bastola D R. Transgenic overexpression of the transcription factor Alfin1 enhance expression of the endogenous MsPRP2 gene in alfalfa and improves salinity tolerance of the plants ［J］.PlantPhysio, 1999, 120: 473-480.

[22] 陈仰国.优良饲用和水保兼用植物——红豆草.农业科技与信息，2008，（15）：66-67.

[23] 李瑜，廖新福，王惠林.航天育种及其在蔬菜作物上的应用［J］.新疆农业科学，2007，44（2）：11-15.

[24] 任卫波，韩建国，张蕴薇，等.航天育种研究进展及其在草上的应用［J］.中国草地学报，2006，28（5）：91-97.

[25] 徐云远，贾敬芬，牛炳韬.空间条件对 3 种豆科牧草的影响［J］.空间科学学报，1996，（16）：136-141.

[26] 徐云远，王鸣刚，贾敬芬.卫星搭载红豆草后代中耐盐细胞系的筛选及鉴定［J］.实验生物学报，2001，34（1）：11-15.

[27] 翁森红，谷安琳.我国北方草地的几种优质牧草.生物资源，1996，12（2）：68.

[28] 张蕴薇，任卫波，刘敏，等.红豆草空间诱变突变体叶片同工酶及细胞超微结构分析［J］.草地学报，2004，12（3）：223-226.

[29] Han Lei, Sun Zhen-yuan, et al. Pratacultural Science（草业科学），2004，21（5）：17.

［30］ Ren Wei-bo，Han Jian-guo，Zhang Yun-wei，et al（任卫波，韩建国，张蕴薇，等）．Acta Agrestia Sinica（草地学报），2006，14（2）：112.

［31］ Ren Wei-bo，Han Jian-guo，Zhang Yun-wei，et al（任卫波，韩建国，张蕴薇，等）．Pratacultural Science（草业科学），2006，23（3）：72.

［32］ Xu Y Y，Jia J F，Wang J B，et al. Grass and Forage Science. Pratacultural Science（草业科学），1999，54：371.

［33］ 陈功，贺兰芳．高寒地区两种老芒麦生态适应性和生产性能评价［J］．草业科学，2004，21（9）：39-42.

［34］ 陈默君，贾慎修．中国饲用植物［M］．北京：中国农业出版社，2002.

［35］ 耿以礼．中国主要植物图说．禾本科［M］．北京：科学出版社，1959.

［36］ 何文兴，徐茸，陈放．川草 2 号老芒麦 atPA 基因的克隆及其调控表达［J］．生物化学与生物物理进展，2005，32：67-74.

［37］ 徐柱．中国禾草属志［M］．呼和浩特：内蒙古人民出版社，1997，21：39-42.

［38］ Dewey D R，Hsiao C H. A cytogenetic basis for transferring Russian wildrye from Elymus to Psathyrostachys［J］．Crop Sci，1983，23：123-126.

［39］ Dewey D R，Historical and current taxonomic perspectives of Agropyron，Elymus and related genera［J］．Crop Science，1983，23：637-642.

［40］ MacRitchie D，Sun G. Evaluating the potential of barley and wheat microsatellite markers or genetic analysis of Elymus trachycaulus complex species［J］．Theoretical Applied Genetics，2004，108：720-724.

［41］ Gen-Lou Sun，Salomon B. Characterization of microsatellite loci from Elymus alaskanus and length poly-morphism in several Elymus species（Triticeae：Poaceae）［J］．Genome，1998，41：455-463.

［42］ Gen-Lou Sun，Oscar Diaz，Salomon B. Genetic diversity in Elymus caninus as revealed by isozyme，RAPD，and microsatellite markers［J］．Genome，1999，42：420-431.

［43］ Salomon B，Lu B R. Genomic group，morphology，and sectional delimitation in Eurasian Elymus（Poaceae：Triticeae）［J］．Plant Syst Evol，1992，180：1-13.

［44］ 郭本兆．中国植物志［M］．北京：科学出版社，1987，9（3）：23-26.

［45］ 任卫波，韩建国，张缊微，等．卫星搭载对新麦草二代种子活力的影响［J］．草原与草坪，2007，12（1）：42-45.

［46］ 苏加揩，耿华珠．野生牧草的引种驯化［M］．北京：化学工业出版社，2004.

［47］ 王勇，徐春波，松梅，等．我国新麦草属牧草研究进展［J］．中国草地，2005：27.

［48］ 于晓丹．新麦草种质耐旱性鉴定与筛选［D］：［硕士学位论文］．北京：中国农业大学，2010.

［49］ 云锦凤，王勇，徐春波．新麦草新品系生物学特性及生产性能研究［J］．中国草地学报，2006，28（5）：1-7.

［50］ 张秀丽，侯建华，云锦凤，等．山丹新麦草多倍体诱导的初步研究［J］．中国草地，

2005，27（1）：34-38.

［51］赵宁，戎郁萍，等．不同倍性新麦草种子萌发特性的研究［J］．种子，2008，27（9）：26-28.

［52］Asay K H，Dewey D R，et al. Registration of 'Bozoisky-Select' Russian wildrye［J］．Crop Science，1985，25：575.

［53］Asay K H. Breeding potentials in perennial Triticease［J］．Hereadity，1992，116：167-173.

［54］Berdahl J D，Barker R E，et al. Registration of 'Mankota' Russian wildrye［J］．Crop Science，1992，32（4）：1073.

［55］Jensen K B，Asay K H，et al. Registration of 'Bozoisky-Ⅱ' Russian wildrye［J］．Crop Science，Crop Science Society of America，Madison，USA，2006，46（2）：986-987.

［56］Jensen K B，Larson S R，et al. Characterization of hybrids from induced x natural tetraploids of Russian wildrye［J］．Crop Science，2005，45（4）：1305-1311.

［57］Karn J F，Asay，et al. Russian wildrye nutritive quality as affected by accession and environment［J］．Canadian Journal of Plant Science，2005，85：125-133.

［58］Lawrence T，Slinkard A E，et al. Registration of 'Tetracan' Russian wildrye［J］．Crop Science，1994，34（1）：308-309.

［59］Lawrence T. Registration of Mayak Russian wildrye［J］．Crop Science，1977b，17：979.

［60］Lawrence T. Registration of Sawki Russian wildrye［J］．Crop Science，1977a，17：978-979.

［61］Lawrence T. Registration of Swift Russian wildrye［J］．Crop Science，1980，20：672.

［62］Mcleod J G，Jefferson P G，et al. Tom，Russian wildrye. Canadian Journal of Plant Science［J］．Agricultural Institute of Canada，Ottawa，Canada，2003，83：4，789-791.

［63］Smoliak S. Registration of Cabree Russian wildrye（Ref. No. 45）［J］．Crop Science，1978，18：165-166.

［64］Wang Z Y，Bell J，Lehmann D. Transgenic Russian wildrye（*Psathyrostachys juncea*）plants obtained by biolistic transformation of embryogenic suspension cells［J］．Plant Cell Reports，Springer-Verlag，Berlin，Germany，2004，22（12）：903-909.

［65］胡能书，万贤国．同工酶技术及应用［M］．长沙：湖南科学技术出版社，1985.

［66］胡向敏，云锦凤，高翠萍．"实践八号"卫星搭载对蒙农杂种冰草生物学特性的影响［J］．安徽农业科学，2009，37（3）：946-948.

［67］霍秀文，魏建华，徐春波，等．冰草种间杂种蒙农杂种组织培养再生和遗传转化体系的建立［J］．中国农业科学，2004，37（5）：642-647.

［68］晋坤贞，万广辉，秋建遨．磁水对番茄酯酶同工酶的影响［J］．西北植物学报，1994，14（2）：102-106.

［69］梁艳荣，胡晓红，张颖力，等．植物过氧化物酶生理功能研究进展［J］．内蒙古农业大学学报，2003，24（2）：110-113.

［70］马钦，胡向敏，高翠萍，等．空间环境对蒙农杂种冰草生物学特性的影响［J］．现代农业科学，2009，16（1）：27-29.

[71] 任卫波，陈立波，郭慧琴，等．植物空间诱变及其在牧草上的应用［C］．2007 中国草业发展论坛论文集，2007：111-113.

[72] 王润莲，张众，李艳萍．追肥对蒙农杂种冰草生长发育及种子生产性能的影响［J］．内蒙古草业，2007，19（1）：57-58.

[73] 云锦凤，李造哲，于卓，等．杂种冰草 1 号的选育［J］．中国草地，1999，（5）：7-11.

[74] 张明龙，崔海瑞，郑晓微，等．甘蓝型杂交油菜品种垦油 1 号三系的酯酶同工酶分析［J］．黑龙江农业科学，1998，（2）：14-17.

[75] 张维强，唐秀芳．矮生苹果苗的预选标志［J］．植物学报，1987，29（4）：397-400.

[76] 王立群，石凤翎，贾鲜艳等．缘毛雀麦优良品系形态解剖学结构的观察分析与研究［J］．中国草地，2000，3：17-21.

[77] 石凤翎，王明玖，黄振艳．缘毛雀麦单穗籽粒产量性状相关因素的多元分析［J］．内蒙古农业大学学报，1999，20（4）：54-57.

[78] 杨静，石凤翎，张晓丽．缘毛雀麦各类型同工酶比较分析［J］．中国草地，2002，24（5）：45-47.

[79] 王俊杰，石凤翎，苏雅拉图等．锡林郭勒缘毛雀麦新品系品比及区域试验［J］．中国草地，2004，26（4）：21-30.

[80] Casler M D, Brummer E C. Forage yield of smooth bromegrass collections from rural cemeteries［J］. Crop Science, 2005, 45: 2510-2516.

[81] Knowles R P, Baron V S, Cartney D H Mc. Meadow bromegrass［DB/OL］. Agriculture Canada Publication, 1993: 188-193.

[82] Yasas S N, Ferdinandez, Bruce E Coulman. Evaluating genetic variation and relationships among two bromegrass species and their hybrid using RAPD and AFLP markers［J］. Euphytica, 2002, 125: 281-291.

[83] 蔡联炳．中国鹅观草属的分类研究．植物分类学报，1997，35（2）：148-177.

[84] 陈守良，徐克学．应用数量分类探讨鹅观草属的归属问题．植物分类学报，1989，27（3）：190-196.

[85] 蒋继明，刘大钧．鹅观草属与大麦属间杂种的形态和细胞学研究．遗传学报，1990，17（5）：373-376.

[86] 李立会，杨欣明，李秀全．中国小麦野生近缘植物的研究与利用．中国农业科学导报，2000，2（6）：74-75.

[87] 孙根楼，颜济，杨俊良．鹅观草属三个种的核型研究．云南植物研究所，1992，14（2）：164-168.

[88] 魏秀华．小麦族鹅观草属三个物种的生物系统学研究：［硕士学位论文］．四川：四川农业大学，2004.

[89] 张海琴，周永红，郑有良．大鹅观草与阿拉善鹅观草杂种的形态学和细胞学研究．广西植物，2002，22（4）：352-356.

[90] Baum B R, Yang J L, Yen C. Roegneria: its geneties limits and justifieation for its recogni-

tion. Can J Bot, 1991, 69: 282-294.

[91] Lu B R. Biosystematic Einvestigations of Asiatic wheatgrasses Elymu. L. (Tritieeae: Poaceae). The Swedish Univ Agrie Seienee Svalov, Sweden, 1993.

[92] Lu B R, Bothnler R V. Genome constitution of Elymus Parviglumis and E. Pseudonutans: Tritieeae (Poaceae). Hereditas, 1990, 113: 109-119.

[93] 郭桂云, 张晓菊, 邢怡, 等. ^{60}Coγ射线辐射番茄种子对其生理生化影响的研究 [J]. 植物研究, 1996, 16 (2): 108-113.

[94] 韩蕾, 孙振元, 等. 空间环境对草地早熟禾诱变效应研究 I ——突变体叶片解剖结构变异观察 [J]. 核农学报, 2005, 19 (6): 409-412.

[95] 韩蕾, 孙振元, 等. "神舟"三号飞船搭载对草地早熟禾生物学特性的影响 [J]. 草业科学, 2007, 21 (5): 17-19.

[96] 韩蕾, 孙振元, 等. 太空环境诱导的草地早熟禾皱叶突变体蛋白质组学研究 [J]. 核农学报, 2005, 19 (6): 417-420.

[97] 韩蕾, 孙振元, 彭镇华. 空间环境对草地早熟禾光合特性和叶绿素含量的影响. 中国观赏园艺研究进展, 2005: 355-358.

[98] 韩蕾, 孙振元. 空间环境对草地早熟禾叶片解剖结构及同工酶酶谱的影响 [J]. 林业科学研究, 2004, 17 (3): 310-315.

[99] 胡繁荣, 赵海军, 等. 空间技术诱变创造优质抗逆黄叶高羊茅 [J]. 核农学报, 2004, 18 (4): 286-288.

[100] 胡化广, 刘建秀, 张振铭, 等. 4种草坪草空间诱变一代种子发芽特性的初步研究 [J]. 种子, 2009, 28 (4).

[101] 王菲, 尹伟伦, 等. 空间条件对高羊茅 SP1 代形态及光合生理特性的诱变效应 [J]. 北京林业大学学报, 2010, 32 (3): 106-111.

[102] 尹淑霞, 张振环, 等. 空间条件对草地早熟禾植株过氧化物同工酶和酯酶同工酶的影响. 生物技术通报, 2009, 增: 224-227.

[103] 张振环, 韩烈保, 尹淑霞, 等. 空间条件对多年生黑 (子1代) 植株的影响 [J]. 草业与畜牧, 2007, 137 (4): 1-4.

[104] 张振环. 空间条件对草坪草生长及生理特性影响的研究 [D]. 北京: 北京林业大学, 2007.

第六章

航天育种的发展趋势和展望

一、航天育种存在的问题

航天育种作为植物育种的新技术，随着航天技术的不断发展而得到开发。航天育种以其变异频率高，幅度大，生理伤害轻，能出现传统理化诱变处理较少出现的特殊变异且大多数变异可遗传等特点引起国内外遗传育种界的广泛重视。

航天育种在取得公众认可的同时也暴露了一些问题。

1. 机理问题

就整体而言，目前我国空间育种研究还处于起步阶段，大多数研究工作仍停留在对试验结果的直观描述上，空间诱变的机理尚不清楚，这严重制约了空间诱变育种技术的发展，应用基础理论的研究还不够多，因此，迄今为止，我国的空间诱变育种还没有形成产业化，使许多优秀成果没有转化成生产力。诱变育种为我国农业做出的贡献有目共睹，航天诱变作为诱变育种的一种新形式，已有研究证实，对植物材料引起的诱变效应的确存在，但对于不同太空条件、不同植物材料产生的诱变效应及何种条件在诱变中起到了什么作用，这些机理方面的问题还需要长时间的研究积累。

2. 成本问题

很多人质疑："种子搭载上天转一圈，回来就成为新品种了"？事实上，航天搭载只是航天育种的第一步，返回地面后还要经过数年的选育工作。作为一种诱变手段，成本是否太昂贵了，这也是不少人争论的问题。航天器发射升空需要比较严格的控制，特别是在重量和各部位的平衡方面，种子在航天器中第一次出现即是为了配重的需要。种子流动性好、质量容易控制，易于放置在不同形状的空间。我国是航天大国，发射任务多，在航天器中搭载种子等生物材料进行航天诱变是充分利用飞行器空间，是一举多得的好事。而且诱变育种特别是以种子为对象的种子量都不需要很多，对于育种者来说，成本也是可以接受的。

3. 安全问题

随着航天食品走上餐桌，人们很自然地将其与转基因食品相联系，提出食用航天食品对人类有无安全隐患等问题。我国科研人员曾在 1996 年对经我国第 17 颗返回式卫星搭载的种子进行测定，发现其所含放射性元素并没有增加。多数学者认为，采用航天育种技术，育种材料在太空特殊环境条件下引起的基因突变是 DNA 内部发生重组、突变产生的，属于内源基因的改良，没有外源基因的加入，所以食用航天食品是安全的，不会对人类造成危害。

4. 技术问题

航天搭载的不同作物、组织、器官对航天诱变因素的反应不一，有的敏感伤害太大，表现出生长受抑制或死亡，有的变幅很大，有的变幅小甚至没有变异。众所周知，变异是双向的，既有有益变异也有有害变异，从育种学家的角度来看，如何利用有益变异定向控制、培育优良品种是摆在面前的一个问题；但是即使是有害变异，对生物学家来说，如何从性状到生理生化，再到基因，追溯其遗传学规律，有害变异仍然是难得的材料。

二、发展趋势及前景展望

1. 我国农业对空间诱变育种的需求

目前，世界人口增长年以亿计，耕地面积日益减少，水资源严重不足，化肥的贡献率已接近极限，这些因素造成世界粮食正从过剩转向短缺。到 2030 年我国人口将突破 16 亿，粮食需求量将达 6.4 亿吨以上。为此，世界各国特别是一些发达国家都在探寻新的对策和措施，寻找增加粮食和农产品生产的新途径。

实践证明，培育优良品种是促进农业增产诸多因素中最经济有效的措施。航天育种技术应用于作物育种，可以在短时间内创造出优良的种质资源，选育出高产、优质、抗性强的农作物新品种。空间诱变育种技术应用于作物育种而形成的农业空间技术育种是近年发展起来的卓富成效的植物育种新途径。利用航天育种技术育成的水稻、小麦、棉花、大豆、芝麻、青椒、番茄、西瓜等优质、高产新品种和新品系，以及创造的能够恢复籼型雄性不育系育性的粳稻育性恢复基因突变系等是目前利用其他育种手段较难获得的罕见突变。进一步加强作物航天育种技术工作，不仅可以为我国农业做出积极贡献，而且是促进 21 世纪我国农业纵深发展强有力的科技支撑。

2. 航天育种产生的巨大社会经济效益

在过去的工作基础上，已有水稻、小麦、大豆、棉花等近 20 种作物通过品种审定，有 50 多个主要粮、棉、油、菜等作物的优异新品系进入多点试验，不久的将来可大面积推广和产业化。以粮食作物为例，空间育成的新品种按最低标准每亩增产 10％或 40kg 计，2006 年新品种累计推广应用 $40 \times 10^4 hm^2$，增产粮食达 $2 \times 10^8 kg$，其直接社会经济效益超过 3 亿元；2010 年，新品种累计推广面积达 $300 \times 10^4 hm^2$，其直接社会经济效益非常可观。

航天诱变育种技术的最大优势在于它可以创造出地面其他育种方法难以获得的优质材料，而这正是常规育种、杂种优势育种等难于取得重大突破的关键基础，以此作为杂交亲本，培育在产量和品质上有突破性的优良品种，在更大范围内促进农作物增产和农业持续发展，其社会经济效益巨大，应用前景更为广阔。

3. 航天育种相比传统育种有着很大的优势

航天育种与常规育种相比有着明显的优势，常规的育种手段往往需要的年限较长，航天育种属于多因素综合诱变，突变性状的稳定较快，育种周期也相对较短，需要四五年时间即可获得较稳定的品种，而且植株明显增粗，果型增大，产量比普通的增长 10％～20％，品质大为提高，作物也更加强健，对病虫害的抗逆性特别强，一般的杂交种子种植两三代就退化了，而太空种子种 10 代也不会退化。如中科院上海植物生物研究所收割的第四代"太空小麦"的产量和蛋白质含量均超过了第三代。

太空育种最大的优点是：能够在较短时间内创造出目前地面育种方法较难获得的罕见突变基因资源，这就有可能彻底改变多年来农作物育种研究工作长期徘徊的局面，培育出有突破性的优良品种，直接服务于农业生产；另一方面，太空育种创造的各具特色的优异新种质、新材料可广泛应用于常规育种、杂种优势育种等，以培育更多高产、优质、抗逆性强的新品种，在更大范围内促进农作物增产和农业持续发展。因此开展航天育种有利于调整农业产业结构，增加农民收入。

4. 草航天育种的特殊意义

早在 20 世纪 80 年代，老一辈科学家钱学森就提出了"立草为业"，大力发展草业科学研究，创建高效益的知识密集型产业。但由于各种原因，直到 90 年代才随着社会的发展和人民生活水平的提高，尤其是我国中西部地区生态环境的恶化及城市草坪的发展，人们才对草的作用重新认识，草业作为产业也真正地蓬勃发展起来。

有关草（包括草坪草和牧草）方面的空间诱变效应的研究尚远远落后于作物和

园艺植物，其研究手段和水平也处于较低层次，这与我国现阶段草业的大好发展形式是很不相符的，同时草的空间诱变效应研究的滞后，直接导致了作为下游产业的草航天育种事业落后，以致现在还没有已经通过牧草品种审定的航天草种。西部开发，草业先行，抗旱和抗寒的牧草品种培育显得十分重要，而生产上要得到抗逆品种十分困难，已经克隆到的抗逆基因也不多。通过航天诱变获得常规方法难以获得的种质，培育抗逆品种，克隆抗逆基因，对牧草育种和农牧业生产十分重要。草航天育种可以在作物和园艺植物航天育种工作的基础上吸取宝贵经验，少走弯路，多出成果，走一条有草特色的航天育种道路。而且草种子多体积小，相同搭载成本下可获得较大量的诱变单株，草种有多种用途，因此株高、叶片宽度、叶片大小、养分含量等指标的正负双向变异均为育种可利用变异，诱变效率较高。我们有理由相信，在今后的草航天育种研究中，结合航天技术、MAS（分子标记技术辅助育种技术）等先进手段，草航天育种一定能为我国草业的发展贡献力量。

从 1987~2004 年，短短的 17 年中我国航天育种变异研究和航天育种事业都取得了丰硕的成果，也积累了相当丰富的经验。2003 年"神舟五号"、2005 年"神舟六号"的顺利返航，标志着我国航天事业进入了一个新的发展阶段——载人航天时代。航天技术的飞跃发展，为航天育种研究的进一步深入提供了强有力的技术平台，航天诱变作为一种创新种质的途径，以及航天诱变育种作为育种手段之一都将为农业育种做出应有的贡献。

参 考 文 献

[1] 高志明. 浅谈航天育种. 农村实用技术，2005，14（1）：57-59.

[2] 李世娟，诸叶平，孙开梦，等. 中国太空育种现状及其前景展望. 中国农学通报，2005，21（1）：160.

[3] 李水凤. 辣椒空间诱变效果及变异机理的初步研究 [D]. 杭州：浙江大学农业与生物技术学院，2006.

[4] 李毓堂. 学习钱学森关于第六次产业革命和发展草产业的论述 [J]. 中国草地，1995，（2）：1-5.

[5] 沈桂芳，倪丕冲，孙丙耀. 中国的航天育种 [J]. 世界农业，2002，（1）：37-40.

[6] 王乃彦. 开展航天育种的科学研究工作，为我国农业科学技术的发展做贡献 [J]. 核农学报，2002，16（5）：257-260.

[7] 温贤芳，张龙，戴维序，等. 我国空军诱变育种研究的进展. 航天育种高层论坛论文选编，2004.

[8] 张蕴薇，韩建国，任卫波，等. 植物空间诱变育种及其在牧草上的应用 [J]. 草业科学，2005，22（10）：59-63.